附视频

LINGJICHU
XUE
JIANZHU
RUODIAN
SHITU

零基础学建筑弱电识图

阳鸿钧 等 编著

化学工业出版社
·北京·

内容简介

本书主要内容包括弱电基础知识与识图方法、有线电视与卫星电视系统的识图、火灾自动报警与消防系统的识图、安全防范与监控系统的识图、广播音频与视频显示系统的识图、综合布线系统的识图、其他弱电工程的识图等。全书内容的编写主要针对刚入行的施工员和技术员，通过实物与图纸的结合，采用双色区分和拉线解读的方式，详细讲解各类弱电施工图所表达的含义，同时，对于一些重要的知识点，读者可以扫描书中的二维码观看视频解读，从而达到让读者快速上手的目的。

本书可供建筑施工、建筑弱电施工、弱电监理、弱电管理等专业人员参考阅读，也可以供弱电制图人员、社会自学人员阅读参考，还可以供大中专院校相关专业、培训学校等相关人员参考使用。

图书在版编目（CIP）数据

零基础学建筑弱电识图：双色版/阳鸿钧等编著．—北京：化学工业出版社，2020.9（2025.2重印）

ISBN 978-7-122-37199-7

Ⅰ.①零… Ⅱ.①阳… Ⅲ.①房屋建筑设备-电气设备-建筑安装-工程制图-识图 Ⅳ.①TU85

中国版本图书馆CIP数据核字（2020）第097186号

责任编辑：彭明兰　　文字编辑：林　丹　师明远
责任校对：李雨晴　　装帧设计：韩　飞

出版发行：化学工业出版社（北京市东城区青年湖南街13号　邮政编码100011）
印　　装：大厂回族自治县聚鑫印刷有限责任公司
787mm×1092mm　1/16　印张11¾　字数284千字　2025年2月北京第1版第5次印刷

购书咨询：010-64518888　　售后服务：010-64518899
网　　址：http://www.cip.com.cn
凡购买本书，如有缺损质量问题，本社销售中心负责调换。

定　　价：59.80元

前言

弱电图纸是了解弱电施工的一种“工程语言”，其重要性与基础性不言自明。为了便于读者掌握这一重要的基础性知识和技能，以及能够在实际工作中更好地掌握该语言所要表达的交流信息，特编写了本书。

本书的特点如下。

1. 定位清晰。零基础学弱电图，实现学业与职业技能无缝对接。

2. 图文并茂。本书尽量采用图解方式进行讲述，以达到识读清楚明了、直观快学的目的。

3. 实战性强。本书介绍了节点法、节线法在识图中的应用，把复杂的图简化成了“两点一线”，从而使识图变得简单、轻松。

4. 直观性。书中配有视频，读者可扫书中二维码观看学习。

本书主要内容包括弱电基础知识与识图方法、有线电视与卫星电视系统的识图、火灾自动报警与消防系统的识图、安全防范与监控系统的识图、广播音频与视频显示系统的识图、综合布线系统的识图、其他弱电工程的识图等。本书具有重点突出、实用性强、贴近实战等特点。

本书由阳育杰、阳许倩、阳鸿钧、杨红艳、许秋菊、欧小宝、许四一、阳红珍、许满菊、许应菊、唐忠良、许小菊、阳梅开、阳苟妹、唐许静、欧凤祥、罗小伍、许鹏翔等人员参加编写或支持编写。本书的编写还得到了一些同行、朋友及有关单位的帮助，在此，向他们表示衷心的感谢！

另外，在本书的编写过程中，还参考了一些珍贵的资料、文献、互联网站，在此特意说明并向这些资料、文献、网站的作者深表谢意！

建筑弱电识图涉及的规范、要求比较多，在本书的编写过程中参考了有关标准、规范、要求、方法等资料，而这些标准、规范、要求、方法等会存在更新、修订等情况，因此，请读者及时跟进现行的要求。

由于编者水平和经验有限，书中疏漏、不足之处在所难免，敬请广大读者批评指正。

目 录

第 1 章 弱电基础知识与识图方法

1.1 弱电识图基础知识

1.1.1 了解弱电与智能建筑的 5A

根据电力输送功率的强弱，电力应用可以分为强电、弱电等类型。建筑、建筑群强电一般是指交流 220V/50Hz 及以上的电。建筑、建筑群弱电主要包括国家规定的安全电压、控制电压等交流 36V 以下、直流 24V 以下的低电压电能，以及包括载有语音、图像、数据等信息的信息源电力能源系统。

建筑弱电的常见分类如图 1-1 所示。智能建筑的 5A（即 CA、OA、BA、SA、FA）如图 1-2 所示，智能建筑弱电工程图的识读也就包括了这些系统有关图的识读。

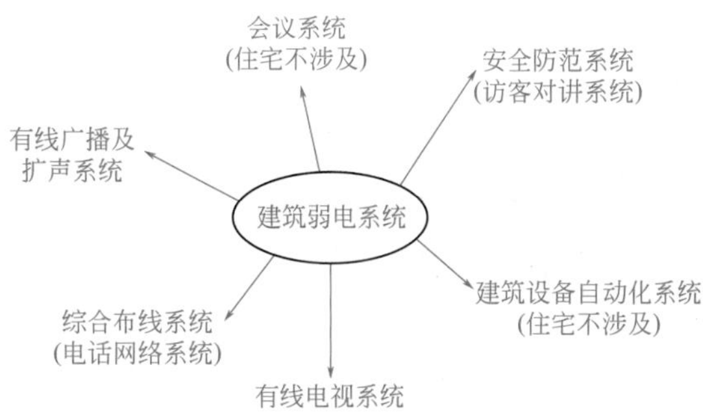

图 1-1 建筑弱电的常见分类

1.1.2 识读弱电工程图的方法

弱电工程图，是制图者用特定的电器设备标志、文字标注、线条、栏目、符号等制图要素，将自己的设计、规划意图等，通过纸介图或者电子图的形式进行展示和表达。而识读弱电工程图，就是通过这些特定的制图要素的理解和想象，体会设计者所要表达的“工程语言”，理解绘图的要点，知晓弱电工作原理，做到看得懂弱电工程图，能理会出弱电工程图所要表达的东西，并且使自己的施工“有所依、有所据”。

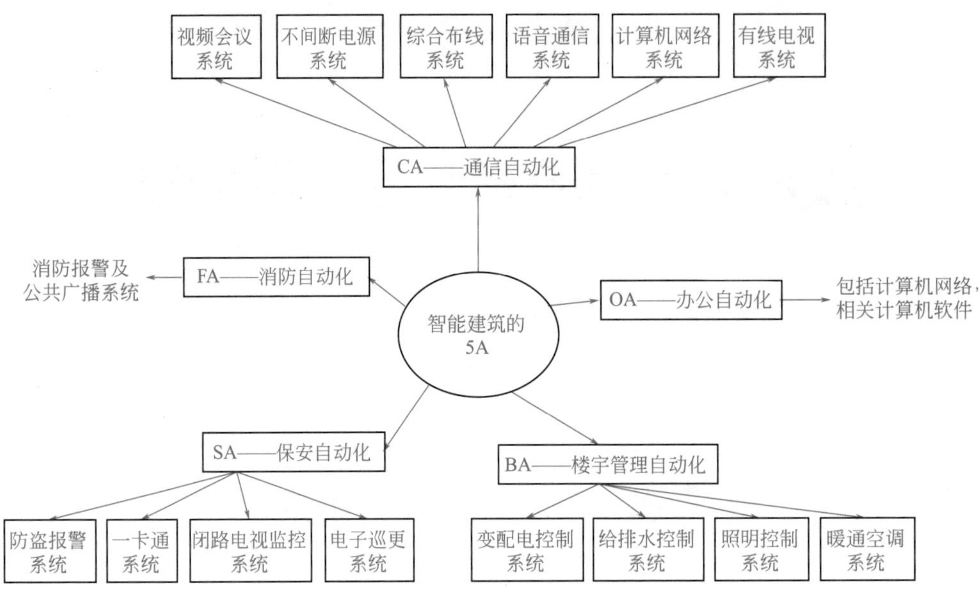

图 1-2　智能建筑的 5A 包括的内容

弱电工程中涉及的知识与技能很多，而一张或者几张弱电工程图不可能全部直接表达出来，并且有的知识与技能也是弱电工程图无法或者不便表达出来的，或者弱电工程图本身就要遵循的规定、要求、规范，无需在图上再次表达介绍。这些情况，就是弱电工程图隐含的知识与技能。所以，在识读弱电工程图时，要能做到眼看弱电工程图，脑海就能够想得到图中所表达的弱电实物或者整体的设计布局，只有这样才能够实现读懂图的目的。

综上所述，学习弱电识图，我们主张的识图方法为：看图上直接表达的知识技能＋想图上隐含的知识技能＋会图物互转互联。

1.1.3　图上直接呈现的信息

图上直接呈现的信息

图上直接呈现的信息，往往是通过图例直接画在图纸上。例如弱电插座图例（图 1-3），识读时，看图上特定的线条和符号即可判断是哪种类型的插座。再例如有的建筑弱电图上直接标注了电线型号，则看图上直接呈现的“电线型

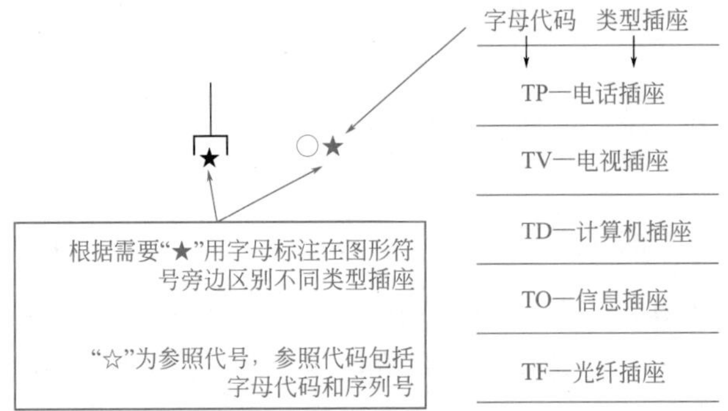

图 1-3　建筑常见弱电插座图例与标注

号”即可判断是哪种电线并能了解到其他相关信息，如图 1-4 所示。但许多建筑弱电图上电线型号往往不是采用汉字名称，而是采用了特定的命名规律（如图 1-5 所示）。识读图时，只有掌握了图上电线型号命名规律这一“背后”隐含信息，在识读弱电施工图时才能读懂。

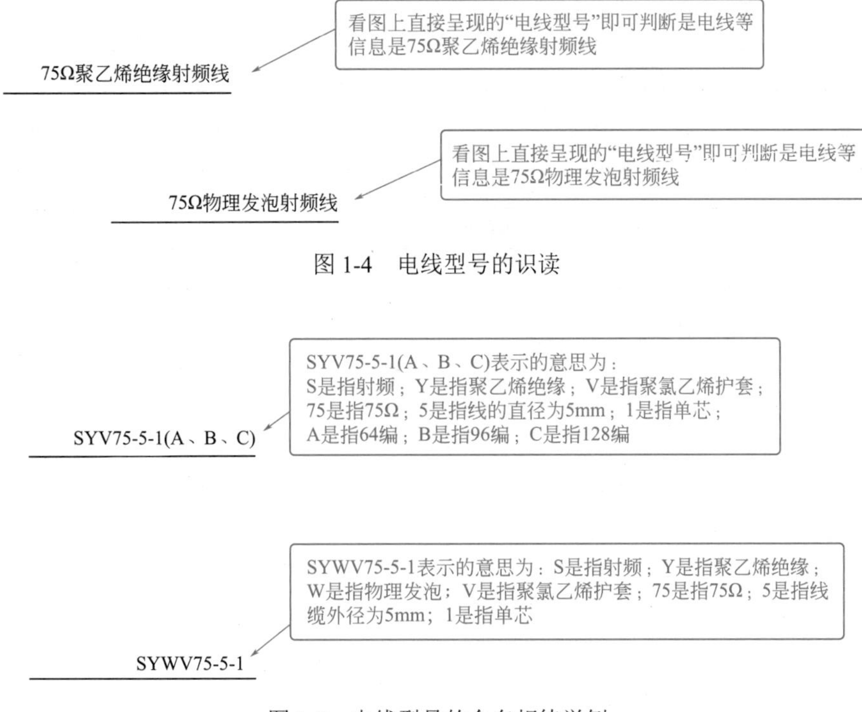

图 1-4　电线型号的识读

图 1-5　电线型号的命名规律举例

看图上直接呈现的信息，主张采用节点法和节线法，也就是“节点 + 线路 + 标识”。其中的标识，包括文字符号说明与标注。节点法和节线法将在后文中讲述。

1.1.4　图上隐含的信息

图上隐含的信息

图上隐含的信息包括施工要求、基本技能、基础知识、注意事项、对应含义、规律、定理、共识等。例如，前文讲述的电线型号，当在图中看到相关字母或者代码，就应能根据电线型号的命名规律，了解到图中所要表达的隐含的信息。

(1) 电线型号的标注格式

电线型号命名规律如图 1-6 所示。电线型号表示的电线种类见表 1-1。

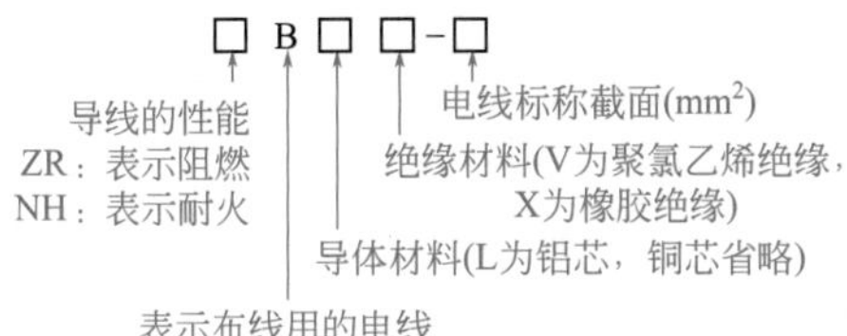

图 1-6　电线型号命名规律

表 1-1　电线型号表示的电线种类

缩写	表示的电线种类
ARVV	为镀锡铜芯聚氯乙烯绝缘聚氯乙烯护套平形连接软电缆
AVR	为镀锡铜芯聚氯乙烯绝缘平形连接软电缆（电线）
BLVV	为铝芯聚氯乙烯绝缘护套线
BLV	为铝芯聚氯乙烯绝缘线
BLX	为铝芯橡胶绝缘线
BVR（BLVR）	为铜（铝）芯聚氯乙烯绝缘软线
BVV	为铜芯聚氯乙烯绝缘护套线
BV	为铜芯聚氯乙烯绝缘线
BXF（BLXF）	为氯丁橡胶绝缘铜（铝）芯线
BXR	为铜芯橡胶软线
BX	为铜芯橡胶绝缘线
HYY、HYV	为电话电缆
KVV、KVLV	为常用控制电缆
LMY	为硬铝母线
RV-105	为铜芯耐热 105℃聚氯乙烯绝缘连接软电缆
RVB	为铜芯聚氯乙烯绝缘平形线
RVS	为铜芯聚氯乙烯绝缘绞型连接电线
RVVB	为铜芯聚氯乙烯绝缘聚氯乙烯护套平形连接软电缆
RVV	为铜芯聚氯乙烯绝缘聚氯乙烯护套圆形连接软电缆
RV	为铜芯聚氯乙烯绝缘连接电缆（电线）
RX、RXS	为铜芯橡胶棉纱编织软线
STV-75-4	为同轴射频电缆
TMY	为硬铜母线
VV、VLV	为聚氯乙烯绝缘聚氯乙烯护套电力电缆
YJV、YJLV	交联聚氯乙烯绝缘聚氯乙烯护套电力电缆

常见线路的标注格式识读图解如图 1-7 所示。

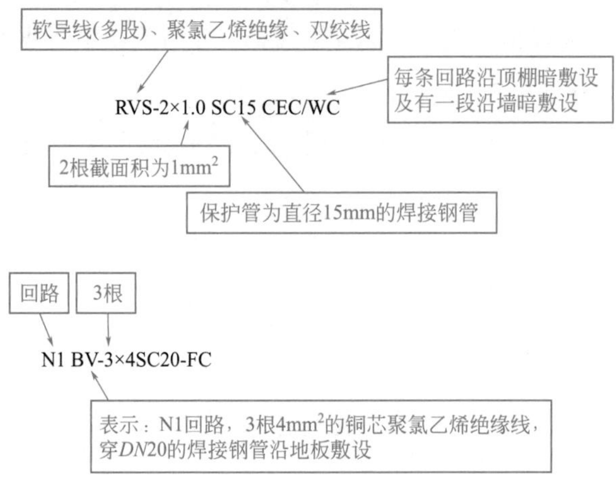

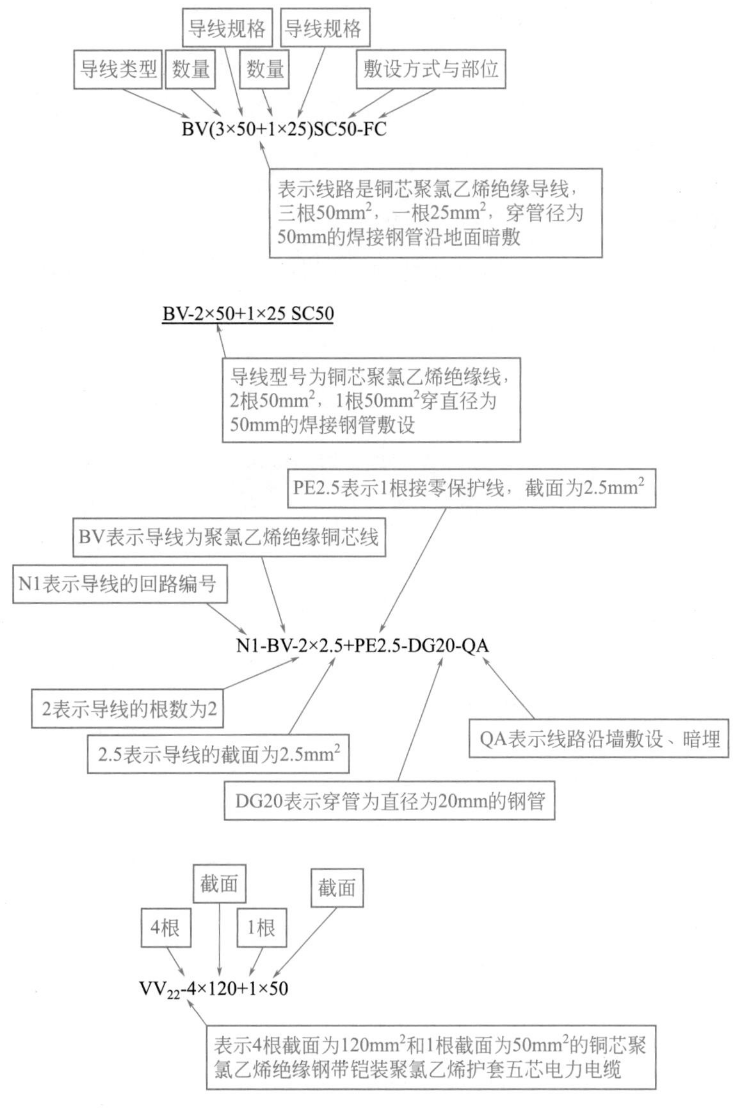

图 1-7　常见线路的标注格式识读图解

（2）线路标注格式

配电线路的标注格式如图 1-8 所示。识读图时，需要掌握其标注每一项代表的含义。

配电线路的标注格式

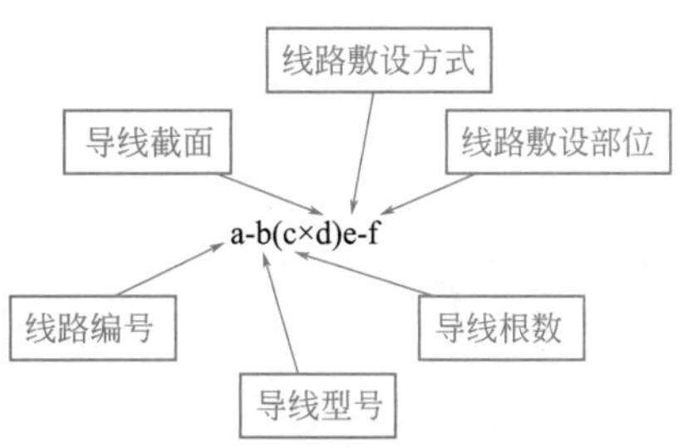

图 1-8　配电线路的标注格式

配电线路标注格式代码含义就是图上隐含的信息，具体表示方式如下。

线路敷设方式代号如下：TC——表示用电线管敷设；SC——表示用焊接钢管敷设；SR——表示用金属线槽敷设；CT——表示用桥架敷设；PC——表示用硬塑料管敷设；PEC——表示用半硬塑料管敷设。

线路敷设部位代号如下：WE——表示沿墙明敷；WC——表示沿墙暗敷；CE——表示沿顶棚明敷；CC——表示沿顶棚暗敷；BE——表示沿屋架明敷；BC——表示沿梁暗敷；CLE——表示沿柱明敷；CLC——表示沿柱暗敷；FC——表示沿地板暗敷；SCC——表示在吊顶内敷设。

电话线路上的标注格式如图 1-9 所示。

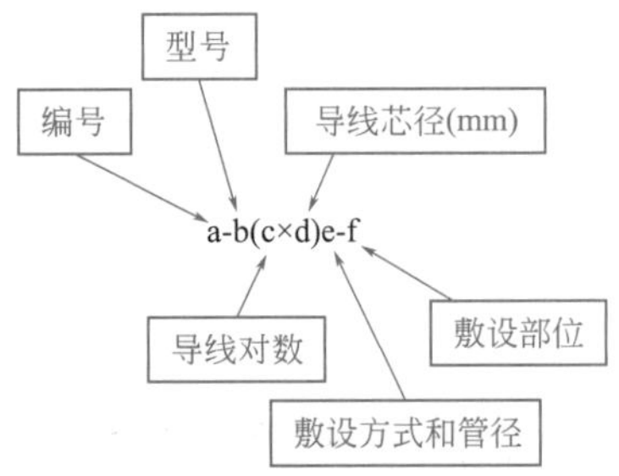

图 1-9　电话线路上的标注格式

一些配电线路标注格式如图 1-10 所示。

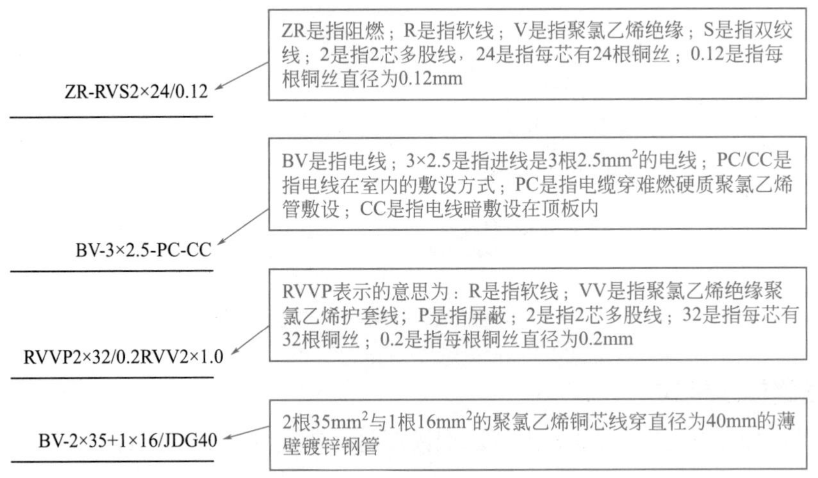

图 1-10　一些配电线路标注格式

（3）用电设备的文字标注格式

用电设备文字标注格式与其标注格式支持信息如图 1-11 所示。配电箱的文字标注为：ab/c 或 a-b-c，当需要标注引入线的规格时，则标注格式如图 1-12 所示。

配电箱标注格式支持信息如图 1-13 所示。

（4）电话交接箱上的标注格式

电话交接箱上标注格式与其标注支持信息如图 1-14 所示。

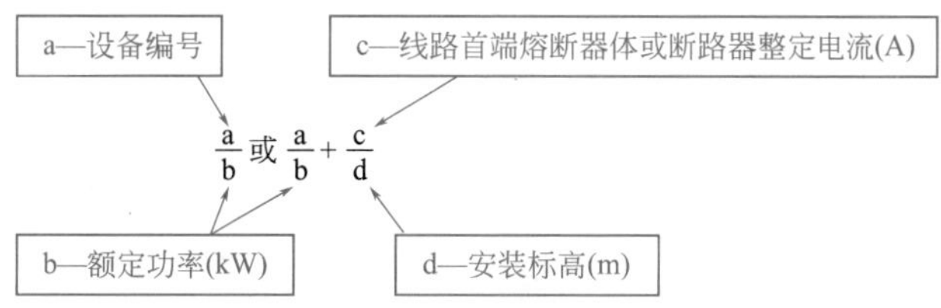

图 1-11　用电设备文字标注格式与其标注格式支持信息

$$a\frac{b-c}{d(e\times f)-g}$$

图 1-12　配电箱标注格式

a—设备编号；b—设备型号；c—设备功率（kW）；d—导线型号；e—导线根数；f—导线横截面积（mm^2）；g—导线敷设方式和敷设部位

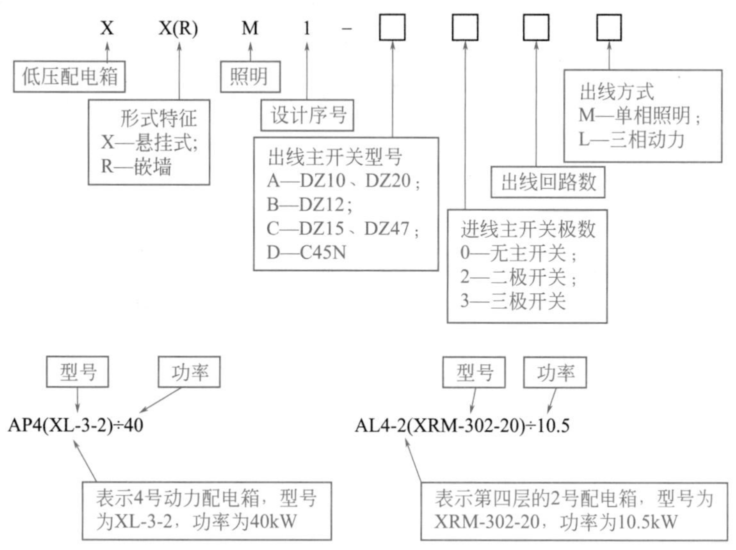

图 1-13　配电箱标注格式支持信息

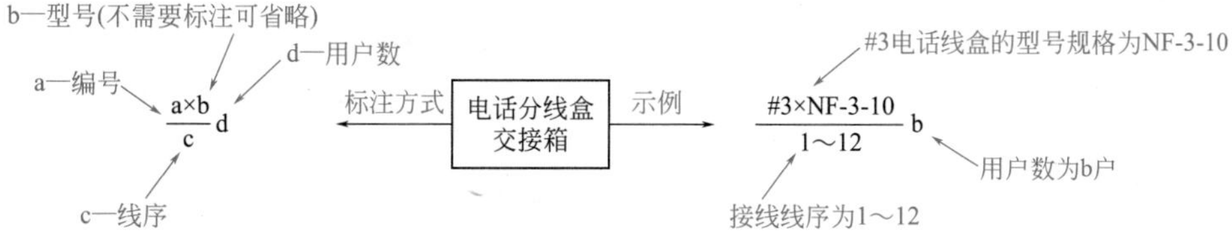

图 1-14　电话交接箱上标注格式与其标注支持信息

（5）计量电表箱的标注格式

计量电表箱标注支持信息如图 1-15 所示。

（6）灯具安装方式的标注格式

灯具安装方式标注与其支持信息如图 1-16 所示。

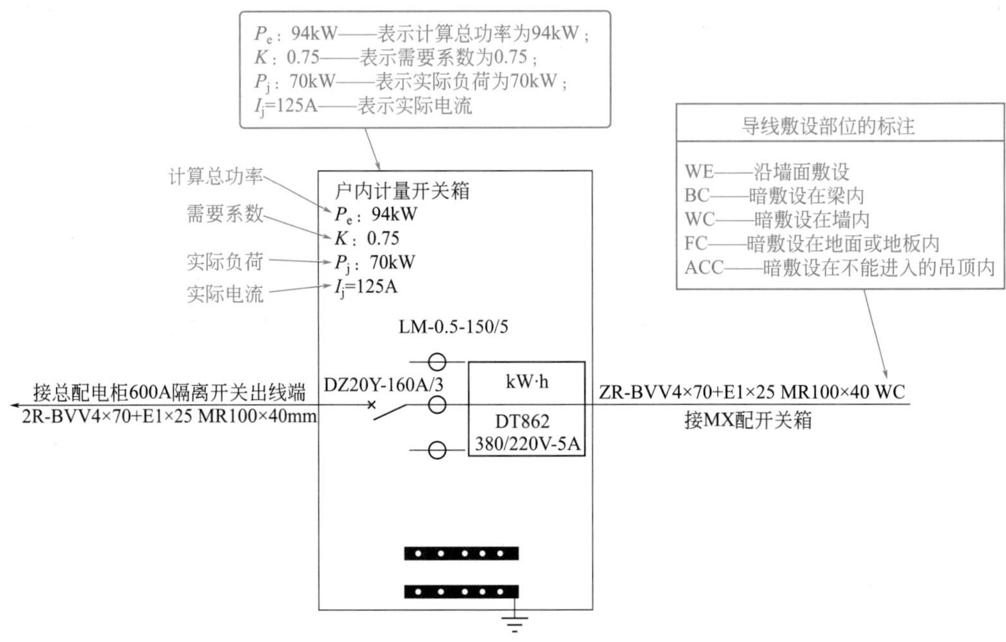

图 1-15　计量电表箱标注支持信息

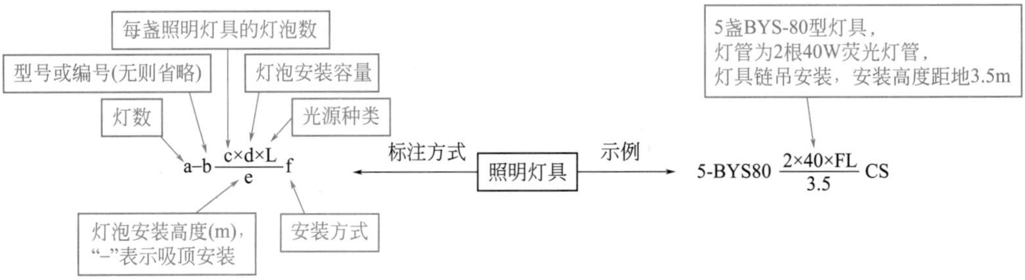

每盏照明灯具的灯泡数

型号或编号(无则省略)

灯泡安装容量

灯数

光源种类

$a\text{-}b\dfrac{c\times d\times L}{e}f$

灯泡安装高度(m)，“-”表示吸顶安装

安装方式

标注方式 ← 照明灯具 → 示例

5盏BYS-80型灯具，灯管为2根40W荧光灯管，灯具链吊安装，安装高度距地3.5m

$5\text{-BYS80}\dfrac{2\times40\times\text{FL}}{3.5}\text{CS}$

标注文字符号	名称
SW	线吊式自在器线吊式
CS	链吊式
DS	管吊式
W	壁装式
C	吸顶式
R	嵌入式
CR	顶棚内安装
WR	墙壁内安装
S	支架上安装
CL	柱上安装
HM	座装

图 1-16　灯具安装方式标注与其支持信息

(7) 常见文字符号的标注

常见文字符号标注与其支持信息见表 1-2 ～表 1-4。

表 1-2　常见文字符号标注与其支持信息 (1)

文字符号	名称	单位	文字符号	名称	单位
U_N	系统标称电压	V	I_c	计算电流	A
U_r	设备的额定电压	V	I_{st}	启动电流	A
I_r	额定电流	A	I_p	尖峰电流	A
f	频率	Hz	I_s	整定电流	A
P_N	设备安装功率	kW	I_k	稳态短路电流	kA
P	计算有功功率	kW	$\cos\varphi$	功率因数	—
Q	计算无功功率	kvar	u_{kr}	阻抗电压	%
S	计算视在功率	kV・A	i_p	短路电流峰值	kA
S_r	额定视在功率	kV・A	S''_{kQ}	短路容量	MV・A

表 1-3　常见文字符号标注与其支持信息 (2)

文字符号	名称	文字符号	名称	文字符号	名称	文字符号	名称	文字符号	名称	文字符号	名称
A	电流	D	延时、延迟	FW	正，向前	M	中间线	PE	保护接地	SB	供电箱
A	模拟	D	差动	FX	固定	M、MAN	手动	PEN	保护接地与中性线共用	STE	步进
AC	交流	D	数字	G	气体	MAX	最大	PU	不接地保护	STP	停止
A AUT	自动	D	降	GN	绿	MIN	最小	PL	脉冲	SYN	同步
ACC	加速	DC	直流	H	高	MC	微波	PM	调相	SY	整步
ADD	附加	DCD	解调	HH	最高（较高）	MD	调制	PO	并机	S・P	设定点
ADJ	可调	DEC	减	HH	手孔	MH	人孔（人井）	PR	参量	T	温度
AUX	辅助	DP	调度	HV	高压	MN	监听	R	记录	T	时间
ASY	异步	DR	方向	IB	仪表箱	MO	瞬间（时）	R	右	T	力矩
B、BRK	制动	DS	失步	IN	输入	MUX	多路复用的限定符号	R	反	TE	无噪声（防干扰）接地
BC	广播	E	接地	INC	增	N	中性线	RD	红	TM	发送
BK	黑	EC	编码	IND	感应	NR	正常	RES	备用	U	升
BL	蓝	EM	紧急	L	左	OFF	断开	R、RST	复位	UPS	不间断电源
BW	向后	EMS	发射	L	限制	ON	闭合	RTD	热电阻	V	真空
C	控制	EX	防爆	L	低	OUT	输出	RUN	运转	V	速度
CCW	逆时针	F	快速	LL	最低（较低）	O/E	光电转换器	S	信号	V	电压
CD	操作台（独立）	FA	事故	LA	闭锁	P	压力	ST	启动	VR	可变
CO	切换	FB	反馈	M	主	P	保护	S、SET	置位、定位	WH	白
CW	顺时针	FM	调频	M	中	PB	保护箱	SAT	饱和	YE	黄

表 1-4　常见文字符号标注与其支持信息（3）

种类	名称	基本文字符号	
		单字母	多字母
组件及部件	调节器	A	
	放大器		
	电能计量柜		AM
	高压开关柜		AH
	交流配电屏（柜）		AA
	直流配电屏、直流电源柜		AD
	电力配电箱		AP
	应急电力配电箱		APE
	照明配电箱		AL
	应急照明配电箱		ALE
	电源自动切换箱（柜）		AT
	并联电容器屏（柜、箱）		ACC
	控制箱（屏、柜、台、柱、站）		AC
	信号箱（屏）		AS
	接线端子箱		AXT
	保护屏		AR
	励磁屏（柜）		AE
	电度表箱		AW
	插座箱		AX
	操作箱		
	插接箱（母线槽系统）		ACB
	火灾报警控制器		AFC
	数字式保护装置		ADP
	建筑自动化控制器		ABC
非电量到电量变换器或电量到非电量变换器	光电池、扬声器、送话器	B	
	热电传感器		
	模拟和多级数字		
	压力变换器		BP
	温度变换器		BT
	速度变换器		BV
	旋转变换器（测速发电机）		BR
	流量测量传感器		BF
	时间测量传感器		BTI
	位置测量传感器		BQ
	湿度测量传感器		BH
	液位测量传感器		BL
电容器	电容器	C	
存储器件	磁带记录机	D	
	盘式记录机		

种类	名称	基本文字符号	
		单字母	多字母
其他元器件	发热器件	E	EH
	照明灯		EL
	空气调节器		EV
	电加热器		EE
保护器件	过电压放电器件	F	
	避雷器		
	限压保护器件		FV
	熔断器		FU
	跌开式熔断器		FU
	半导体器件保护用熔断器		FF
发电机、电源	同步发电机	G	GS
	异步发电机		GA
	蓄电池		GB
	柴油发电机		GD
	不间断电源		GU
信号器件	声响指示器	H	HA
	光指示器		HL
	指示灯		HL
	电铃		HA
	蜂鸣器		HA
	红色指示灯		HR
	绿色指示灯		HG
	黄色指示灯		HY
	蓝色指示灯		HB
	白色指示灯		HW
测量设备、试验设备	指示器件	P	
	记录器件		
	积算测量器件		
	信号发生器		
	电流表		PA
	电压表		PV
	（脉冲）计数器		PC
	电度表		PJ
	记录仪器		PS
	时钟、操作时间表		PT
	无功电度表		PJR
	最大需用量表		PM
	有功功率表		PW
	功率因数表		PPF

续表

种类	名称	基本文字符号		种类	名称	基本文字符号	
		单字母	多字母			单字母	多字母
测量设备、试验设备	无功电流表	P	PAR	变压器	照明变压器	T	TL
	频率表		PF		有载调压变压器		TLC
	相位表		PPA		配电变压器		TD
	转速表		PT		试验变压器		TT
	同步指示器		PS	调制器、变换器	鉴频器	U	
电力电路的开关器件	断路器	Q	QF		解调器		
	电动机保护开关		QM		变频器		
	隔离开关		QS		编码器		
	真空断路器		QV		变流器		
	漏电保护断路器		QR		逆变器		
	负荷开关		QL		整流器		
	接地开关		QE	传输通道、波导、天线	导线	W	
	开关熔断器组（同义词：负荷开关）		QFS		电缆		
	熔断器式开关		QFS		母线		WB
	隔离开关		QS		抛物线天线		
	有载分接开关		QOT		电力线路		WP
	转换开关		QCS		照明线路		WL
	倒顺开关（同义词：双向开关）		QTS		应急电力线路		WPE
	接触器		QC		应急照明线路		WLE
	启动器		QST		控制线路		WC
	综合启动器		QCS		信号线路		WS
	星 - 三角启动器		QSD		封闭母线槽		WB
	自耦减压启动器		QTS		滑触线		WT
	转子变阻式启动器		QR	端子、插头、插座	连接插头和插座	X	
	鼓形控制器		QD		接线柱		
变压器	电流互感器	T	TA		电缆封端和接头		
	控制电路电源用变压器		TC		连接片		XB
	电力变压器		TM		插头		XP
	磁稳压器		TS		插座		XS
	电压互感器		TV		端子板		XT
	整流变压器		TR		信息插座		XTO
	隔离变压器		TI				

(8) 颜色标志

颜色标志与其支持信息图解如图 1-17 所示。

(9) 图形符号（图例）

工程图上往往通过图形符号（图例）来表示工程实物。识读图时，看到图上的图形符号（图例），就能够想到其代表的含义。

一些图形符号（图例）与其支持信息识读图解如图 1-18 所示。对于看到图形符号（图例）

想到其代表的含义，既涉及一些支持信息，也涉及识读图时的图物互转互联。

1.1.5 图物互转互联

图物互转互联

图物互转互联，就是看图时能够把图上的表达转换为实物的联系，同时能够根据实物的联系转换为在图上的表达。

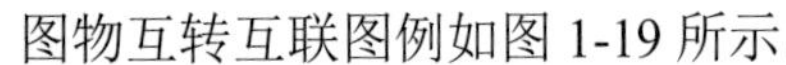

图物互转互联图例如图 1-19 所示。

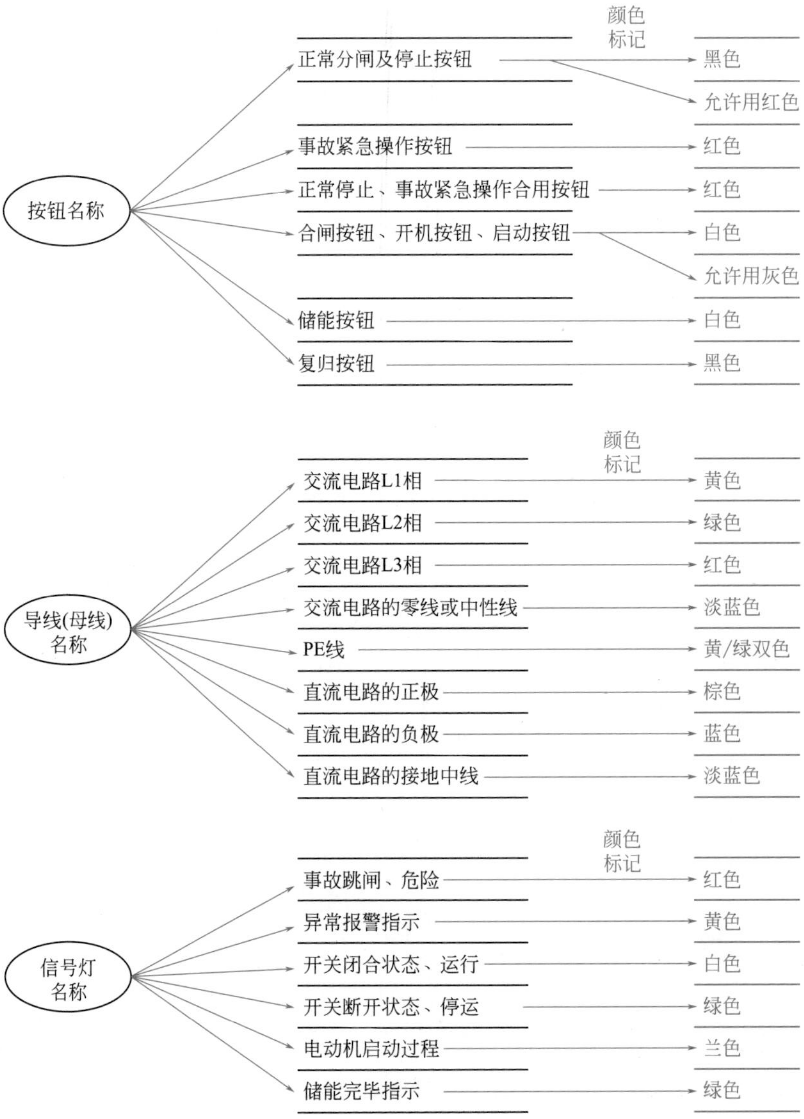

按钮名称	颜色标记
正常分闸及停止按钮	黑色；允许用红色
事故紧急操作按钮	红色
正常停止、事故紧急操作合用按钮	红色
合闸按钮、开机按钮、启动按钮	白色；允许用灰色
储能按钮	白色
复归按钮	黑色

导线(母线)名称	颜色标记
交流电路L1相	黄色
交流电路L2相	绿色
交流电路L3相	红色
交流电路的零线或中性线	淡蓝色
PE线	黄/绿双色
直流电路的正极	棕色
直流电路的负极	蓝色
直流电路的接地中线	淡蓝色

信号灯名称	颜色标记
事故跳闸、危险	红色
异常报警指示	黄色
开关闭合状态、运行	白色
开关断开状态、停运	绿色
电动机启动过程	兰色
储能完毕指示	绿色

图 1-17 颜色标志与其支持信息图解

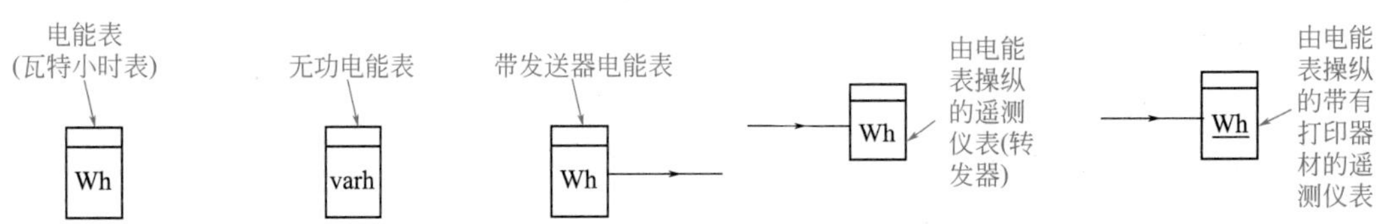

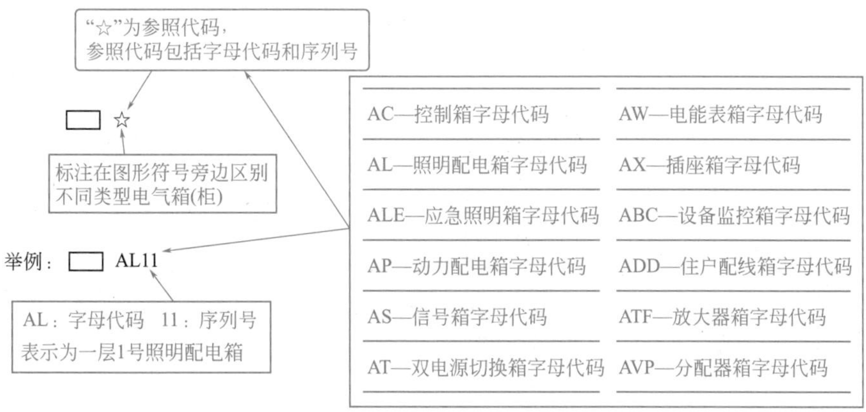

图 1-18　一些图形符号（图例）与其支持信息识读图解

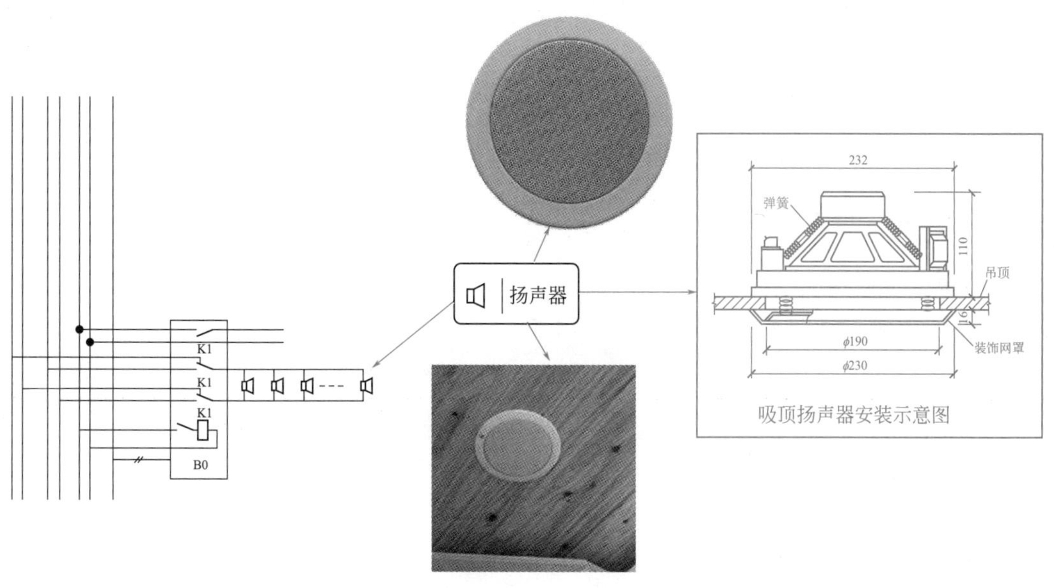

图 1-19　图物互转互联图例

1.2 建筑电气工程图的规定与要求

1.2.1 建筑电气工程图的组成

建筑电气工程图主要有建筑电气工程设计图、建筑电气工程施工图等类型。建筑电气工程施工图包括了建筑强电工程图、建筑弱电工程图等种类。建筑弱电工程图，简称为弱电图、弱电工程图等。

建筑电气工程施工图的组成如图 1-20 所示。由于弱电工程图属于建筑电气工程施工图的一种。因此，弱电工程图往往遵循建筑电气工程图这一大类某些通用、一般性知识与技能。例如，弱电工程图的组成，往往也与建筑电气工程施工图的组成类似。

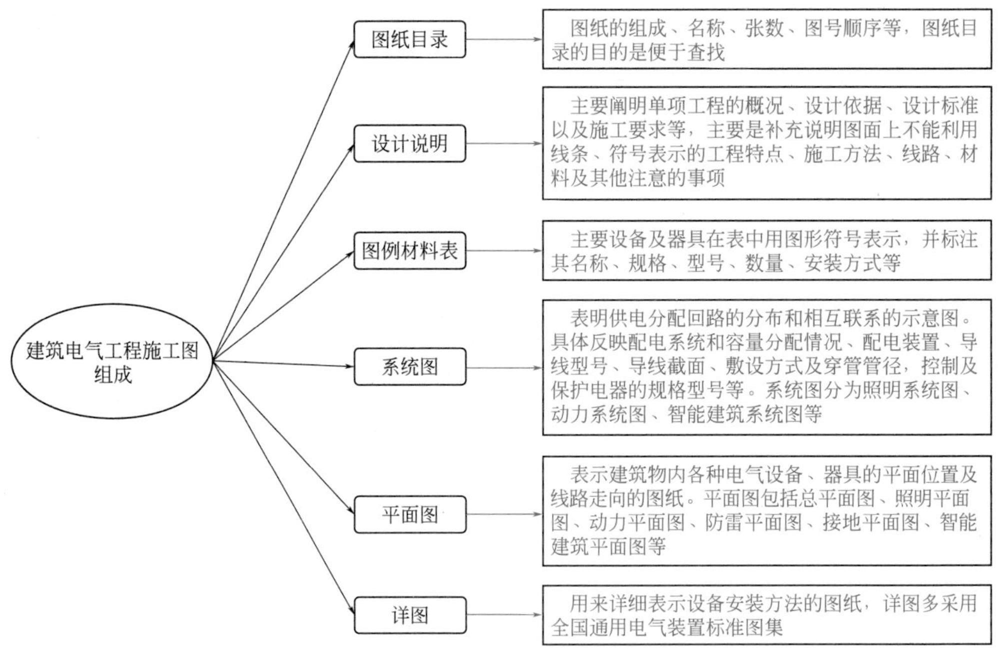

图 1-20　建筑电气工程施工图的组成

1.2.2　图纸幅面的规定

建筑电气工程图纸图幅就是图纸的幅面，也就是图纸的长度与宽度组成的图面（纸面或者电子界面）。常见的图幅与图框尺寸见表 1-5。

表 1-5　常见的图幅与图框尺寸　　单位：mm

尺寸代号	幅面代号				
	A0	A1	A2	A3	A4
$b \times l$	841×1189	594×841	420×594	297×420	210×297
c	10			5	
a	25				

注：表中 b 为幅面短边尺寸；l 为幅面长边尺寸；c 为图框线与幅面线间宽度；a 为图框线与装订边间宽度。

建筑电气工程图纸的短边一般不应加长，长边可以加长。长边加长一般需要符合的要求见表 1-6。特殊需要的图纸图幅，可以采用 $b \times l$ 为 841mm×891mm 与 1189mm×1261mm 的幅面。

需要微缩复制的图纸，其一个边上需要附有一段准确米制尺度，并且四个边上均附有对中标志。其中，米制尺度的总长一般为 100mm，分格一般为 10mm。对中标志一般画在图纸各边长的中点处，并且线宽一般为 0.35mm，伸入框内一般为 5mm。

表 1-6　长边加长一般需要符合的要求　　单位：mm

幅面代号	长边尺寸 l	长边加长后的尺寸
A0	1189	1486(A0+1/4l)　1783(A0+1/2l)　2080(A0+3/4l)　2378(A0+l)
A1	841	1051(A1+1/4l)　2102(A1+3/2l)　1261(A1+1/2l)　1471(A1+3/4l)　1682(A1+l)　1892(A1+5/4l)
A2	594	743(A2+1/4l)　891(A2+1/2l)　1041(A2+3/4l)　1189(A2+l)　1338(A2+5/4l) 1486(A2+3/2l)　1635(A2+7/4l)　1783(A2+2l)　1932(A2+9/4l)　2080(A2+5/2l)
A3	420	630(A3+1/2l)　841(A3+l)　1051(A3+3/2l)　1261(A3+2l)　1471(A3+5/2l)　1682(A3+3l)　1892(A3+7/2l)

1.2.3　标题栏、会签栏与装订边的规定

图纸的标题栏、会签栏与装订边的支持信息如图 1-21 所示。

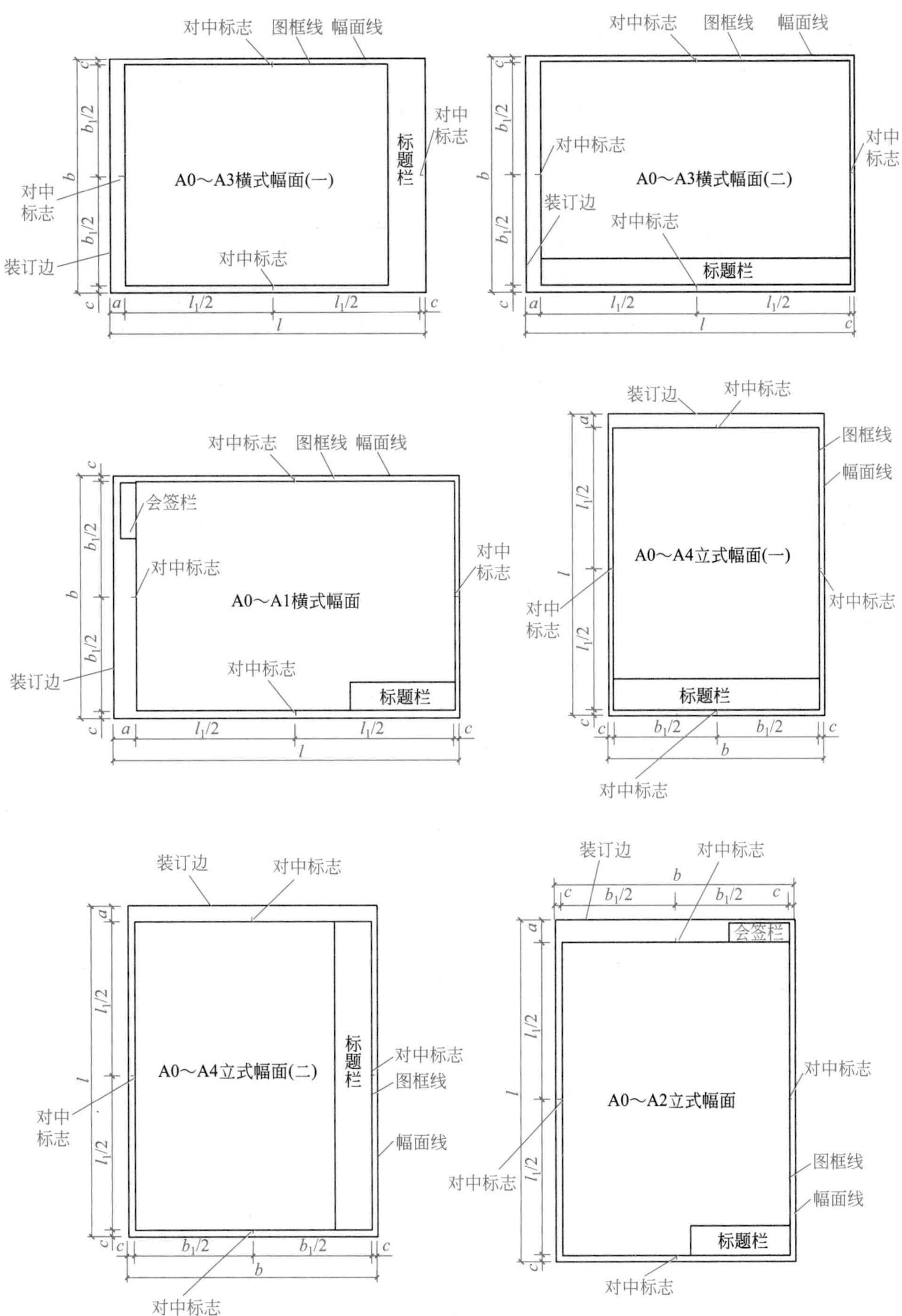

图 1-21　图纸的标题栏、会签栏与装订边的支持信息

1.2.4 图纸字体的规定

一般要求图上书写的文字、数字、符号均需要笔画清晰、字体端正、排列整齐。

图上文字包括标点符号，也要求清楚正确。文字、数字、符号与图线一般要求不得与图线重叠、混淆。如果不可避免重叠、混淆时，一般是先保证文字等的清晰。为此，在识读图时遇到该情况，应注意文字优先原则。

一般图采用的文字字高见表 1-7。图文字的字高大于 10mm，一般采用的是 True type 字体。如果图文字的字高要求更高，则一般是按其高度的$\sqrt{2}$比值递增的。

表 1-7　一般图采用的文字字高　　单位：mm

字体种类	汉字矢量字体	True type 字体及非汉字矢量字体
字高	3.5、5、7、10、14、20	3、4、6、8、10、14、20

图样、说明中的汉字，一般是采用 True type 字体中的宋体。图样、说明中的汉字，如果是矢量字体，则一般是采用长仿宋体，并且长仿宋体宽度与高度的关系一般符合表 1-8 的规定。采用长仿宋体的宽高比，一般是 0.7。采用 True type 字体的高宽比，一般是 1。

表 1-8　长仿宋体宽度与高度的关系　　单位：mm

字高	3.5	5	7	10	14	20
字宽	2.5	3.5	5	7	10	14

图册封面、大标题等的汉字，有的图可能是书写宽高比是 1 的其他字体的情况。

图样、说明中的字母、数字，一般的图采用的是 True type 字体中的 Roman 字型。

1.2.5 图线的要求

图线是起点、终点间以任何方式连接的一种几何图形。图线的形状可以是直线、曲线、连续、不连续等特征的线。图纸常用图线的支持信息见表 1-9。

表 1-9　图纸常用图线的支持信息

名称		线型	线宽	用　途
虚线	粗	------------	b	各有关专业制图
	中粗	------------	$0.7b$	不可见轮廓线
	中	------------	$0.5b$	不可见轮廓线、图例线
	细	------------	$0.25b$	图例填充线、家具线
实线	粗	————————	b	主要可见轮廓线
	中粗	————————	$0.7b$	可见轮廓线、变更云线
	中	————————	$0.5b$	可见轮廓线、尺寸线
	细	————————	$0.25b$	图例填充线、家具线

续表

名称		线型	线宽	用途
双点长划线	粗	▬▬ · · ▬▬ · · ▬▬	b	各有关专业制图
	中	—— · · —— · · ——	$0.5b$	各有关专业制图
	细	—— · · —— · · ——	$0.25b$	假想轮廓线、成型前原始轮廓线
单点长划线	粗	▬▬ · ▬▬ · ▬▬	b	各有关专业制图
	中	—— · —— · ——	$0.5b$	各有关专业制图
	细	—— · —— · ——	$0.25b$	中心线、对称线、轴线等
波浪线	细	〰〰〰	$0.25b$	断开界线
折断线	细	——\/——	$0.25b$	断开界线

1.2.6 标注方式

建筑电气工程施工图常见的标注方式如图 1-22 所示。弱电工程图中的标注方式，往往也遵循建筑电气工程施工图的标注方式。

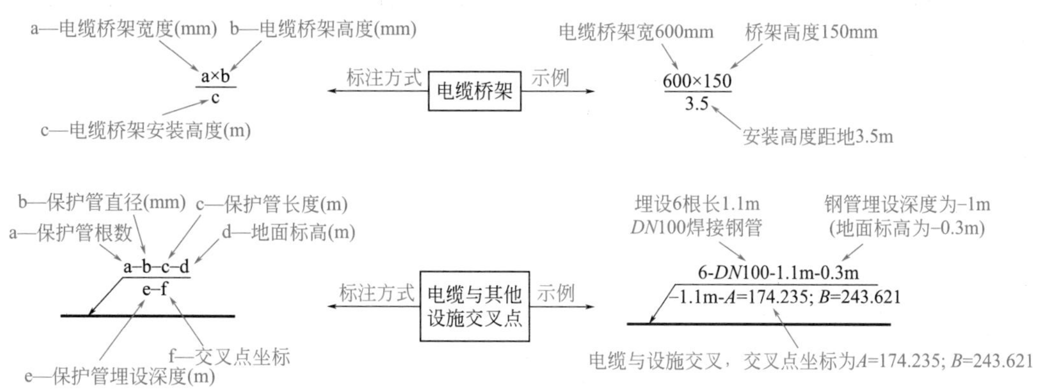

图 1-22 建筑电气工程施工图常见的标注方式

1.3 弱电工程图应用分类

1.3.1 弱电工程图细分专业应用

弱电工程图作为一类专业工程图的统称，有电话工程施工图、网络工程施工图、安防施工图、有线弱电工程图、无线弱电工程图等具体种类。具体种类的弱电工程图，往往有其专业特有的知识与技能。具体识读时，则往往需要掌握这些专业特有的知识与技能。

1.3.2 弱电工程图综合应用

实际中，弱电工程往往与其他工程综合应用，或者弱电系统中不同的具体工程综合应用，形成综合工程、综合布线、弱电系统。为此，识读时，往往需要具备多专业知识与综合技能。

例如，综合布线中的线路符号往往包括了视频线路符号、广播线路符号等，如图 1-23 所示。

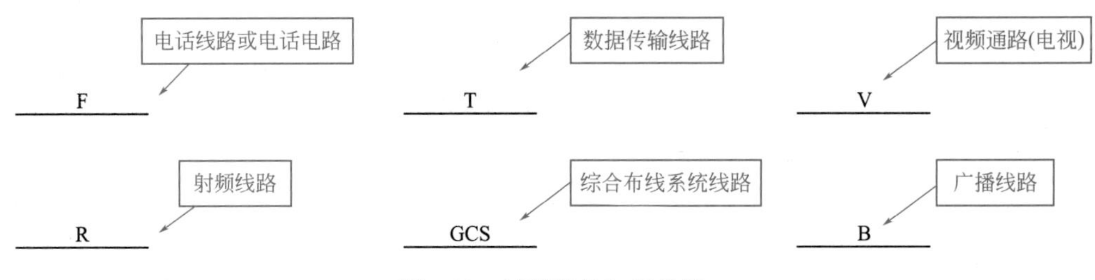

图 1-23 线路符号知识技能

再例如，无接线端子代号的接触器、继电器端子代号标注特点如图 1-24 所示。无接线端子代号的热继电器端子代号标注特点如图 1-25 所示。这些代号标注特点与有的强电工程图中接触器、继电器、热继电器有类似的特点，与有的强电工程图中的标注特点却是有差异的。

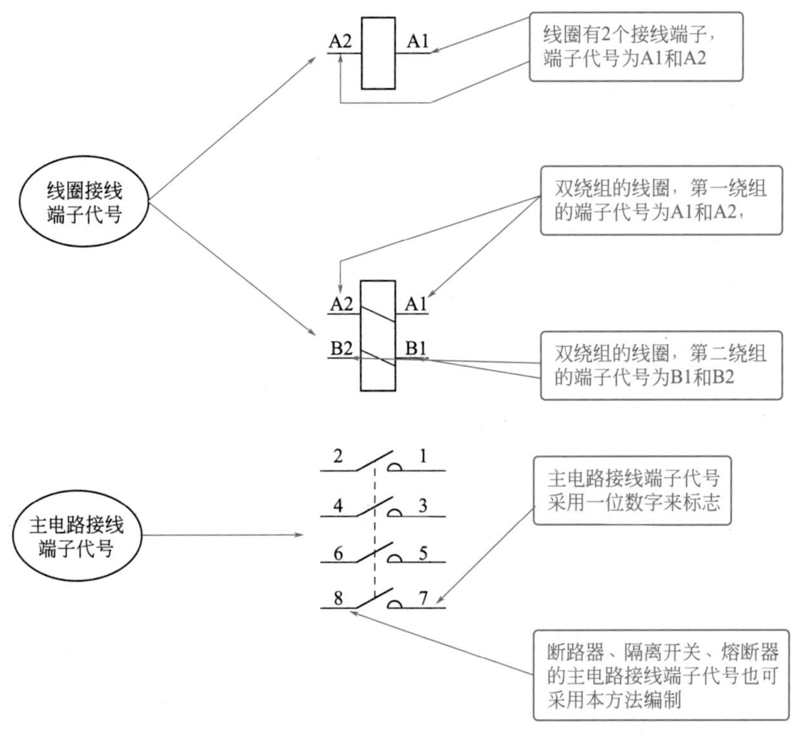

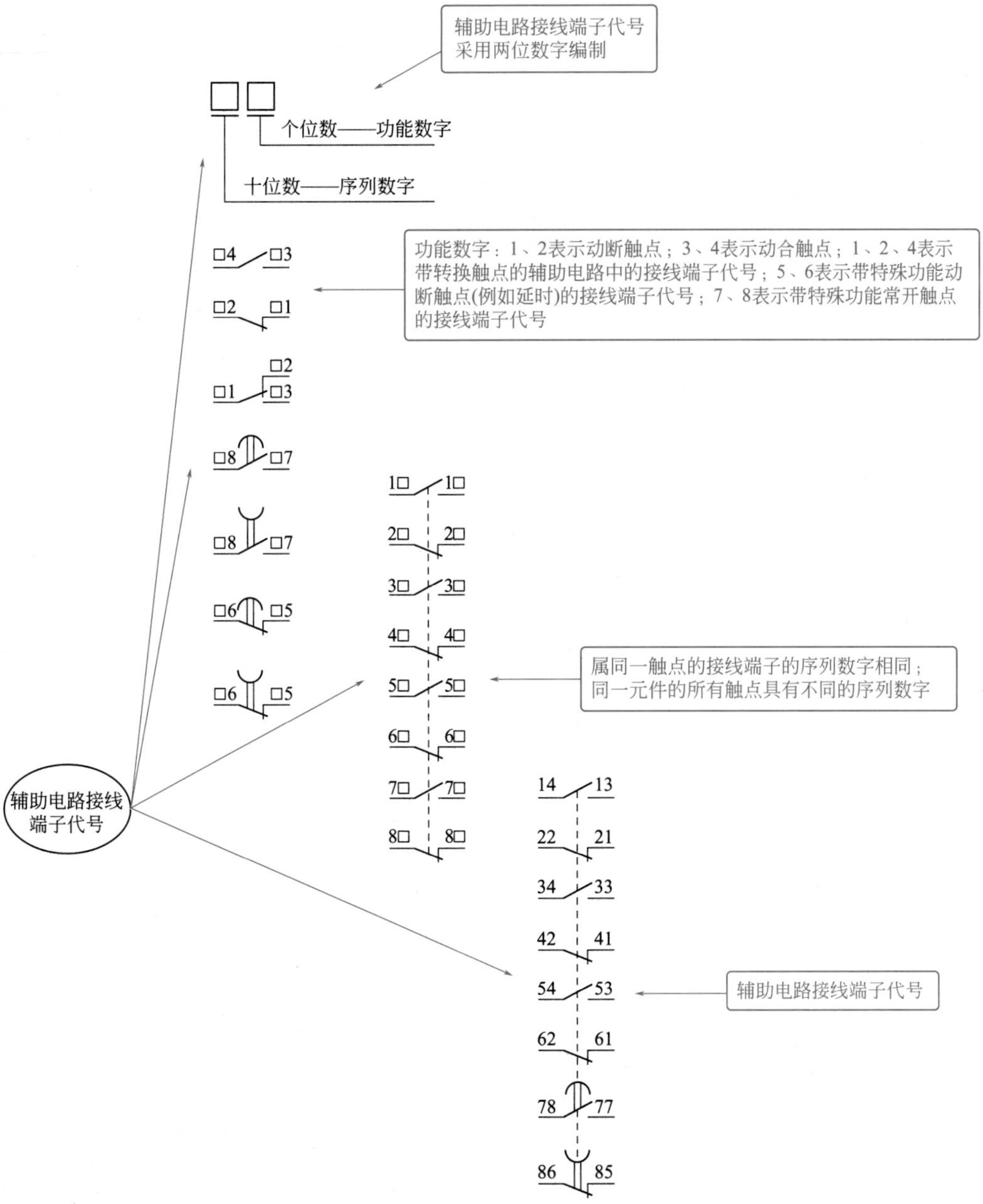

辅助电路接线端子代号
采用两位数字编制
个位数——功能数字
十位数——序列数字
功能数字：1、2表示动断触点；3、4表示动合触点；1、2、4表示带转换触点的辅助电路中的接线端子代号；5、6表示带特殊功能动断触点(例如延时)的接线端子代号；7、8表示带特殊功能常开触点的接线端子代号
属同一触点的接线端子的序列数字相同；同一元件的所有触点具有不同的序列数字
辅助电路接线端子代号
辅助电路接线端子代号
14 13
22 21
34 33
42 41
54 53
62 61
78 77
86 85

图 1-24　无接线端子代号的接触器、继电器端子代号标注特点

主电路接线端子代号
采用一位数字来表示
无接线端子代号的
热继电器端子代号
辅助电路接线端子代号
2 1
4 3
6 5
98 97
96 95

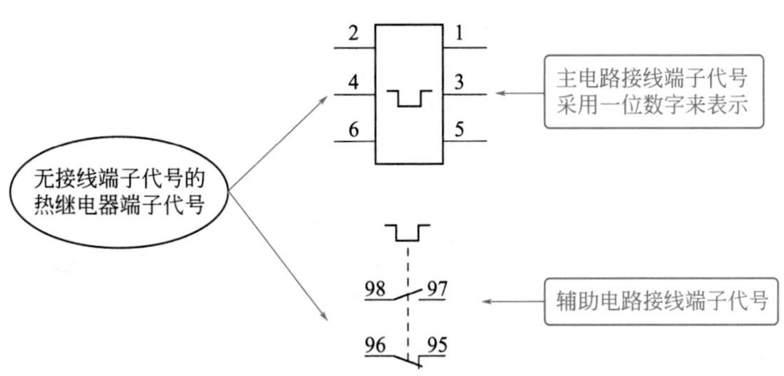

图 1-25　无接线端子代号的热继电器端子代号标注特点

1.4 节点法与节线法

1.4.1 节点法

建筑弱电施工图往往是由线条+符号组成。线条往往表示不同参数、不同信号的通过路径。线条包括线条类型、线条数量、线条安装方式、线条箭头方向等信息。符号往往有元件符号、设备符号、装置符号、模块表示形式、方框表示形式等。这些符号其实就是涉及元件、设备、装置、模块、方框等功能模块或者连接点。把这些功能模块和连接点可以定义为节点。识读建筑弱电施工图时，如果暂时不看线条，把节点独立来看，则有时识读复杂的图纸会变得很简单。对于节点的确定，需要根据图纸的详略、实际所需、个人识图情况来确定。节点识图法，主要是读懂节点的功能作用、节点间的组合联系等情况。

节点的确定技巧如图 1-26 所示。

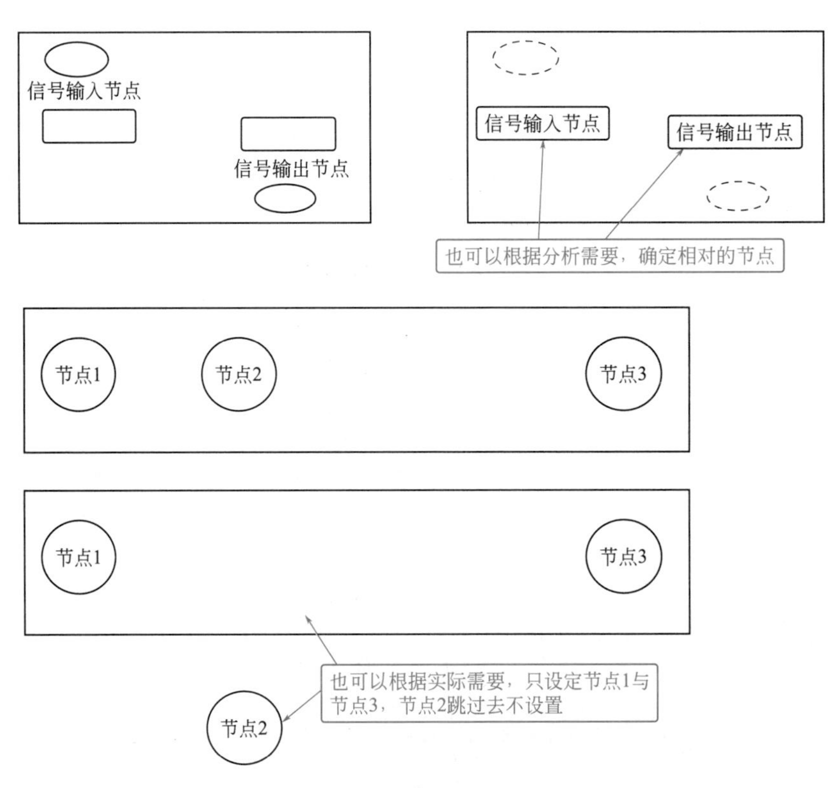

图 1-26　节点的确定技巧

1.4.2 节线法

节线法就是在节点法的基础上，考虑了节点间连接的线条。

采用节线法识图，就是掌握“两点一线”。两点就是一根线两端的端点节点。一线就是线本身的类型、导线种类等具体属性与特点。

节线法如图 1-27 所示。

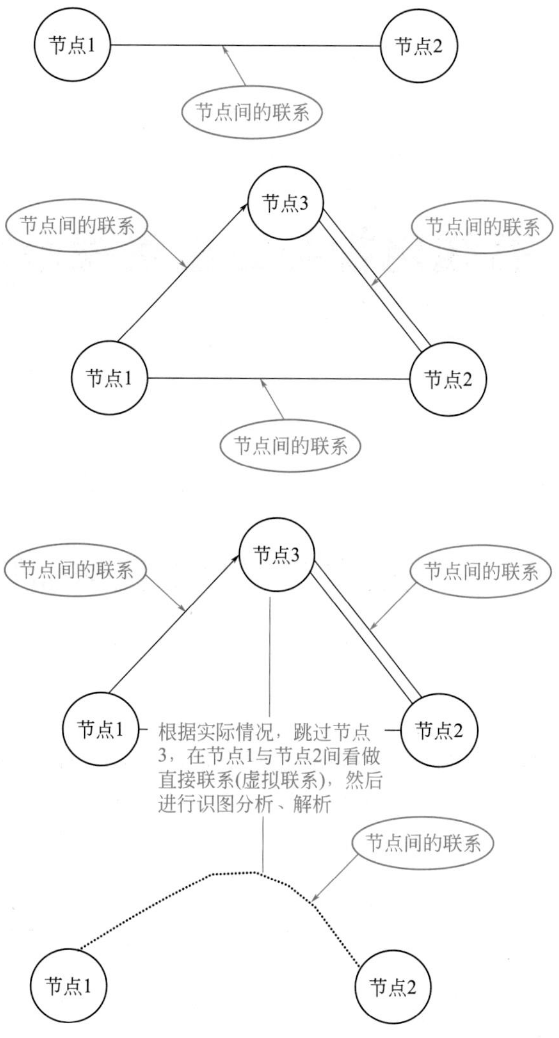
节点1
节点2
节点间的联系
节点3
节点间的联系
节点间的联系
节点1
节点2
节点间的联系
节点3
节点间的联系
节点间的联系
节点1
根据实际情况，跳过节点3，在节点1与节点2间看做直接联系(虚拟联系)，然后进行识图分析、解析
节点2
节点间的联系
节点1
节点2

图 1-27　节线法

第 2 章 有线电视与卫星电视系统的识图

2.1 有线电视与卫星电视基础知识

2.1.1 有线电视网络工程有关术语解释

为了识图时能够读懂图上直接呈现的信息，并能掌握图上隐含的或者遵循的支持信息，需要掌握有线电视与卫星电视系统有关知识与技能。有线电视网络工程有关术语解释是其最基础的知识，具体有关术语解释见表 2-1。

表 2-1 有线电视网络工程有关术语解释

名称	解 释
城市有线电视网络	城市有线电视网络就是不包含干线网的、服务于某一特定城市用户（含城镇用户、乡村用户）的有线电视网络
城域干线网	城域干线网就是城市有线电视网络中，连接前端与所有分前端的网络；或者连接所有核心节点、汇聚节点、接入节点的网络
分前端	（1）分前端就是城市有线电视网络中，负责在前端、接入分配网间下行或者上传信息，以及可以与网络中其他的分前端互通信息的网络基础设施。 （2）分前端可以作为 IP 城域干线网的核心节点、汇聚节点
干线网	（1）干线网是连接两个及以上城市有线电视网络前端的大容量光传输网络。 （2）干线网可以分国家干线网、省干线网两类。 （3）省干线网负责省内各城市有线电视网络之间的连接。 （4）国家干线网负责各省网间的连接
光纤 / 同轴电缆混合网	光纤 / 同轴电缆混合网就是以光纤 / 同轴电缆混合介质为基础构建的有线电视基础网络
接入分配网	接入分配网就是城市有线电视网络中连接城域干线网边缘设备、用户终端（或者用户家庭网络网关）的网络
前端	（1）前端就是网络中广播、电视节目的播出地，也就是 IP 城域干线网数据中心的所在地。 （2）前端可以包含分前端职能，可以服务于其周边用户

2.1.2 有线电视系统的概述

有线电视系统工程图主要包括有线电视系统图、有线电视平面图。这两种图纸可以用于描述有线电视系统的连接关系、系统施工方法等信息。系统中部件的参数、安装位置往往在图中会标注清楚。识读图时，从图上直接读懂有关信息即可。

有线广播电视网结构分级如图 2-1 所示。实际的有线电视系统比较复杂，类型也比较多。但是，它们的基本物理模式是一样的，这也是识图时的基本模式。有线电视系统基本物理模式如图 2-2 所示。有线电视频道的划分见表 2-2。

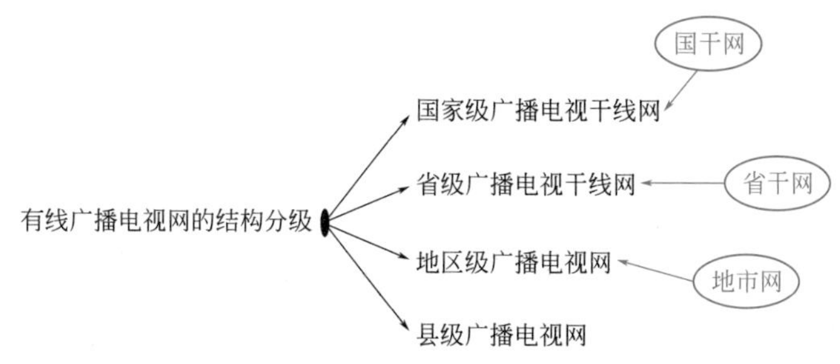

图 2-1　有线广播电视网结构分级

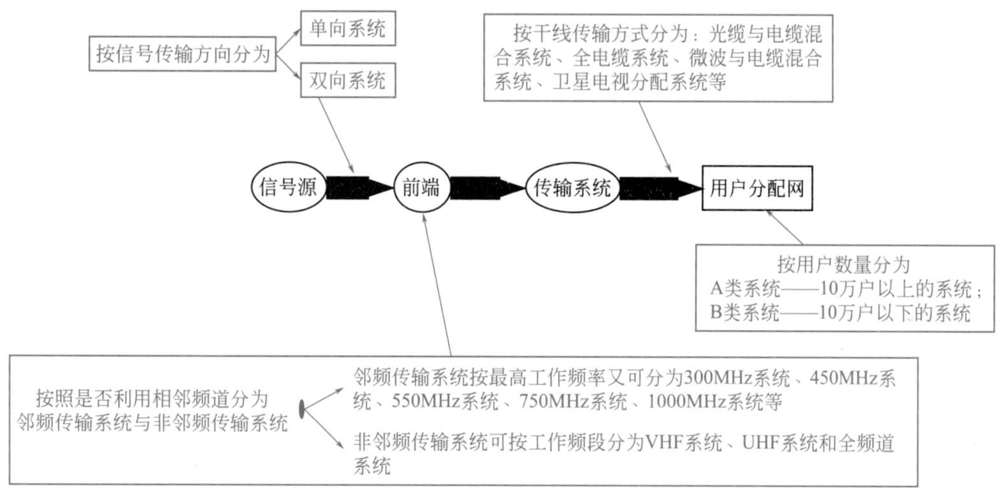

图 2-2　有线电视系统基本物理模式

表 2–2　有线电视频道的划分

波段	频率范围 /MHz	内容
上行频段（R）	5 ～ 65	上行业务
过渡频段（X）	65 ～ 87	过渡带
FM 频段（FM）	87 ～ 108	声音广播业务
下行频段（A）	110 ～ 1000	模拟电视、数字电视、数据业务

2.1.3　有线电视系统的组成

有线电视系统的组成如图 2-3 所示。有线电视系统组成的三大系统，也是识读具体图纸的基本系统。

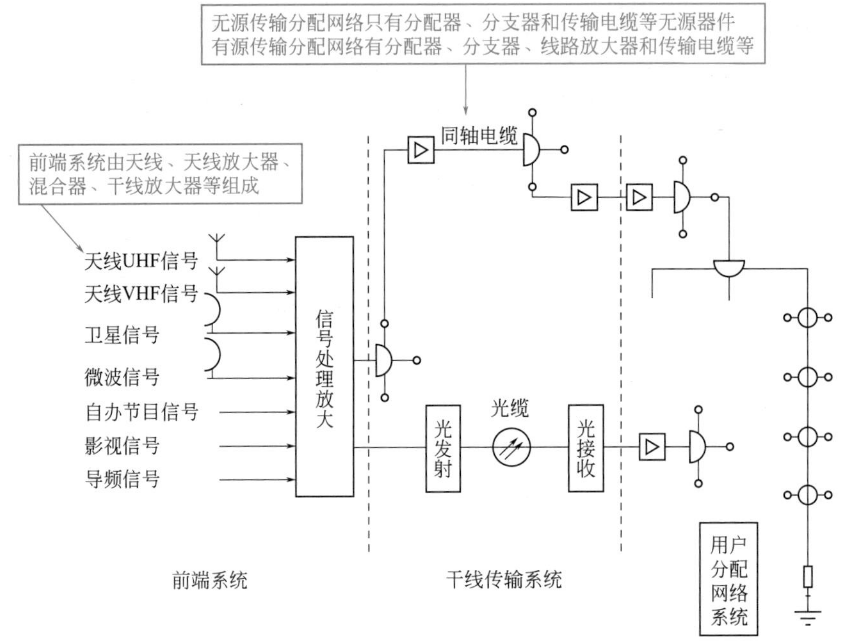

图 2-3　有线电视系统的组成

2.1.4　有线电视系统的元器件、设备

有线电视系统的组成往往是由有线电视系统的元器件、设备，以及它们间的电缆连接实现的。节点法、节线法中节点的设点往往就是这些元器件、设备。

有线电视系统常见的设备如图 2-4 所示。

有线电视系统图、有线电视工程图等图中往往采用图形符号表示具体的元器件、设备。识图时，应能够掌握这些图形符号“背后”隐含的或者遵循的支持知识。其中，图形与名称的对照、对应是最基础的知识。有线电视元器件、设备的图形与名称的对照见表 2-3。

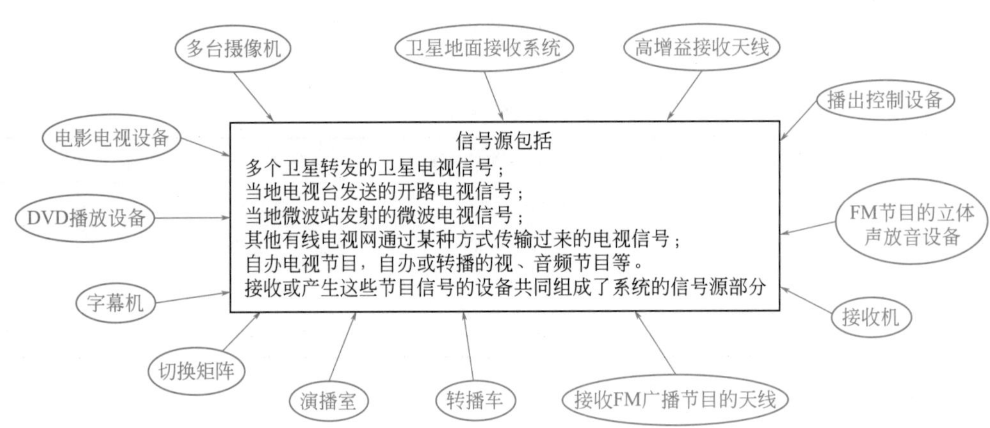

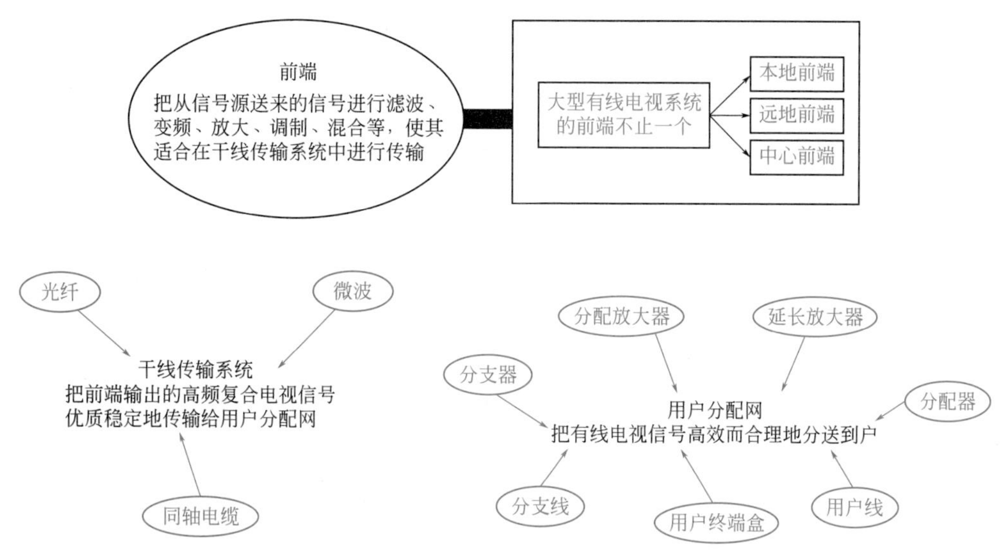

图 2-4　有线电视系统常见的设备

表 2-3　有线电视元器件、设备的图形与名称的对照

图形	名称	说明、应用
	信号分支器	一般符号
	分支器，示出一路分支	电路图、接线图、平面图、系统图
	分支器，示出二路分支	电路图、接线图、平面图、系统图
	分支器，示出四路分支	电路图、接线图、平面图、系统图
	匹配终端	电路图、功能图
	电视摄像机	平面图、系统图
	带云台的电视摄像机	平面图、系统图
	分配器	两路一般符号，电路图、接线图、平面图
	三路分配器	电路图、接线图、平面图
	四路分配器	电路图、接线图、平面图
	前端供电器	输入交流输出直流
	室外落地设备箱	
	光纤或光缆	一般符号
	光发射机	
	光接收机	
	光电转换器	
	电光转换器	

续表

图形	名称	说明、应用
FR RF FT	光端机	
VH	有线电视放大器、分配器箱	
VP	有线电视分配分支器箱	
HD	家居配线箱	
LIU	光纤连接盘	平面图、系统图
	系统出线端	安装图、网络图
	环路系统出线端，串联出线端（串接单元）	安装图、网络图
	具有一路外接输出口的串接式系统输出口	
	干线分配放大器，示出两路干线输出	
TV	电视插座	
G ~ *	正弦信号发生器，星号可用具体频率值代替	电路图、功能图
~	线路电源器件，示出交流型	安装图、网络图
	供电阻塞，在配电馈线中表示	安装图、网络图
	线路电源插入点	安装图、网络图
n1 n2	频率由 n1 变到 n2 的变频器（n1 和 n2 可用具体频率数字代替）	电路图、系统图
	有源混合器（示出五路输出）	
	调制器，解调器或鉴别器	一般符号
	解调器	
	调制器	
	调制解调器	
	均衡器	平面图、总平面图、系统图
	可变均衡器	平面图、总平面图、系统图
A	固定衰减器	电路图、接线图、系统图
A	可变衰减器	电路图、接线图、系统图
	桥式放大器，表示具有三条支路或激励输出（圆点用以表示较高电平的输出，支路或激励输出可从符号斜边任何方便的角度引出）	安装图、网络图
	主干桥式放大器，示出三条馈线支路	安装图、网络图

续表

图形	名称	说明、应用
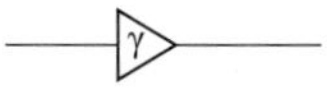	频道放大器、γ 为频道代号	
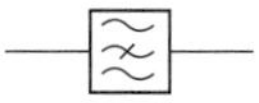	带阻滤波器	电路图、接线图、功能图
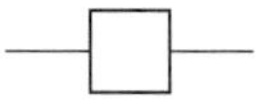	隔波器	
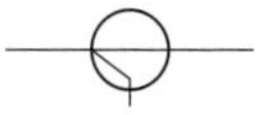	方向耦合器	电路图、接线图、功能图、安装图
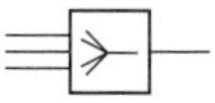	混合网络	电路图、连接图、功能图
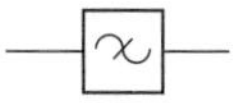	滤波器	电路图、接线图、功能图
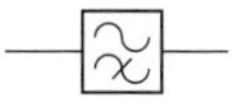	高通滤波器	电路图、接线图、功能图
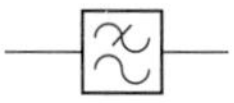	低通滤波器	电路图、接线图、功能图
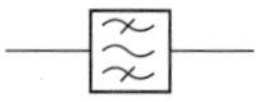	带通滤波器	电路图、接线图、功能图
	有当地天线引入的前端	平面图、总平面图
	无当地天线引入的前端	平面图、总平面图
	天线	一般符号
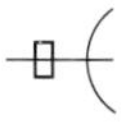	抛物面天线	
	放大器，中继器，三角形指向传输方向	一般符号
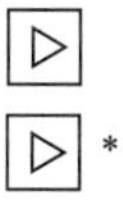 *	放大器	需指出放大器设备的种类在符号处就近“*”用字母替代标注： A—扩大机 PRA—前置放大器 AP—功率放大器
	双向放大器	可以控制反馈量的放大器
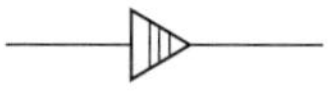	放大器	带有自动增益或自动斜率控制的放大器
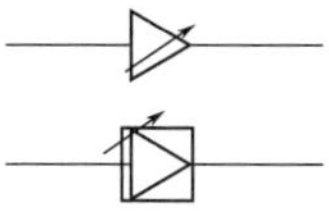	可调放大器	
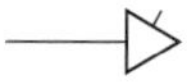	线路（支线或激励馈线）末端放大器，示出一个激励馈线的输出	网络图、安装图

2.1.5 元器件、设备的实物

对于一些施工图，识图的目的主要在于指导操作、安装等，而操作、安装基本上是在实物上进行的。因此，识图时，要求会图物互转互联。为此，需要掌握、了解有线电视、卫星电视元器件、设备的实物特点，具体如图 2-5 所示。

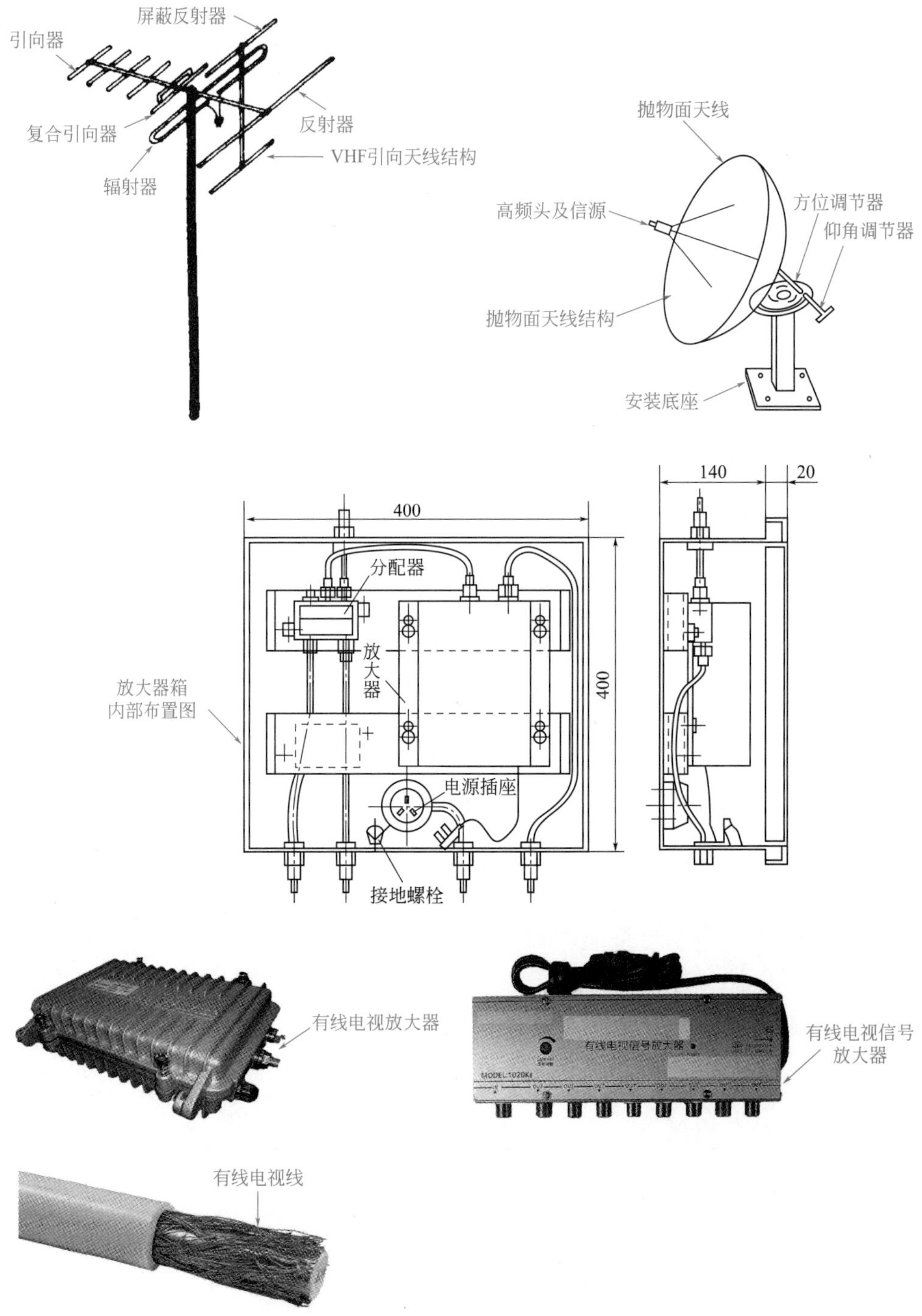

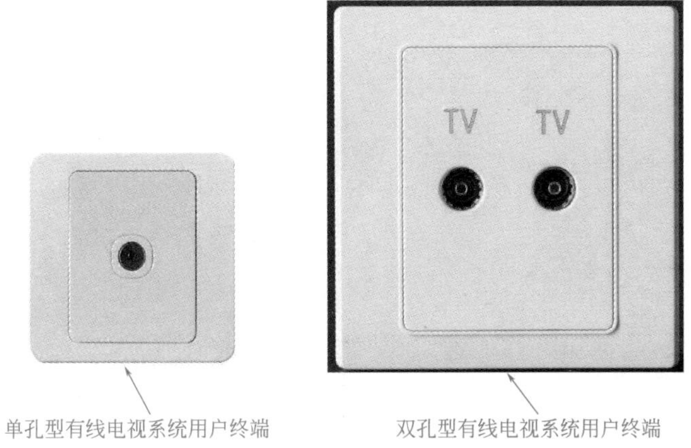
TV
TV
单孔型有线电视系统用户终端
双孔型有线电视系统用户终端

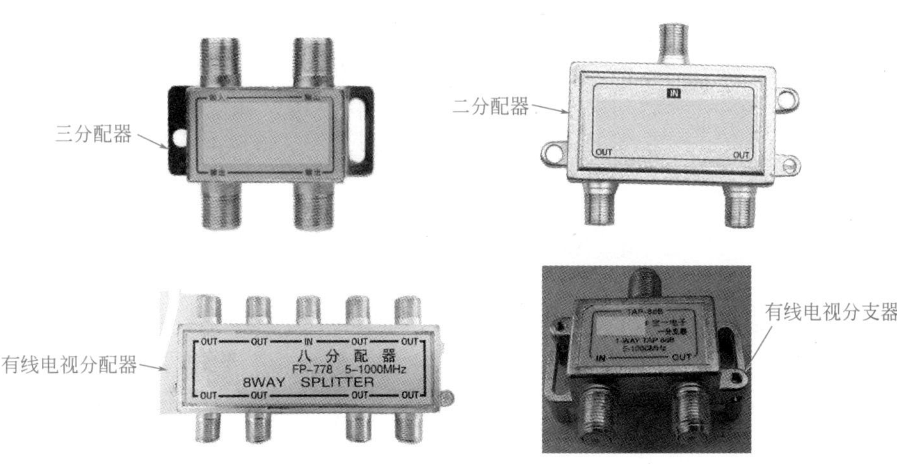
三分配器
二分配器
IN
OUT
OUT
有线电视分配器
OUT
OUT
IN
OUT
OUT
八 分 配 器
FP-778 5-1000MHz
8WAY SPLITTER
有线电视分支器

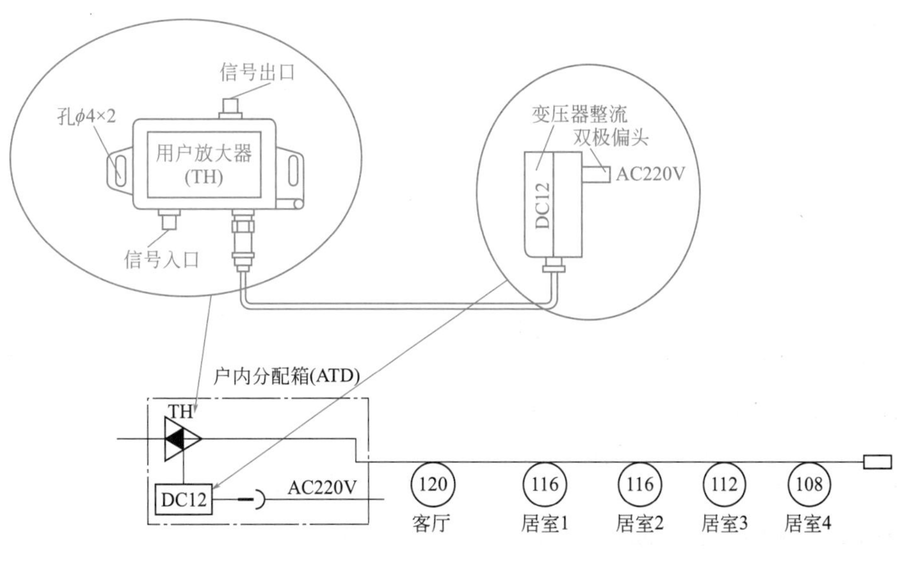
信号出口
孔ϕ4×2
用户放大器
(TH)
信号入口
变压器整流
双极偏头
AC220V
DC12
户内分配箱(ATD)
TH
DC12
AC220V
120
客厅
116
居室1
116
居室2
112
居室3
108
居室4

图 2-5

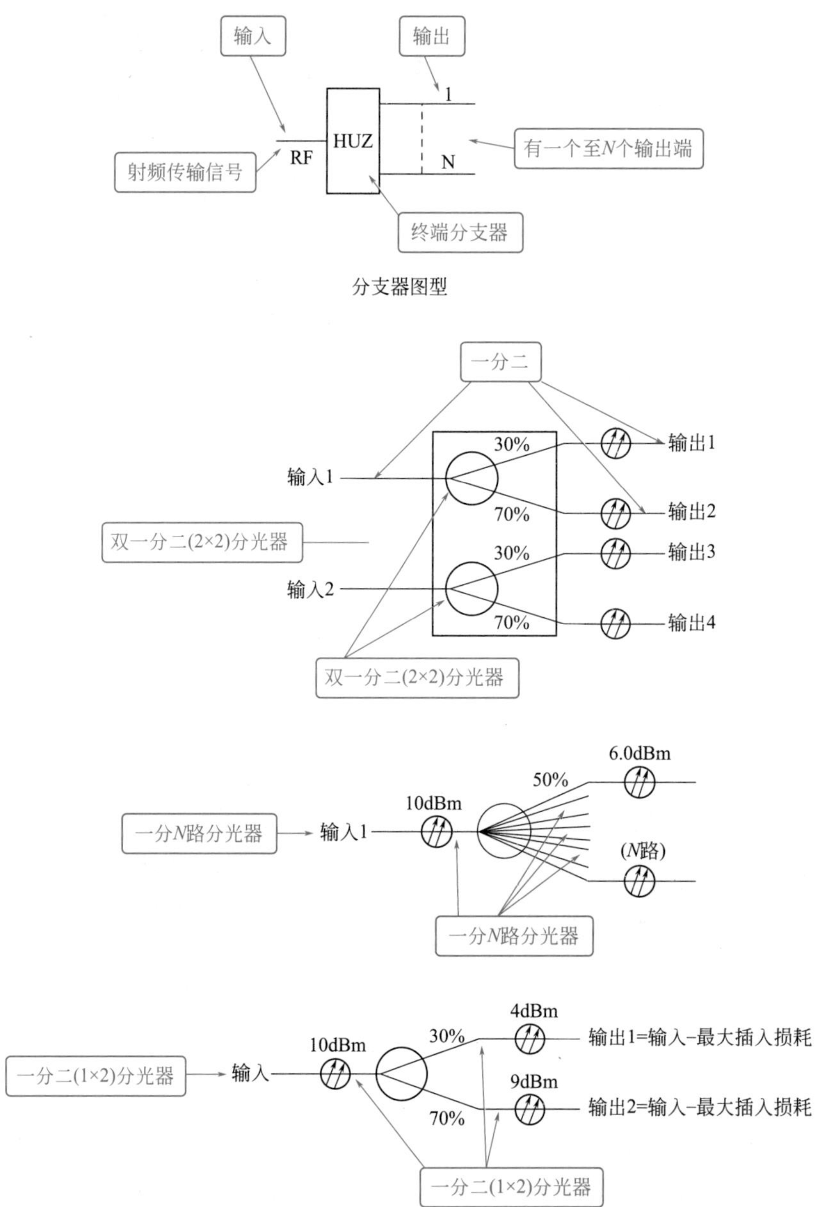

图 2-5　有线电视、卫星电视元器件、设备的实物特点

2.1.6　同轴电缆标注

有线电视与卫星电视系统有关图纸往往采用连线来表示，有的连线表示实际同轴电缆连线，有的表示光缆连线，有的仅表示逻辑连线。

同轴电缆是有线电视与卫星电视系统常见的连接导线。有关图纸同轴电缆的应用，往往不直接标注其参数。因此，需要了解其参数，需要掌握图上同轴电缆有关支持信息。同轴电缆参数与应用见表 2-4。

有关图纸射频同轴电缆的应用，往往采用型号标注。因此，掌握射频同轴电缆标注与其支持信息很有必要。

表 2–4　同轴电缆参数与应用

项目		物理发泡（W）聚乙烯绝缘（Y）式电缆					竹节式（D）空气介质电缆		
		外导体有金属线编织层，屏蔽 P2 或 P4			外导体为铝管，壁厚≥ 0.35mm				
		SYWV-75-5P	SYWV-75-7P	SYWV-75-9P	SYWLY-75-9	SYWLY-75-12	SYDLY-75-9	SYLDLY-75-12	SYDLY-75-14
使用场合		建筑物内无源网络；明装系统的无源网络			干线、支干线				
护套最大直径 /mm		7.5	10.6	12.6	12.6	15.4	11.9	15	16.7
损耗 /(dB/100m) 20℃	5MHz	2.0	1.30	1.0	1.0	0.6	1.0	0.60	0.50
	65MHz	5.61	3.67	2.88	2.88	2.2	2.6	2.10	1.8
	87MHz	6.50	4.25	3.33	3.33	2.5	3.0	2.40	2.1
	550MHz	15.8	10.3	8.5	8.0	6.0	7.40	5.87	5.10
	750MHz	19.1	12.5	9.80	9.80	7.40	8.9	7.0	6.20
	862MHz	20.4	13.4	10.5	10.5	7.90	9.60	7.5	6.60
	1000MHz	22.0	14.4	11.30	11.30	8.50	10.30	8.10	7.10
传播速率		82%				92%			
最少弯曲半径 /mm		50	60	75	150	200	150	200	250
环路电阻 /(Ω/km)		—	—	—	7.1	≤ 10.7	≤ 10.5	≤ 9.2	≤ 5.2
温度系数 /(1/℃)		—	—	—	2‰	1.8‰			

射频同轴电缆标注与其支持信息如图 2-6 所示。

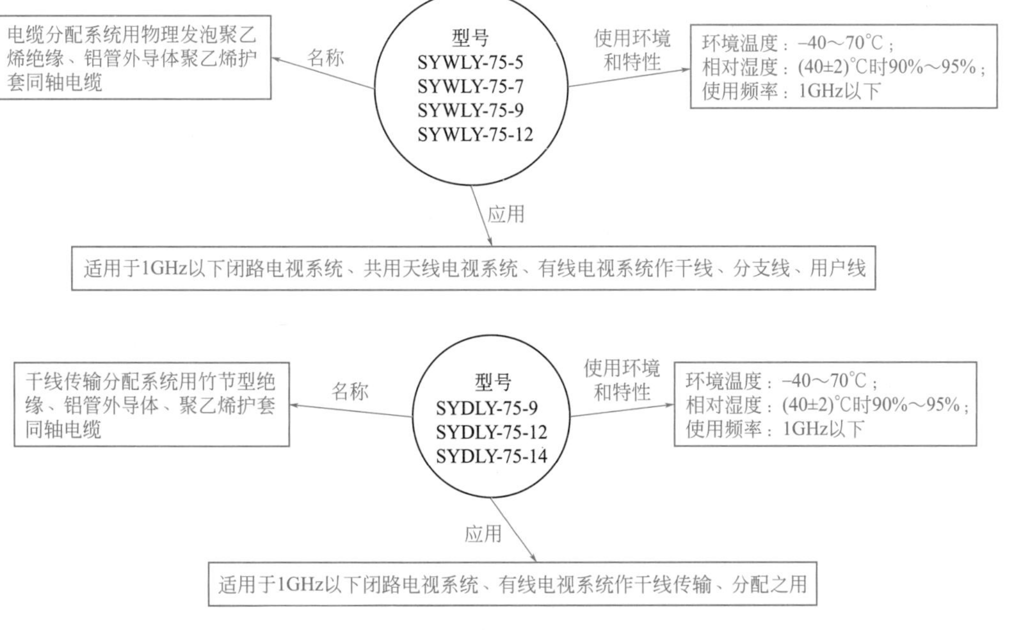

图 2-6

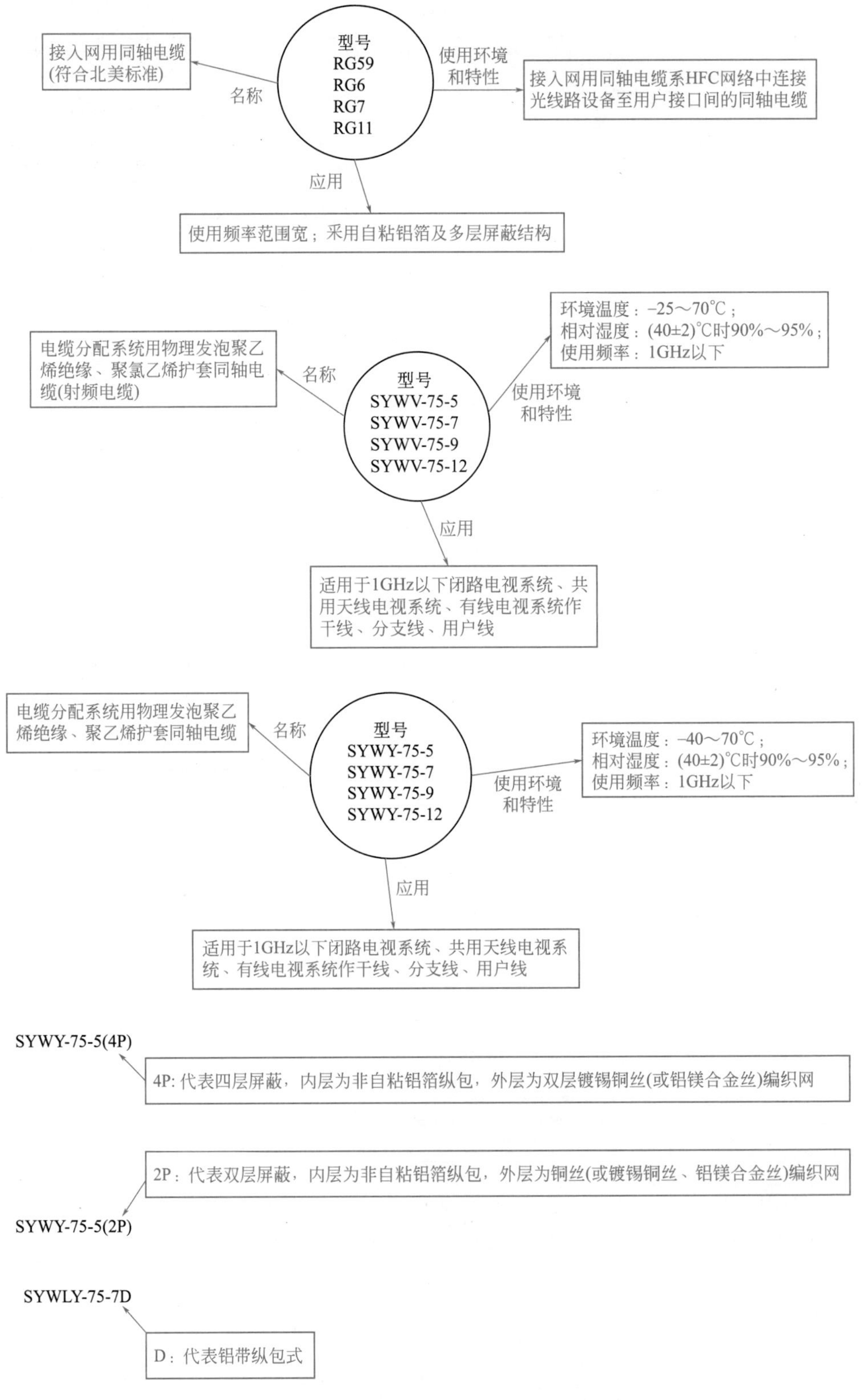

图 2-6　射频同轴电缆标注与其支持信息

2.1.7　光缆标注

采用光缆连线，则需要掌握光缆标注与其支持信息。光缆参数与型号如图 2-7 所示，光缆型号、代号与含义对照见表 2-5。

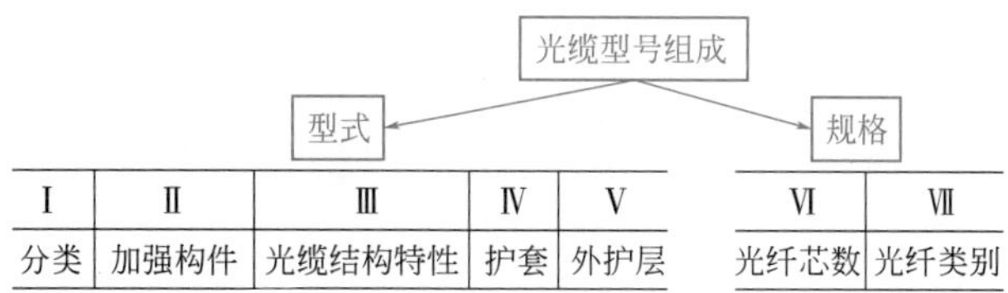

图 2-7　光缆参数与型号

表 2–5　光缆型号、代号与含义对照

光缆型号构成		代号	含义
Ⅰ	分类	GY	通信用室（野）外光缆
		GM	通信用移动式光缆
		GJ	通信用室（局）内光缆
		GS	通信用海底光缆
		GH	通信用特殊光缆
		GT	金属加强构件
Ⅱ	加强构件	无	金属加强构件
		F	非金属加强构件
		G	金属重型加强构件
Ⅲ	光缆结构特性	D	光纤带结构
		J	光纤紧套被覆结构
		S	光纤松套被覆结构
		无	层绞式结构
		G	骨架层结构
		X	缆中心管（被覆）结构
		T	填充式结构
		C	自承式结构
		E	椭圆形状
		B	扁平形状
		Z	阻燃
Ⅳ	护套	Y	聚乙烯
		V	聚氯乙烯
		F	氟塑料
		U	聚氨酯
		A	铝带 - 聚乙烯黏结护层，简称 A 护套

续表

光缆型号构成			代号	含义
Ⅳ	护套		S	钢带 - 聚乙烯黏结护层，简称 S 护套
			W	夹带钢丝的钢带 - 聚乙烯黏结护层
			L	铝
			G	钢
			Q	铅
Ⅴ	外护套	外护套	0	无铠装
			2	双钢带
			3（33）	细圆钢丝（双层）
			4（44）	粗圆钢丝（双层）
			5	皱纹钢带
			6	双层圆钢丝
		外套	1	纤维外护层
			2	聚氯乙烯护层
			3	聚乙烯护层
			4	聚乙烯护层加敷尼龙护套
			5	聚乙烯管
Ⅵ	芯数			直接用阿拉伯数字写出
Ⅶ	类别		A	多模光纤
			B	单模光纤（有线电视）

2.2 具体图的识读

2.2.1 HFC 网有线电视系统图的识读

HFC（光电混合）网系统框图的识读如图 2-8 所示。系统框图的特点就是各模块采用框图表示，各框图间的联系采用箭线表示。

看图上直接呈现的信息——各模块名称、各模块间的联系等可以直接从图上识读了解。

想图上“背后”隐含的或者遵循的支持信息——各模块的功能特点、实物特点、各模块间的联系依据原理等，均是需要掌握的图上“背后”隐含的或者遵循的支持信息。

节点法——把各模块设定为节点，则可以掌握节点的特点。

节线法——把各模块设定为节点，看各模块间的连线，则可以掌握各节点间的逻辑、连接关系。

2.2.2 CATV 接入系统示意图的识读

CATV（有线电视）接入系统示意图如图 2-9 所示。识读该图，可以掌握用户住宅建筑的接入方式等有关信息。

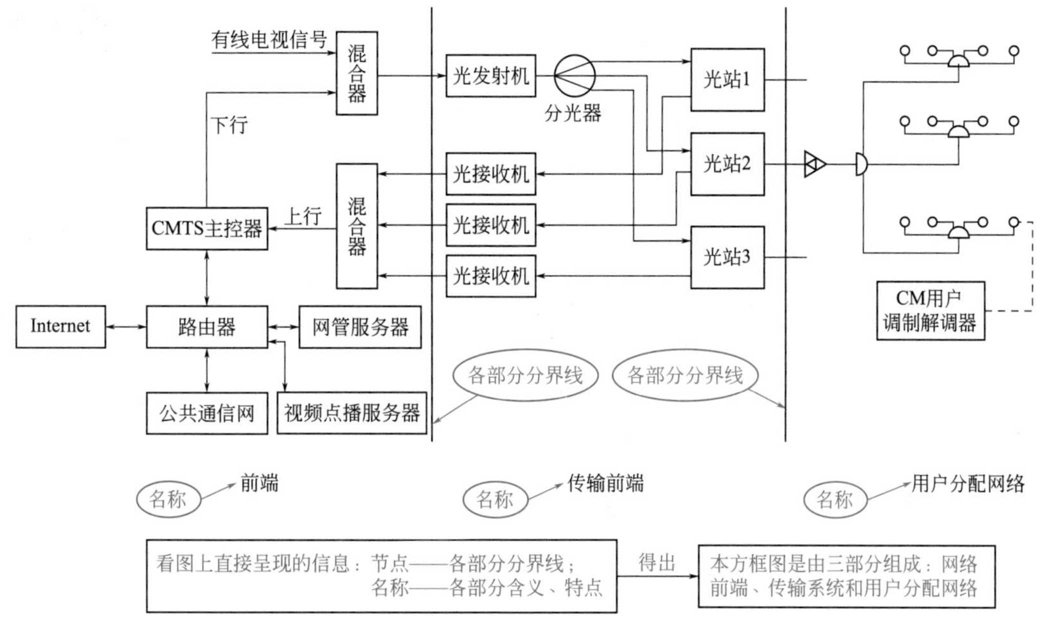

图 2-8　HFC（光电混合）网系统框图的识读

看图上直接呈现的信息——各模块名称、各模块间的联系、实物示意等可以直接从图上识读了解。

想图上“背后”隐含的或者遵循的支持信息——各模块的功能特点、实物特点、各模块间的联系依据原理等，均是需要掌握的图上“背后”隐含的或者遵循的支持信息。

节点法与节线法——有线电视系统节点—（线：通过光纤联系）—模块局节点—（线：同轴电缆联系）—用户住宅建筑电视机节点。另外，从图上也可以看出，该图还采用了光纤同轴混合方式。模块局节点可以提供有线电视、电信等业务。

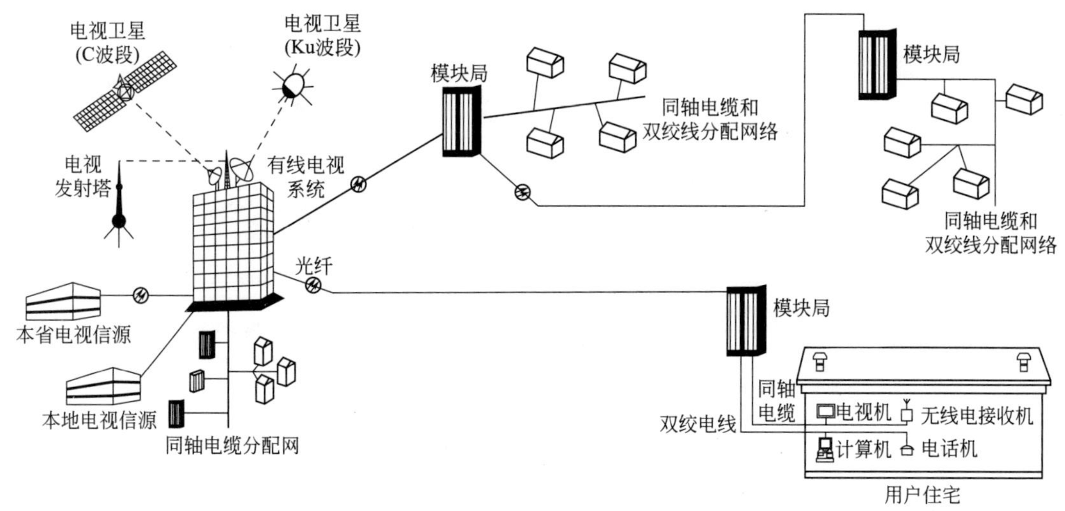

图 2-9　CATV（有线电视）接入系统示意图

2.2.3 建筑有线电视系统图的识读

建筑有线电视系统图的识读

看建筑有线电视系统图，首先掌握建筑有线电视系统布置图与建筑有线电视系统示意图（图 2-10），再看有线电视系统图就容易一些了。有线电视系统图如图 2-11 所示，有线电视系统图图例识读如图 2-12 所示。

2.2.4 有线电视系统用户终端盒接线图的识读

有线电视系统用户终端盒接线图方案图例如图 2-13 所示。该图提供了不同的有线电视系统用户终端盒接线方案。

从图上可以看出，不同方案主要区别是用户终端盒的连接数量，以及使用分配器或者分支器不同，进而接线不同。

分析具体方案接线图时，也可以采用节点法分析，如图 2-14 所示。用户有几台电视机，则至少具有几个用户终端盒。

2.2.5 某高层住宅有线电视系统图的识读

某高层住宅有线电视系统图的识读图解如图 2-15 所示。

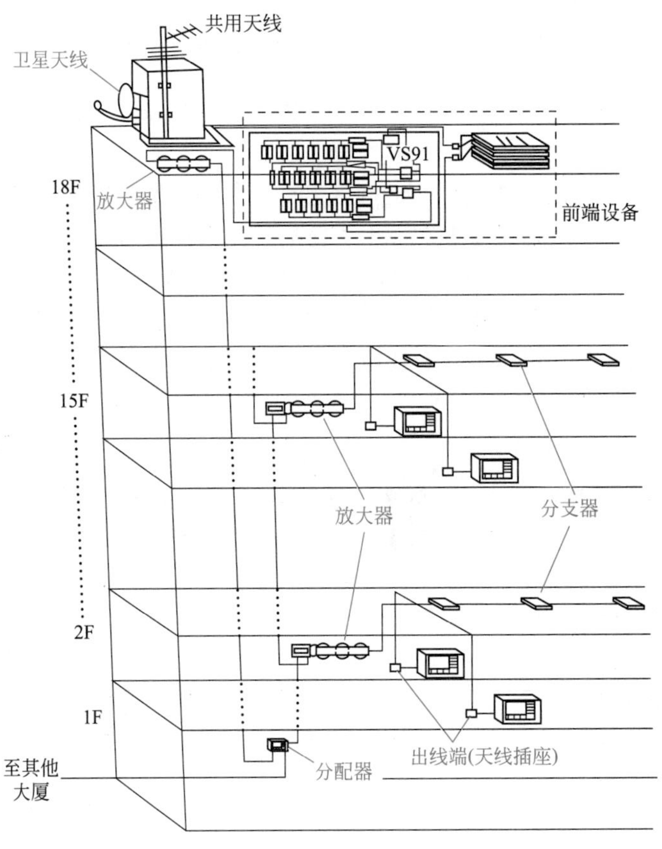

(a) 高层大厦有线电视系统设备布置图

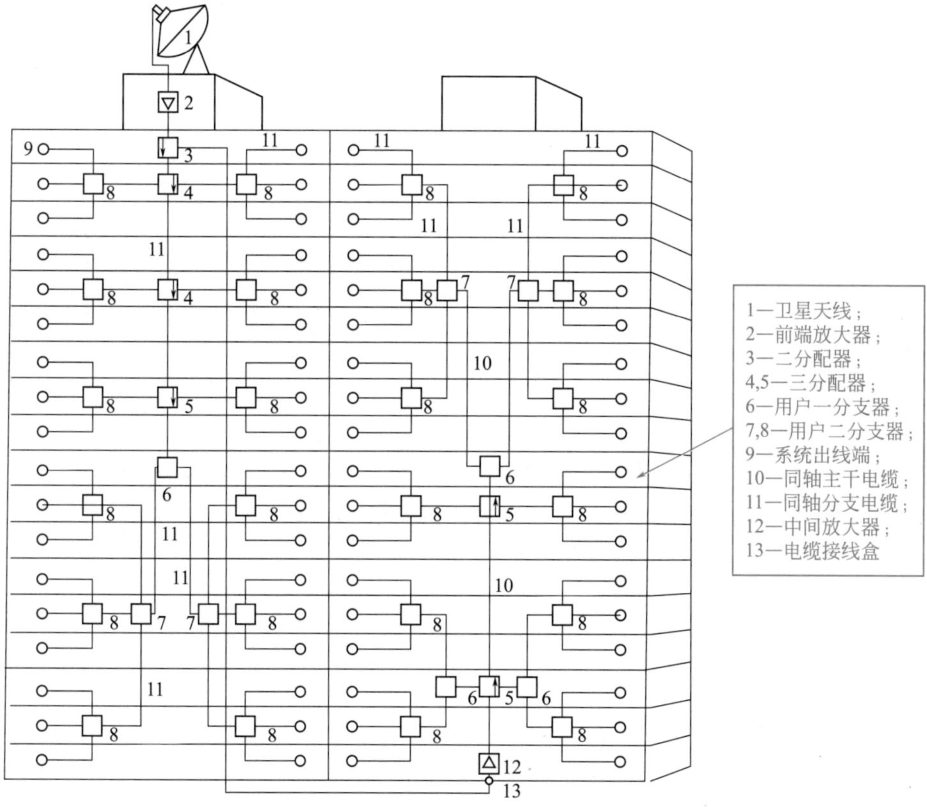

(b) 高层大厦有线电视系统示意图

图 2-10 建筑有线电视系统布置图与建筑有线电视系统示意图

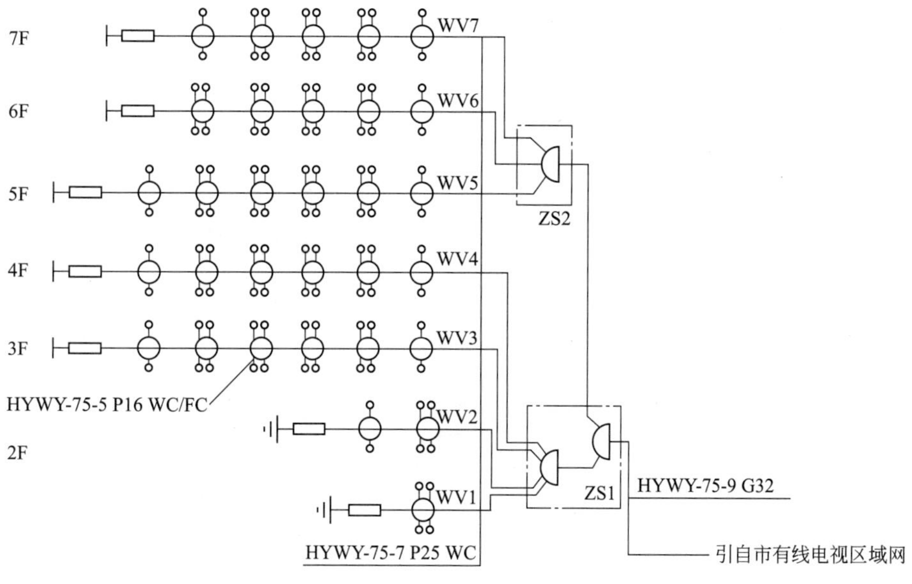

图 2-11 有线电视系统图

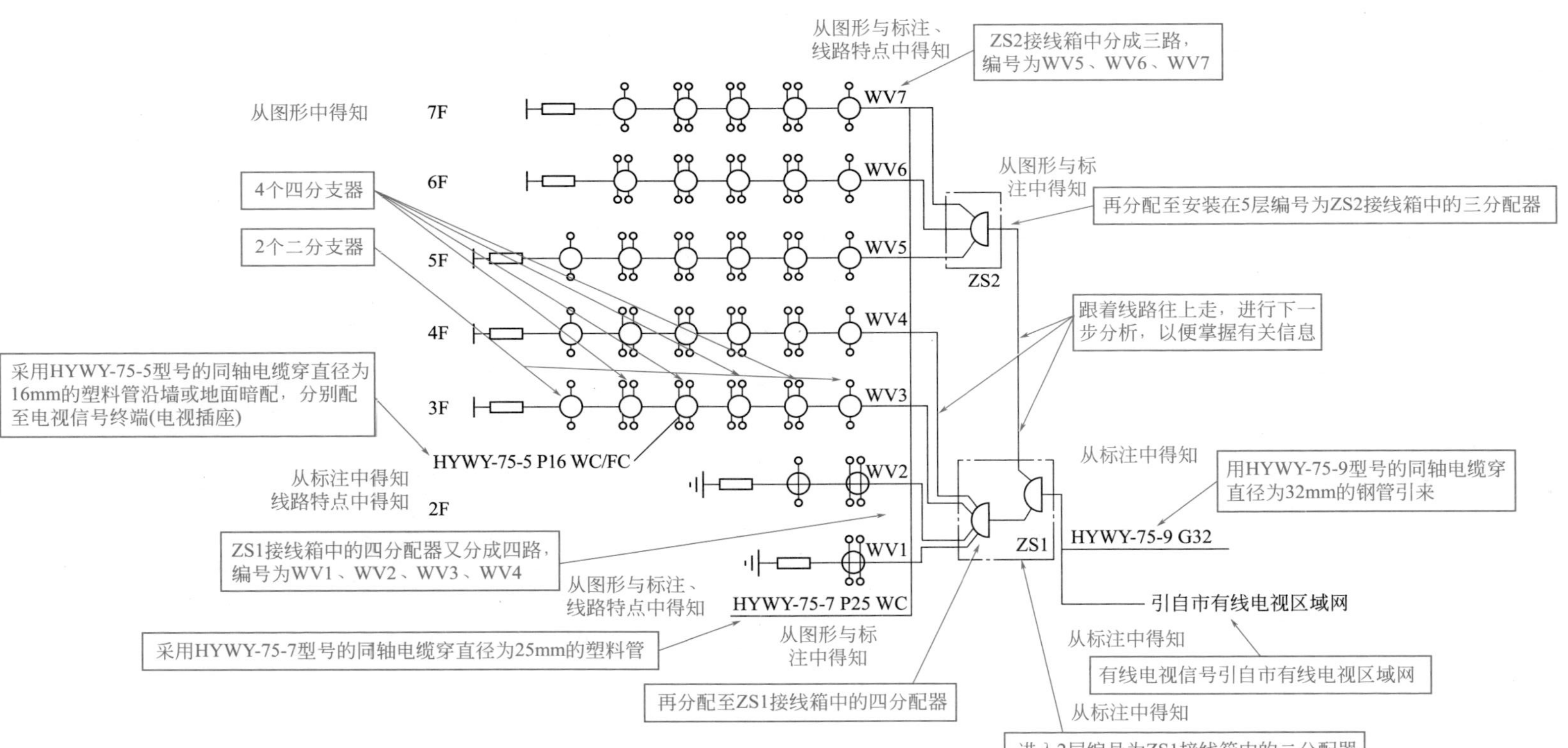

图 2-12　有线电视系统图图例识读

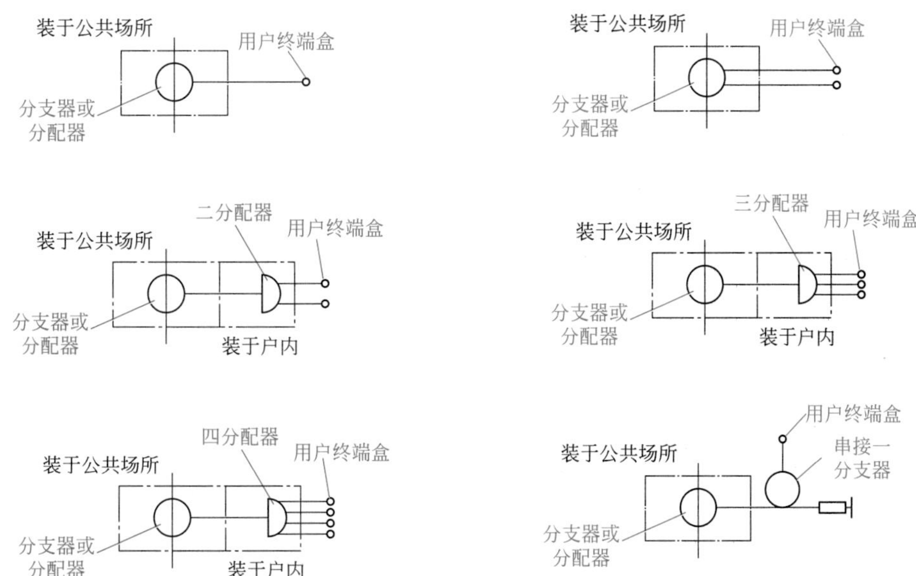

图 2-13　有线电视系统用户终端盒接线图方案图例

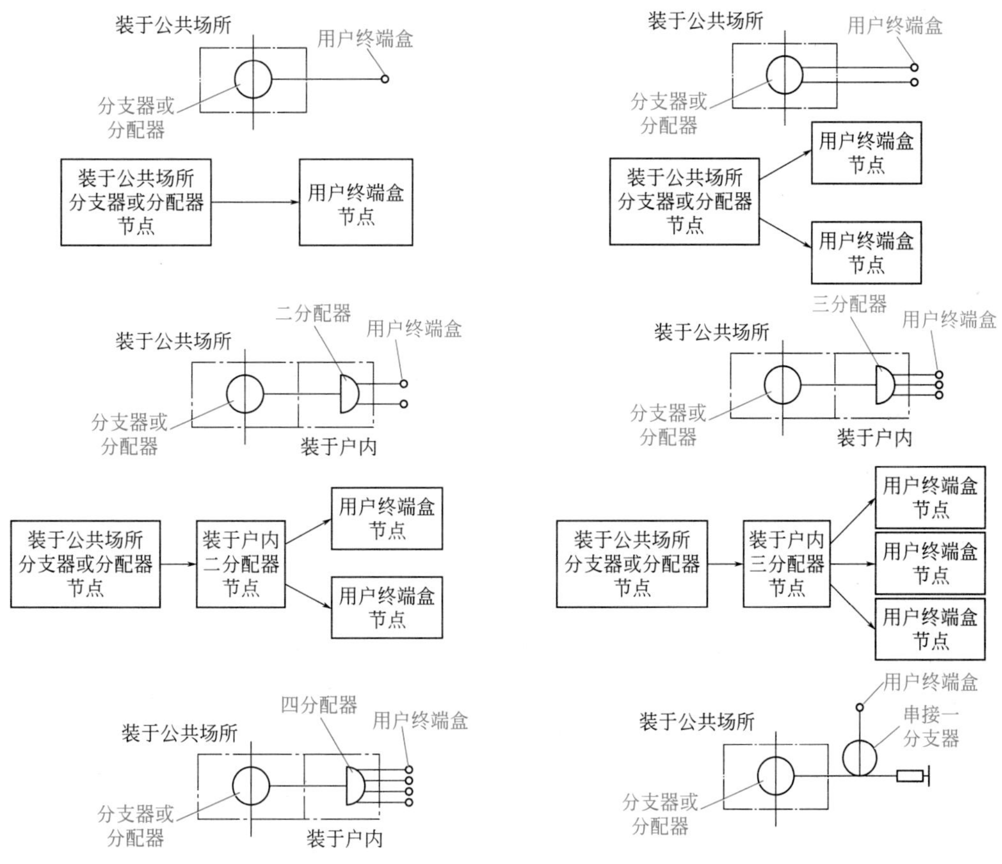

图 2-14

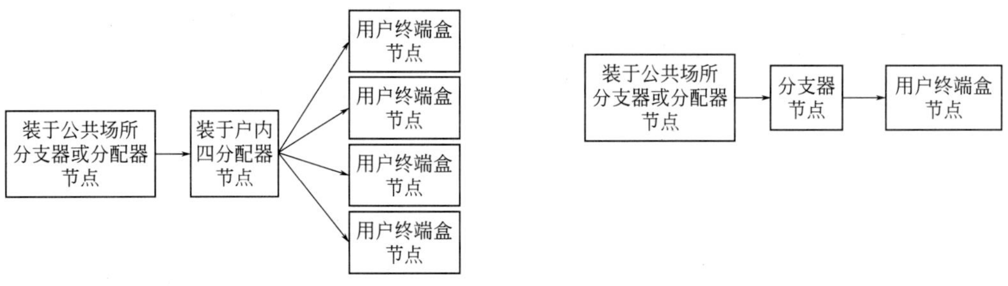

图 2-14　有线电视系统用户终端盒接线节点法分析图

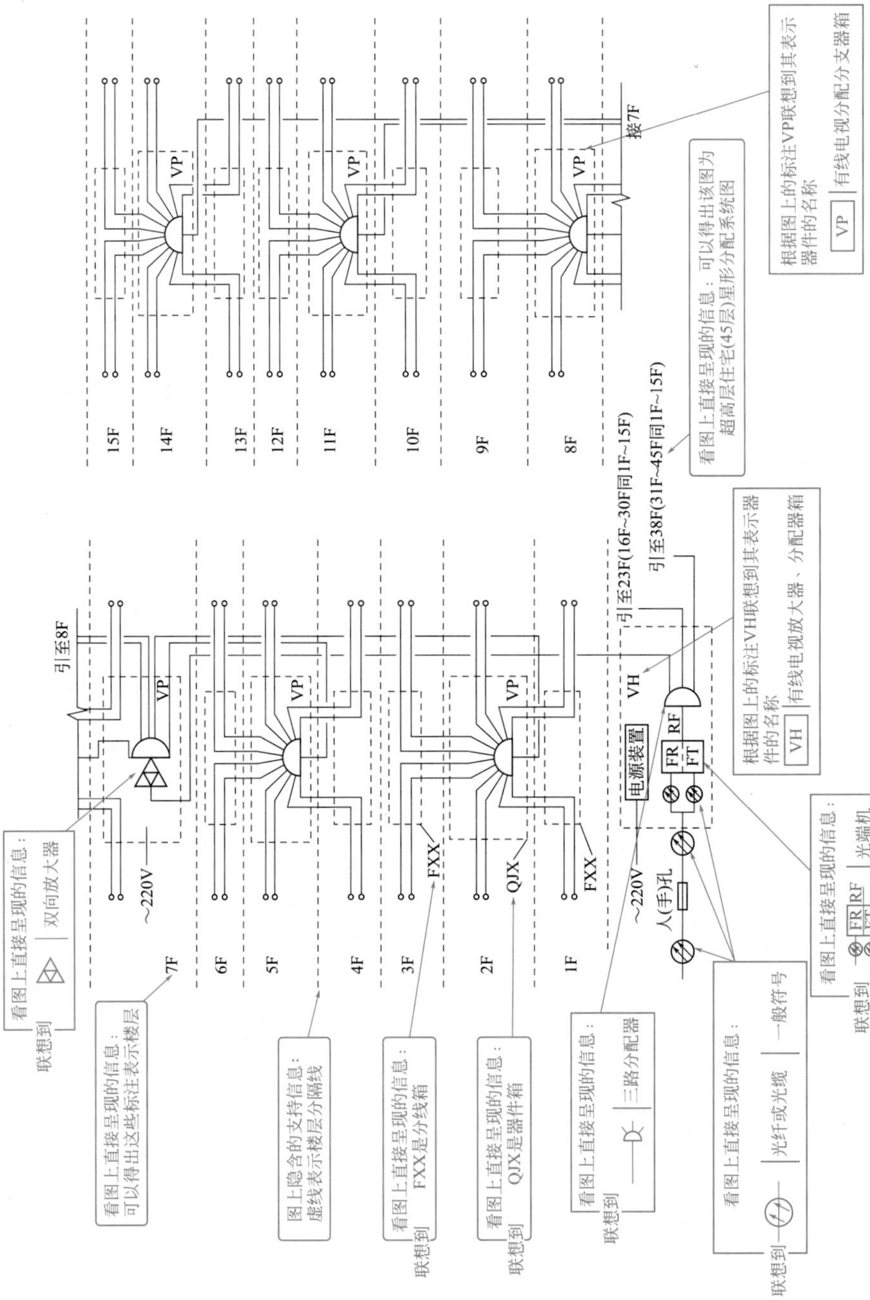

15F
14F
13F
12F
11F
10F
9F
8F
7F
6F
5F
4F
3F
2F
1F
VP
VH
接7F
引至8F
~220V
FXX
QJX
电源装置
FR RF
FT
人(手)孔
引至23F(16F~30F同1F~15F)
引至38F(31F~45F同1F~15F)

看图上直接呈现的信息：可以得出该图为超高层住宅(45层)星形分配系统图

根据图上的标注VP联想到其表示器件的名称　VP　有线电视分配分支器箱

根据图上的标注VH联想到其表示器件的名称　VH　有线电视放大器、分配器箱

看图上直接呈现的信息：联想到　双向放大器

看图上直接呈现的信息：可以得出这些标注表示楼层

图上隐含的支持信息：虚线表示楼层分隔线

看图上直接呈现的信息：FXX是分线箱　联想到

看图上直接呈现的信息：QJX是器件箱　联想到

看图上直接呈现的信息：联想到　三路分配器

看图上直接呈现的信息：联想到　光纤或光缆　一般符号

看图上直接呈现的信息：联想到　FR RF FT　光端机

(a) 识读图标

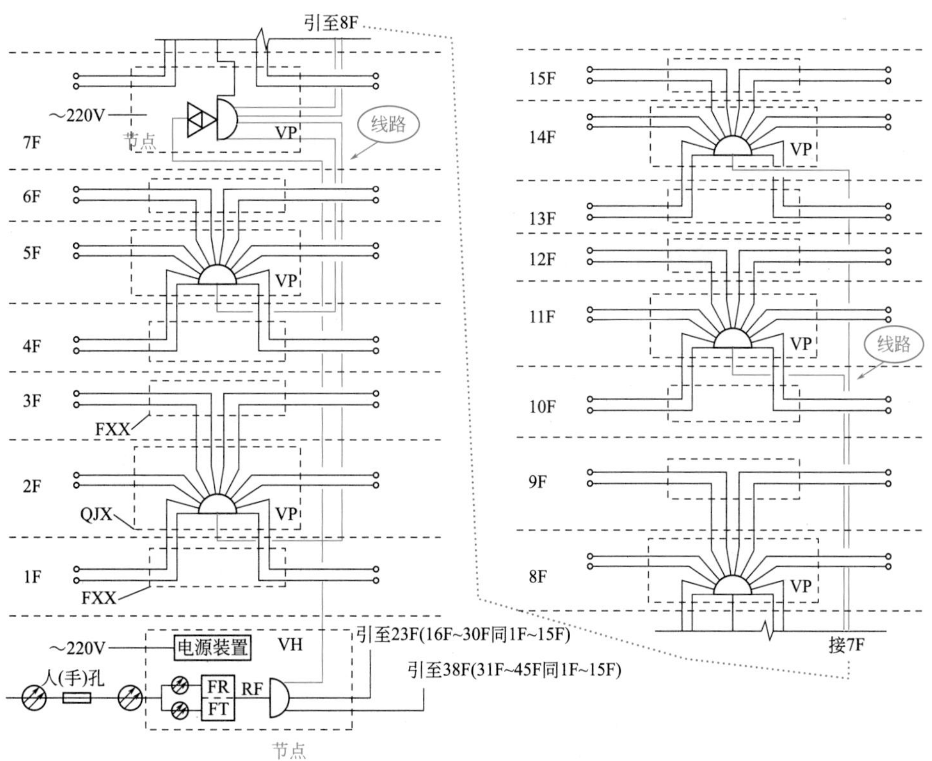

(b) 识读线路

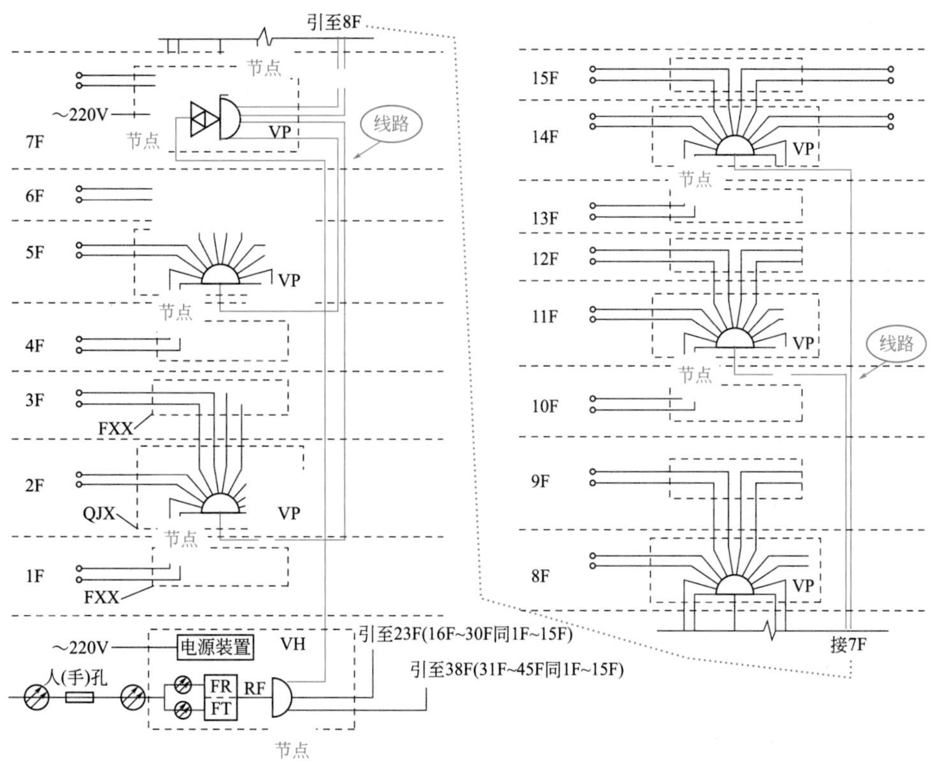

(c) 根据节点看线路

图 2-15

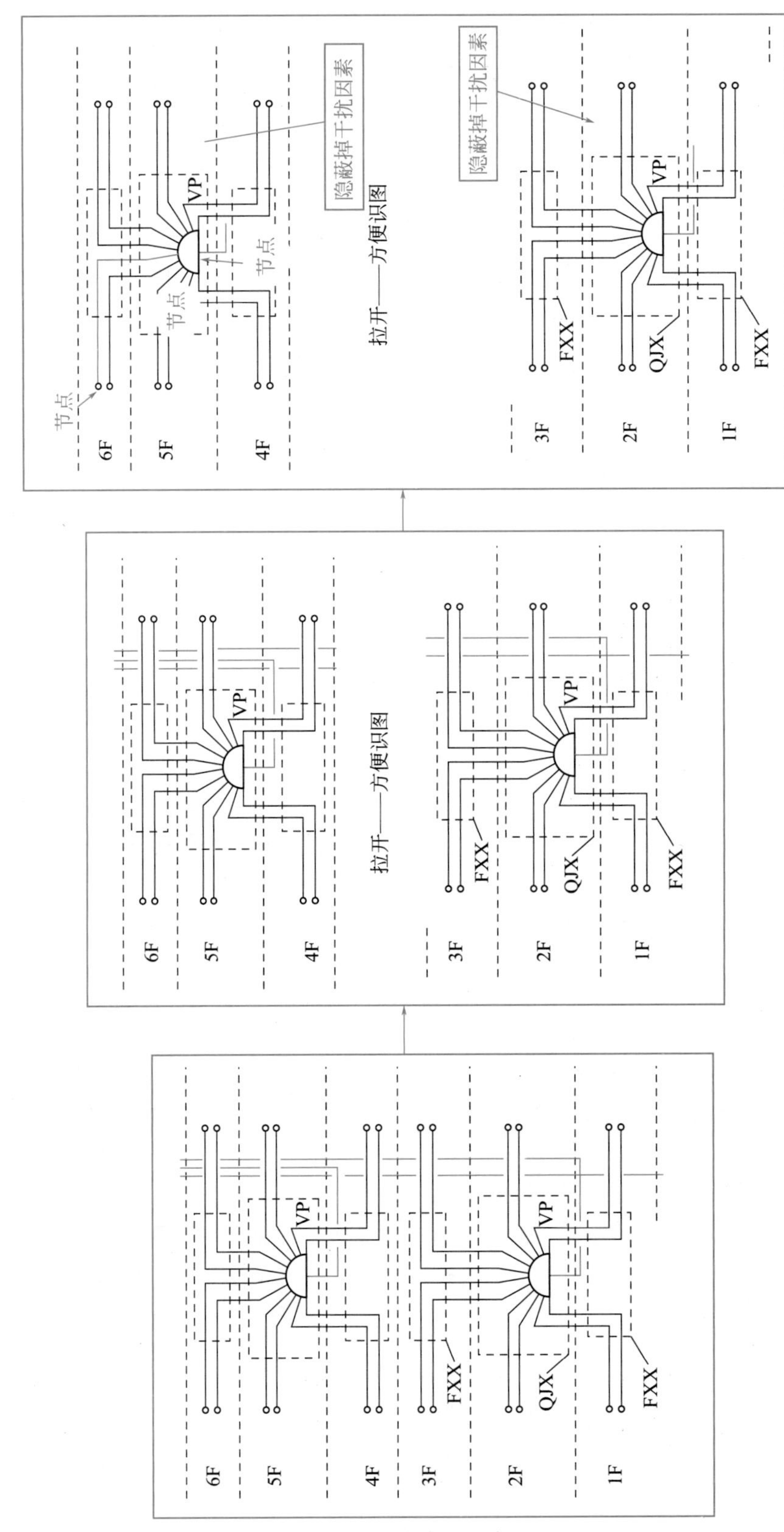

(d) 根据识图需要变通调整

图 2-15　某高层住宅有线电视系统图的识读图解

2.2.6　某住宅有线电视系统图的识读

某住宅有线电视系统图识读图解如图 2-16 所示。

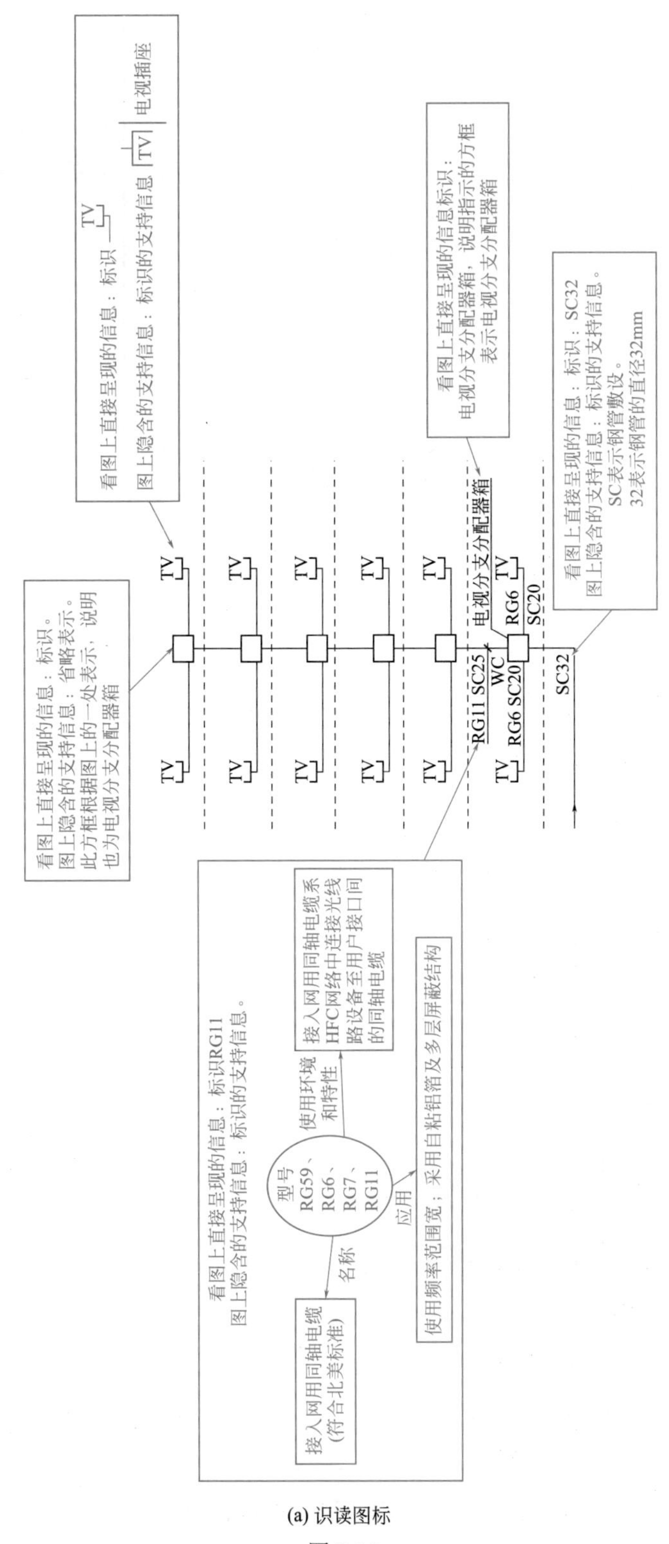

(a) 识读图标

图 2-16

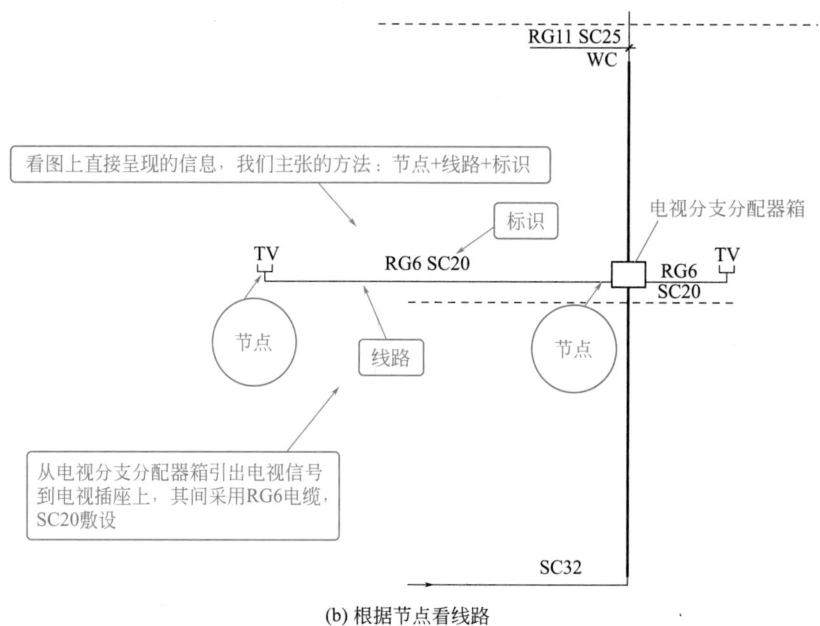

(b) 根据节点看线路

图 2-16　某住宅有线电视系统图识读图解

2.2.7　某商铺电视系统图的识读

某商铺电视系统图识读图解如图 2-17 所示。通过识图，可知该装修工程的有线电视网

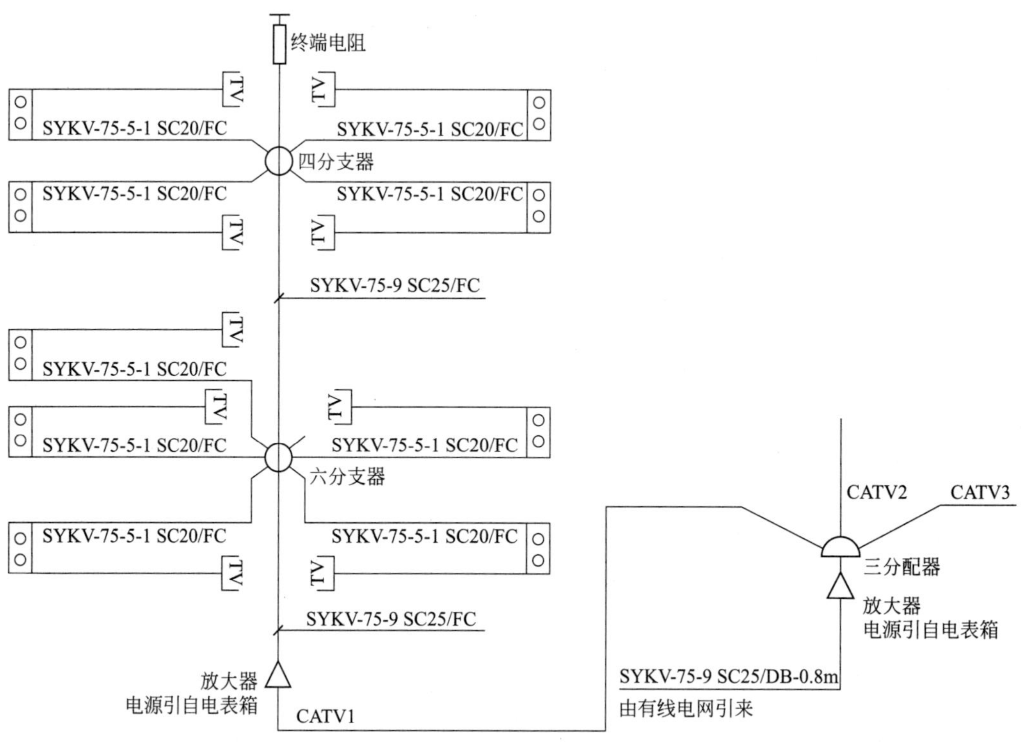

图 2-17　某商铺电视系统图识读图解

引来的信号是经 SYKV-75-9 SC25/DB-0.8m 连接的，并且会引入到电视放大器。其中，电视放大器的电源引自电表箱。然后电视放大器的信号会引到三分配器分为 CATV1、CATV2、CATV3。CATV2、CATV3 信号直接通过 SYKV-75-9 SC25/FC 引到分支器。CATV1 再经过放大器放大，然后通过 SYKV-75-9 SC25/FC 引到六分支器、四分支器、终端电阻。六分支器分别经过 SYKV-75-5-1 SC20/FC 连接到六个 TV 插座。四分支器分别经过 SYKV-75-5-1 SC20/FC 连接到四个 TV 插座。

第3章 火灾自动报警与消防系统的识图

3.1 火灾自动报警系统基础知识

3.1.1 火灾自动报警系统的概述

火灾自动报警系统主要包括 A 类系统、B 类系统、C 类系统、D 类系统。图纸可以用于描述火灾自动报警系统的连接关系、系统特点等信息。系统中部件的名称、部件联系往往在图中会标注清楚。识图时，可以从图上直接读懂有关信息。

火灾自动报警系统类型不同，其包括的部件不同。识图时，则具体体现的信息会有差异。

根据实际应用过程中保护对象的具体情况，住宅建筑火灾自动报警系统的分类见表 3-1。

表 3–1 住宅建筑火灾自动报警系统的分类

分类	解 说
A 类系统	可以由火灾报警控制器、家用火灾探测器、手动火灾报警按钮、火灾声警报器、应急广播等设备组成
B 类系统	可以由控制中心监控设备、家用火灾探测器、家用火灾报警控制器、火灾声警报器等设备组成
C 类系统	可以由家用火灾报警控制器、火灾声警报器、家用火灾探测器等设备组成
D 类系统	可以由独立式火灾探测报警器、火灾声警报器等设备组成

住宅建筑火灾自动报警系统的选择规定如图 3-1 所示。

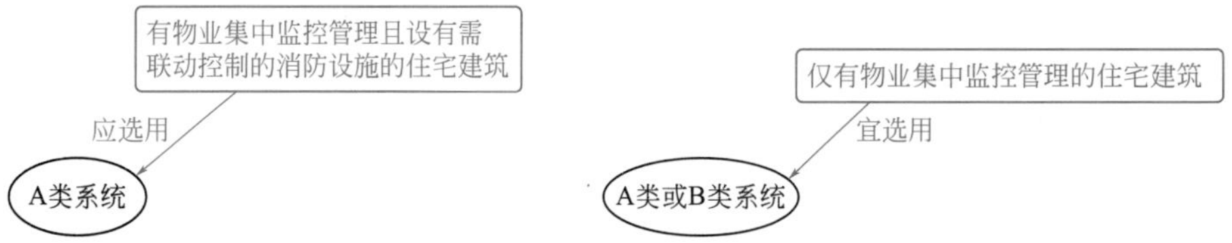

有物业集中监控管理且设有需联动控制的消防设施的住宅建筑

应选用

A类系统

仅有物业集中监控管理的住宅建筑

宜选用

A类或B类系统

图 3-1 住宅建筑火灾自动报警系统的选择规定

3.1.2 火灾自动报警系统相关术语

要想读懂火灾自动报警系统图，就必须了解其相关术语的含义，具体见表 3-2。

表 3–2 火灾自动报警系统相关术语解释

名称	解释
安装间距	两只相邻火灾探测器中心间的水平距离
保护半径	一只火灾探测器能够有效探测的单向最大水平距离
保护面积	一只火灾探测器能够有效探测的面积
报警区域	将火灾自动报警系统的警戒范围根据防火分区或楼层等划分的一种单元
火灾自动报警系统	探测火灾早期特征、发出火灾报警信号，为人员疏散、防止火灾蔓延与启动自动灭火设备提供控制、指示的一种消防系统
联动触发信号	消防联动控制器接收的用于逻辑判断的一种信号
联动反馈信号	受控消防设备设施将其工作状态信息发送给消防联动控制器的一种信号
联动控制信号	由消防联动控制器发出的用于控制消防设备设施工作的一种信号
探测区域	将报警区域根据探测火灾的部位划分的一种单元

3.1.3 火灾探测器的具体设置部位

火灾探测器常规可设置的部位如下。

（1）办公楼的办公室、会议室、档案室。

（2）财贸金融楼的办公室、营业厅、票证库。

（3）陈列室、商业餐厅、展览室、营业厅、观众厅等公共活动用房。

（4）档案楼的档案库、阅览室、办公室。

（5）地下铁道的地铁站厅、设备间、行人通道、列车车厢。

（6）电信楼、邮政楼的机房、办公室。

（7）电子计算机的主机房、纸库、控制室、光或磁记录材料库。

（8）堆场、堆垛、油罐。

（9）防灾指挥调度楼等的微波机房、计算机房、控制机房、动力机房、办公室。

（10）敷设具有可延燃绝缘层、外护层电缆的电缆竖井、电缆夹层、电缆隧道。

（11）高层汽车库、Ⅰ类汽车库、机械立体汽车库、复式汽车库。

（12）歌舞娱乐场所中经常有人滞留的房间、可燃物较多的房间。

（13）公寓 (宿舍、住宅) 的卧房、书房、起居室 (前厅)、厨房。

（14）广播电视楼的演播室、播音室、录音室、办公室、节目播出技术用房、道具布景房。

（15）贵重设备间、火灾危险性较大的房间。

（16）甲、乙、丙类物品库房。

（17）甲、乙类生产厂房、控制室。

（18）经常有人停留、可燃物较多的地下室。

（19）净高超过 2.6m 且可燃物较多的技术夹层。

（20）科研楼的办公室、贵重设备室、资料室、可燃物较多的实验室。

（21）教学楼的电化教室、实验室、贵重设备仪器室。

（22）可燃物品库房、变压器室、自备发电机房、空调机房、配电室 (间)、电梯机房。

（23）垃圾道前室、净高超过 0.8m 的具有可燃物的闷顶、商业用厨房、公共厨房。

（24）旅馆的客房、公共活动用房。

（25）其他经常有人停留的场所、可燃物较多的场所、燃烧后产生重大污染的场所。

（26）商业楼、商住楼的营业厅。

（27）设在地下室的丙、丁类生产车间、物品库房。

（28）体育馆、影剧院、化妆室、道具室、会堂、礼堂的舞台、放映室、观众厅。

（29）图书馆的书库、阅览室、办公室。

（30）消防电梯、合用前室、走道、防烟楼梯的前室、门厅、楼梯间。

（31）医院病房楼的病房、办公室、医疗设备室、病历档案室、药品库。

（32）以可燃气为燃料的商业、企事业单位的公共厨房、企事业单位的燃气表房。

（33）展览楼的展览厅、办公室。

（34）需要设置火灾探测器的其他场所。

3.1.4 探测器类型的选择应用

对于一些表意、示意图的识读，图上直接标注的是笼统的探测器，而具体探测器型号与种类需要根据实际情况选择。这时的具体探测器型号与种类选择成了图上“背后”隐含的或者遵循的支持信息。为此，需要掌握探测器类型的选择应用知识。

探测器类型的选择应用见表 3-3。

表 3-3 探测器类型的选择应用

环境条件及安装场所		类别												
		定温（双金属）	差定温（膜合式）	电子感温	离子感烟	可燃气体探测器	缆式线型定温	线型光束图像感烟	空气采样早期感烟	空气管式感温	线型光纤感温	光电感烟	光焰探测器	红外光束感烟
环境条件	相对湿度经常高于 95% 的场所	可	可	否	否									
	气流速度大于 5m/s 的部位				否									
	0℃以下，温度变化较大的场所	否	否						可					
	进行干燥烘干的场所	可		<50℃可										
	有大量粉尘的场所	可	可		否							否		否
	在正常情况下有烟滞留	可			否							否		否
	产生醇类、醚类、酮类等有机物				否							否		

续表

环境条件及安装场所		类别												
		定温（双金属）	差定温（膜合式）	电子感温	离子感烟	可燃气体探测器	缆式线型定温	线型光束图像感烟	空气采样早期感烟	空气管式感温	线型光纤感温	光电感烟	光焰探测器	红外光束感烟
环境条件	可能产生黑烟											否	否	
	存在高频电磁干扰									可	可	否		
	可能发生无烟火灾	可	可	可									可	
	可能产生油雾											否		否
	火灾时有强烈的火焰辐射、液体燃烧火灾等、对火焰做出快速反应												可	
	除液化石油气外的石油储罐									可	可			
	有强光直射的部位、有明火作业							否				否	否	否
	火灾发生过程为阴燃有烟火				可			可				可		可
	火灾发生过程为速燃有烟火	可	可	可	可							可	可	可
	在正常情况下有水雾或蒸气的场所	可	可		否							否		否
	有腐蚀性气体的场所		否		否							否		
建筑物性质及部位	卧室、饭店、旅馆、商场、礼堂、医院	可	可	可	可							可	可	
	办公楼的厅堂、办公室、教学楼、餐厅、会客室、库房及其他公共活动场所	可	可	可	可							可	可	
	非燃气锅炉房、开水间、消毒间、厨房、发动机房、换热站、热力入口间	可	可	可	否							否	否	
	书库、地下仓库、档案库等	可	可	可	可							可		
	有电气火灾危险的场所	可	可	可	可							可		
	吸烟室及小会议室	可	可	可	可							可		
	煤气站、存储液化石油气罐场所、煤气表房、燃气锅炉房、燃气厨（开水）房	可				可								
	立体停车场、发电机房、飞机房、大型无遮挡空间的库房	可		可								可	可	可
	电缆隧道、电缆夹层、电缆沟、电缆竖井、电缆托架						可		可					
	电影或电视放映室、电视演播室	可	可	可	可							可	可	
	楼梯间、前室和走廊通道、电梯机房及有防排烟功能要求的房间	可	可	可	可							可		
	电子计算机房、通信机房、图书馆、博物馆、剧场、电影院	可	可	可	可				可			可		
	电子设备机房、配电室、控制室、空调机房、防排烟机房	可	可	可	可							可		

3.1.5 感烟、感温探测器安装要求

感烟、感温探测器的安装要求见表 3-4。

表 3–4 感烟、感温探测器的安装要求

安装场所		安装要求 /m
探测器边缘与不同设施边缘的间距	至墙壁、梁边的水平距离	≥ 0.5
	至空调送风口边的水平距离	≥ 1.5
	距不凸出的扬声器的净距	≥ 0.1
	与各种自动喷水灭火喷头的净距	≥ 0.3
	与防火门、防火卷帘门的间距	1 ～ 2
	至多孔送风顶棚孔口的水平距离	≥ 0.5
	与照明灯具的水平距离	≥ 0.2
宽度小于 3m 的内走道探测器安装间距	感烟探测器	≤ 15
	感温探测器	≤ 10

3.1.6 火灾探测器

有关图纸火灾探测器的应用，往往采用型号标注或者列表说明。因此，掌握火灾探测器标注与其支持信息很有必要。火灾探测器标注与其支持信息如图 3-2 所示。

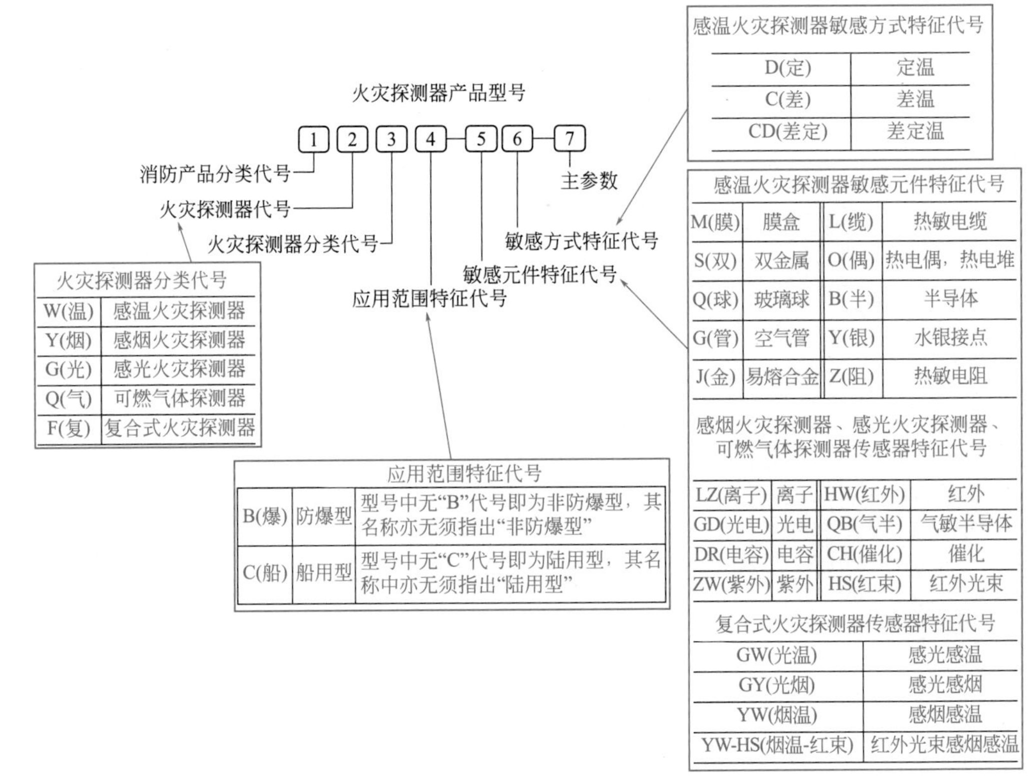

图 3-2 火灾探测器标注与其支持信息

3.1.7　火灾报警器

火灾报警器标注与其支持信息如图 3-3 所示。

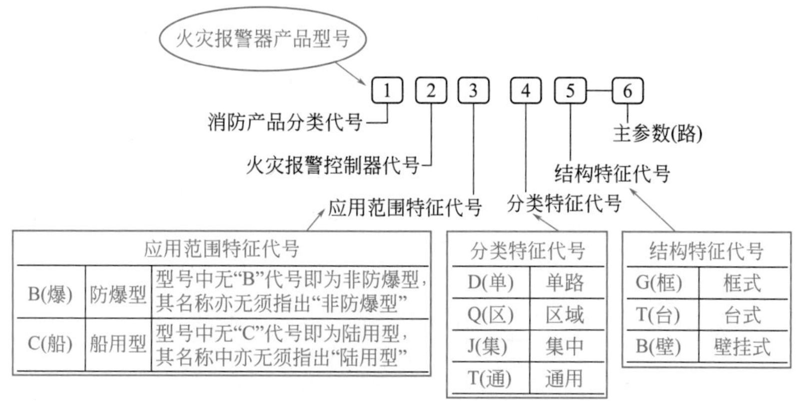

图 3-3　火灾报警器标注与其支持信息

3.2　消防系统基础知识

3.2.1　消防系统的组成与分类

消防系统的组成分为图 3-4 所示的几大系统，这也是识读具体图纸的基本系统。

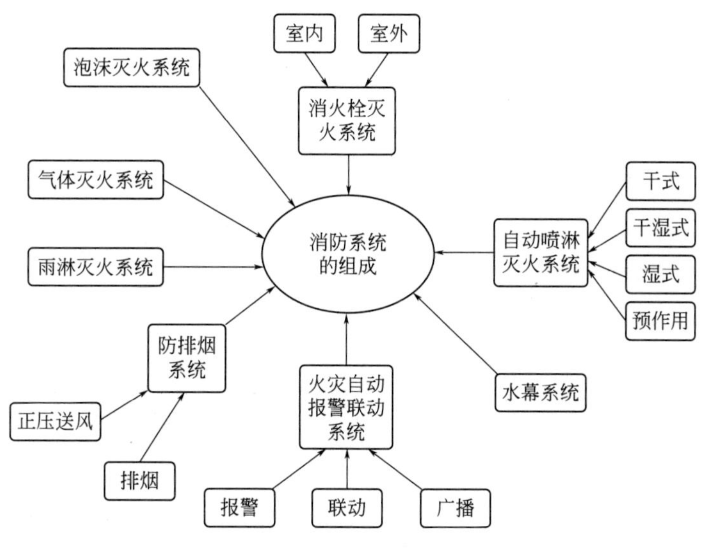

图 3-4　消防系统的组成

固定建筑消防设施的分类如图 3-5 所示。掌握固定建筑消防设施的分类，有利于识读具体图纸的细化。

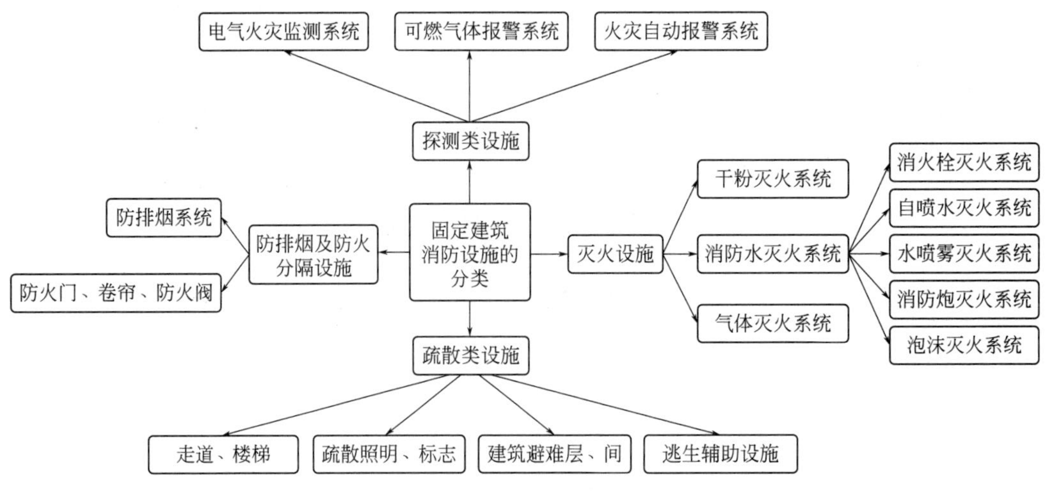

图 3-5　固定建筑消防设施的分类

3.2.2　消防系统图形说明

消防图纸分为消防电、消防水、气体消防等类型。但是，无论是哪一类图纸，均应先看懂设计说明、图例。不同的图纸，图例可能不一样，但是，基本上会采用规范建议的图例。有的图例会在图纸上进行说明，有的图纸没有图例说明。为此，了解、熟悉、掌握各种符号、图例，是识读消防系统图的基础。

消防系统有关图形与其支持信息（说明）如图 3-6 所示。

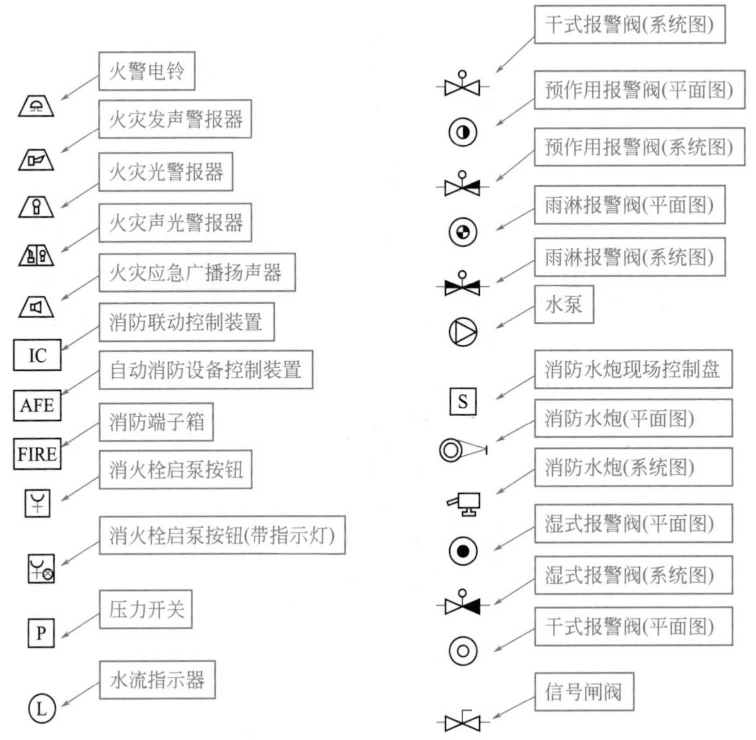

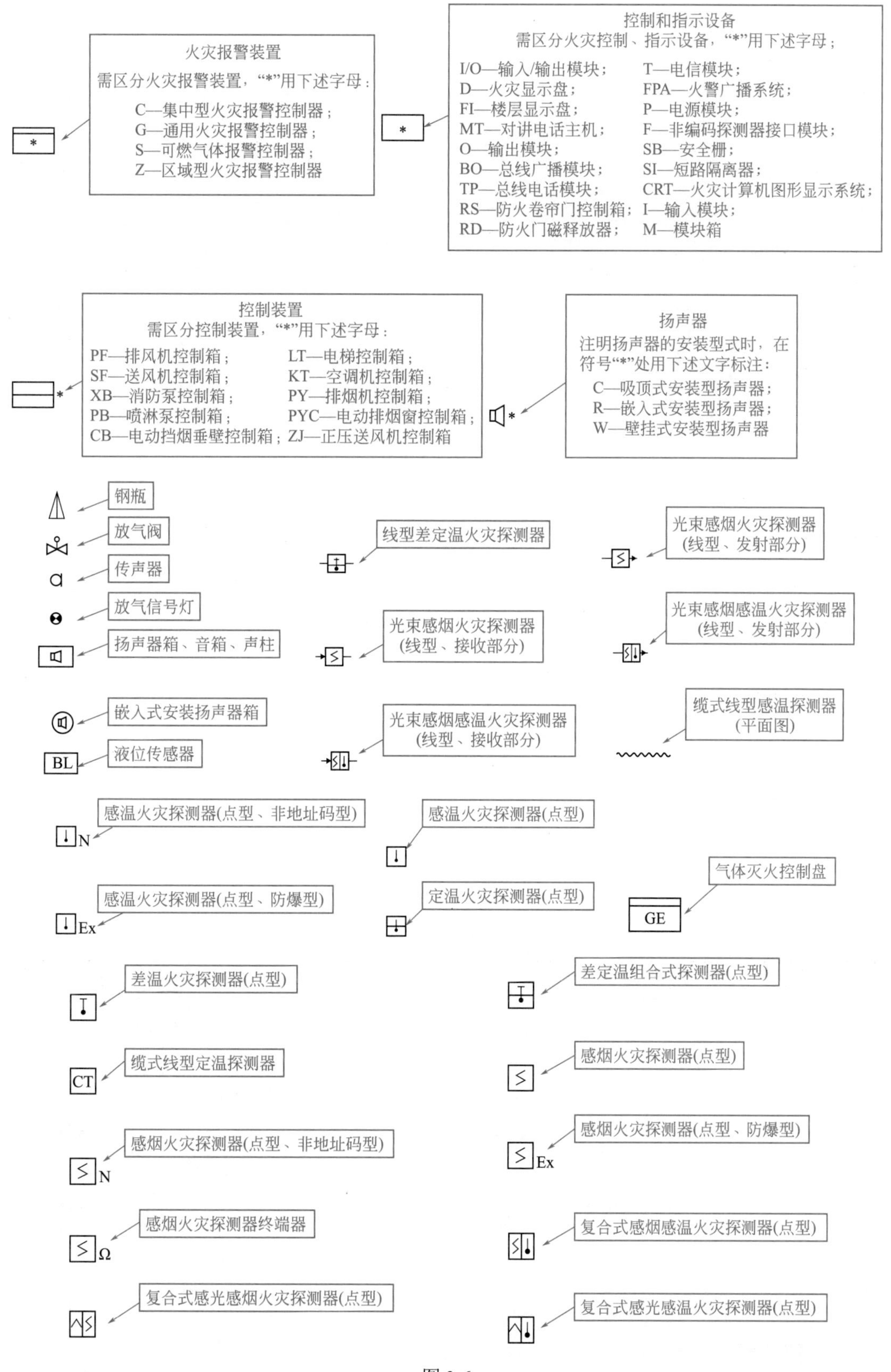
火灾报警装置
需区分火灾报警装置，“*”用下述字母：
C—集中型火灾报警控制器；
G—通用火灾报警控制器；
S—可燃气体报警控制器；
Z—区域型火灾报警控制器
控制和指示设备
需区分火灾控制、指示设备，“*”用下述字母；
I/O—输入/输出模块；
D—火灾显示盘；
FI—楼层显示盘；
MT—对讲电话主机；
O—输出模块；
BO—总线广播模块；
TP—总线电话模块；
RS—防火卷帘门控制箱；
RD—防火门磁释放器；
T—电信模块；
FPA—火警广播系统；
P—电源模块；
F—非编码探测器接口模块；
SB—安全栅；
SI—短路隔离器；
CRT—火灾计算机图形显示系统；
I—输入模块；
M—模块箱
控制装置
需区分控制装置，“*”用下述字母：
PF—排风机控制箱；
SF—送风机控制箱；
XB—消防泵控制箱；
PB—喷淋泵控制箱；
CB—电动挡烟垂壁控制箱；
LT—电梯控制箱；
KT—空调机控制箱；
PY—排烟机控制箱；
PYC—电动排烟窗控制箱；
ZJ—正压送风机控制箱
扬声器
注明扬声器的安装型式时，在符号“*”处用下述文字标注：
C—吸顶式安装型扬声器；
R—嵌入式安装型扬声器；
W—壁挂式安装型扬声器
钢瓶
放气阀
传声器
放气信号灯
扬声器箱、音箱、声柱
嵌入式安装扬声器箱
BL
液位传感器
线型差定温火灾探测器
光束感烟火灾探测器(线型、接收部分)
光束感烟感温火灾探测器(线型、接收部分)
光束感烟火灾探测器(线型、发射部分)
光束感烟感温火灾探测器(线型、发射部分)
缆式线型感温探测器(平面图)
感温火灾探测器(点型、非地址码型)
N
感温火灾探测器(点型)
感温火灾探测器(点型、防爆型)
Ex
定温火灾探测器(点型)
气体灭火控制盘
GE
差温火灾探测器(点型)
差定温组合式探测器(点型)
缆式线型定温探测器
CT
感烟火灾探测器(点型)
感烟火灾探测器(点型、非地址码型)
感烟火灾探测器(点型、防爆型)
感烟火灾探测器终端器
Ω
复合式感烟感温火灾探测器(点型)
复合式感光感烟火灾探测器(点型)
复合式感光感温火灾探测器(点型)

图 3-6

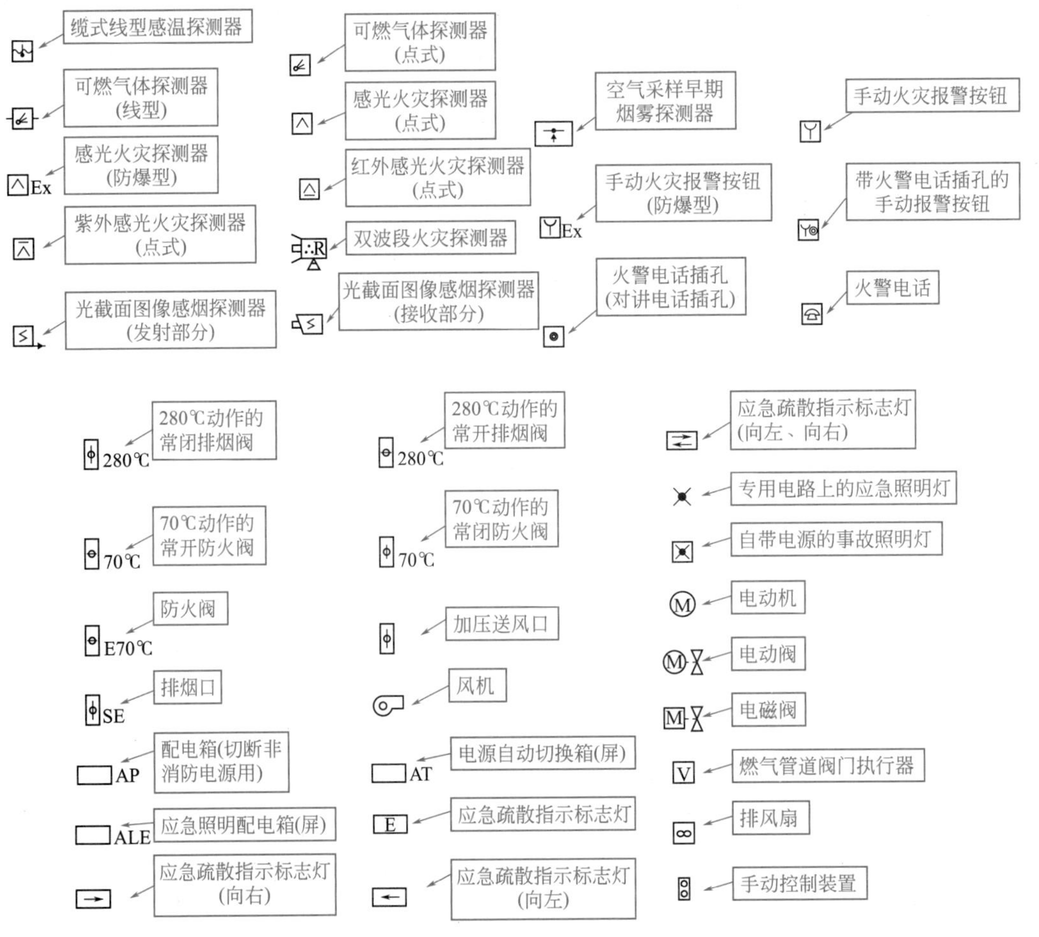

图 3-6 消防系统有关图形与其支持信息（说明）

不同类型的图，同一设备的图形可能一样，也可能不一样。例如消防设施的图例，有的在平面图上的图例与在系统图上的图例一样，有的则不一样，具体见表 3-5。

表 3–5 消防设施的图例

名称	图例	名称	图例
自动喷洒头（闭式）下喷	平面 系统	水喷雾喷头	平面 系统
自动喷洒头（闭式）上喷	平面 系统	直立型水幕喷头	平面 系统
自动喷洒头（闭式）上下喷	平面 系统	下垂型水幕喷头	平面 系统
侧墙式自动喷洒头	平面 系统	干式报警阀	平面 系统

续表

名称	图例	名称	图例
湿式报警阀	平面　系统	水泵接合器	
预作用报警阀	平面　系统	自动喷洒头（开式）	平面　系统
雨淋阀	平面　系统	消声止回阀	
信号闸阀		持压阀	C
手提式灭火器		泄压阀	
信号蝶阀		弹簧安全阀	通用
消防炮	平面　系统	平衡锤安全阀	
水流指示器	L	自动排气阀	平面　系统
水力警铃		浮球阀	平面　系统
末端试水装置	平面　系统	水力液位控制阀	平面　系统
推车式灭火器		延时自闭冲洗阀	
室外消火栓		感应式冲洗阀	
室内消火栓（单口）	平面　系统	吸水喇叭口	平面　系统
室内消火栓（双口）	平面　系统	疏水器	

续表

名称	图例	名称	图例
闸阀		气动蝶阀	
角阀		减压阀	左侧为高压端
三通阀		旋塞阀	平面　系统
四通阀		底阀	平面　系统
截止阀		球阀	
蝶阀		隔膜阀	
电动闸阀		气开隔膜阀	
液动闸阀		气闭隔膜阀	
气动闸阀		温度调节阀	
电动蝶阀		压力调节阀	
液动蝶阀		电磁阀	M
电动隔膜阀		止回阀	

3.2.3 管道图例

管道图例见表 3-6。

表 3–6　管道图例

名称	图例	名称	图例
蒸汽管	—— Z ——	污水管	—— W ——
凝结水管	—— N ——	压力污水管	—— YW ——
废水管	—— F ——	雨水管	—— Y ——
压力废水管	—— YF ——	压力雨水管	—— YY ——
通气管	—— T ——	虹吸雨水管	—— HY ——

续表

名称	图例	名称	图例
生活给水管	J	地沟管	
热水给水管	RJ	防护套管	
热水回水管	RH	空调凝结水管	KN
中水给水管	ZJ	排水明沟	坡向
循环冷却给水管	XJ	排水暗沟	坡向
循环冷却回水管	XH	管道立管	管道类别 立管 编号 XL-1 平面 XL-1 系统
热媒给水管	RM	消火栓给水管	XH
热媒回水管	RMH	自动喷水灭火给水管	ZP
膨胀管	PZ	雨淋灭火给水管	YL
保温管		水幕灭火给水管	SM
伴热管		水炮灭火给水管	SP
多孔管			

3.2.4　管道连接图例

管道连接图例见表 3-7。

表 3-7　管道连接图例

名称	图例	名称	图例
弯折管	高 低 低 高	承插连接	
管道丁字上接	高 低	活接头	
管道丁字下接	高 低	管堵	
管道交叉	低 高	法兰堵盖	
法兰连接		盲板	

3.2.5　管件图例

管件图例见表 3-8。

表 3-8　管件图例

名称	图例	名称	图例
斜三通		同心异径管	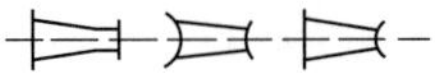
正四通		乙字管	
斜四通		喇叭口	
浴盆排水管		转动接头	
正三通		S 形存水弯	
TY 三通		P 形存水弯	
偏心异径管	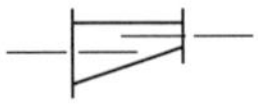	90° 弯头	

3.2.6　给水配件图例

给水配件图例见表 3-9。

表 3-9　给水配件图例

名称	图例	名称	图例
脚踏开关水嘴	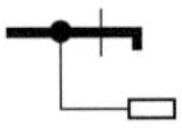	水嘴	 平面　系统
混合水嘴		皮带水嘴	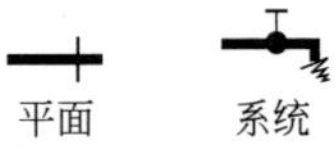 平面　系统
旋转水嘴		洒水（栓）水嘴	
浴盆带喷头混合水嘴		化验水嘴	
蹲便器脚踏开关		肘式水嘴	

3.2.7　管道附件图例

管道附件图例见表 3-10。

表 3-10　管道附件图例

名称	图例	名称	图例
排水漏斗	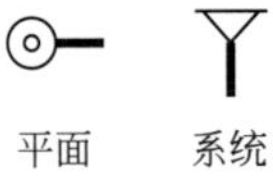 平面　系统	方形地漏	 平面　系统
圆形地漏	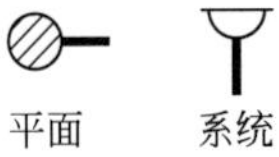 平面　系统	自动冲洗水箱	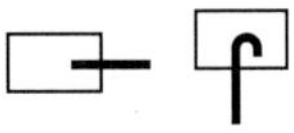

续表

名称	图例	名称	图例
挡墩		柔性防水套管	
减压孔板		波纹管	
Y 形除污器		可曲挠橡胶接头	单球 双球
毛发聚集器	平面 系统	管道固定支架	
倒流防止器		立管检查口	
吸气阀		清扫口	平面 系统
真空破坏器		通气帽	成品 蘑菇形
管道伸缩器		雨水斗	YD– YD– 平面 系统
方形伸缩器		防虫网罩	
刚性防水套管		金属软管	

3.2.8 线路标注

线路标注如图 3-7 所示。

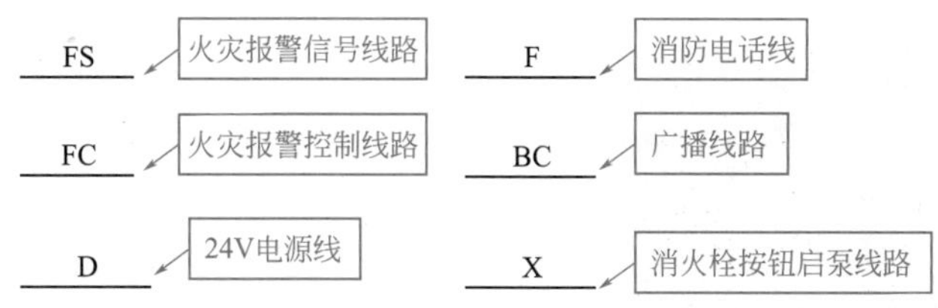

图 3-7 线路标注

3.2.9 消防设备实物

消防设备的实物及特点如图 3-8 所示。

消防设备实物

消防接线端子箱
消防接线端子箱是一种转接施工线路，对分支线路进行标注，为布线和查线提供方便的一种接口装置

总线短路隔离器
总线短路隔离器是隔离总线上的元器件

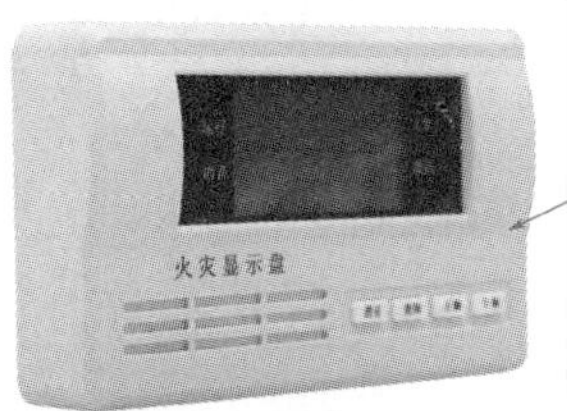

火灾显示盘
火灾显示盘指在多区域多楼层报警控制系统中，用于某区域某楼层接收探测器发出的火灾报警信号，显示报警探测器位置，发出声光警报信号的控制器。火灾显示盘可分为数字式、汉字式、英文式

消火栓箱
消火栓箱是用于存放消火栓的箱子，是起火时用来灭火的。消火栓箱要配水带、水枪等

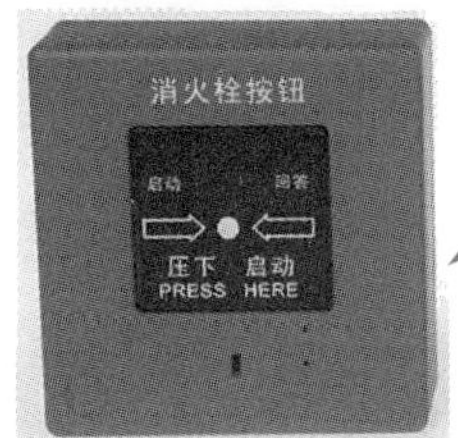

消火栓按钮
消火栓按钮一般放置于消火栓箱内。消火栓按钮表面装有一按片，当发生火灾时可直接按下按片，此时消火栓按钮的红色启动指示灯亮，通过连接的一些外部电路便可以实现启动消防泵的功能

手动报警按钮
手动报警按钮是当人员发现火灾时，在火灾探测器没有探测到火灾时，人员手动按下手动报警按钮报告火灾信号

感温火灾探测器
感温火灾探测器主要是利用热敏元件来探测火灾的。在火灾初始阶段，一方面有大量烟雾产生，另一方面物质在燃烧过程中释放出大量的热量，周围环境温度急剧上升。探测器中的热敏元件发生物理变化，响应异常温度、温度变化速率、温差，从而将温度信号转变成电信号，并进行报警处理

光电感烟探头
光电感烟探头是一种检测燃烧产生的烟雾微粒的火灾探测器

差定温火灾探测器
差定温火灾探测器是利用热敏元件对温度的敏感性来检测环境温度的探测器

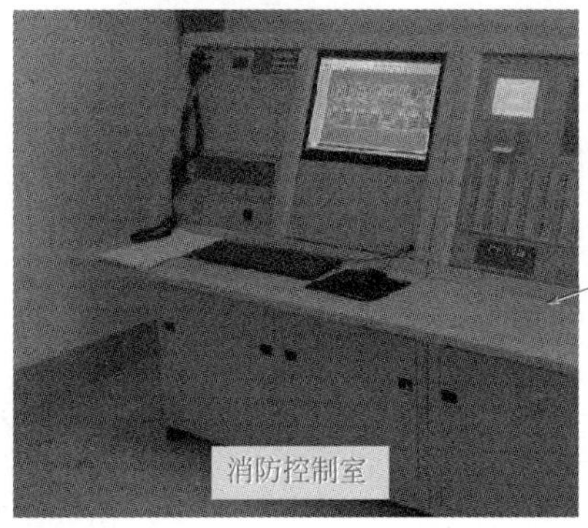
消防控制室

消防控制室
消防控制室是设有火灾自动报警控制设备与消防控制设备，主要用于接收、显示、处理火灾报警信号，以及控制相关消防设施的一种专门处所。附设在建筑物内的消防控制室，一般设置在建筑内的首层或地下1层(需要有防水淹措施)，宜布置在靠外墙部位。与建筑其他弱电系统合用的消防控制室内，消防设备要集中设置，以及应与其他设备间有明显的间隔

输入模块
输入模块的作用可将所配接的触点型探测装置的开关量信号转换成二总线报警控制器能识别的串行码信号

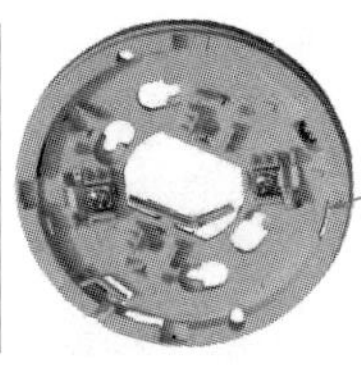

编码底座
编码底座提供火灾探测器的工作电压，把火灾探测器的开关量信号转换成二总线报警控制器能识别的串行码信号

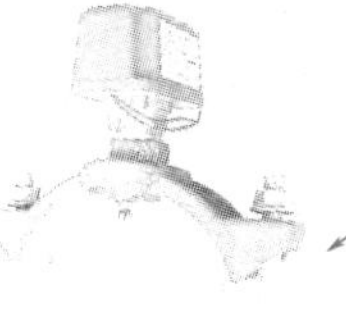

水流指示器
喷淋系统的楼层支路管道上安装水流指示，每个单独的水系统各安装1个，当管网内的水流动，并且流量大于15L/min时，水流指示即因叶片受水流的冲击而改变开关的状态，发出报警信号

喷淋头
发生火灾时，消防水通过喷淋头均匀洒出，对一定区域的火势起到控制

排烟机
排烟机平时可以低速用于通风换气，火灾时远程启动高速排烟。
排烟系统将烟气排出建筑物外，是人员安全疏散的重要保证

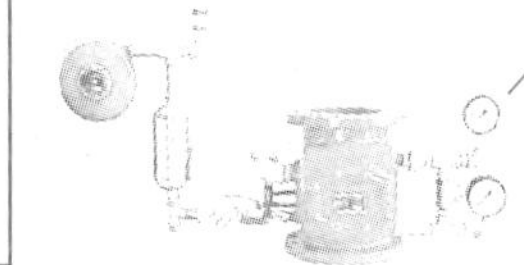

湿式报警阀
湿式报警阀使水单向流动，依靠管网侧水压的降低而开启阀瓣，有一只喷头爆破就立即动作送水去灭火

排烟阀
在通风管上设排烟阀，平时关闭排烟阀，火灾时打开着火区的排烟阀

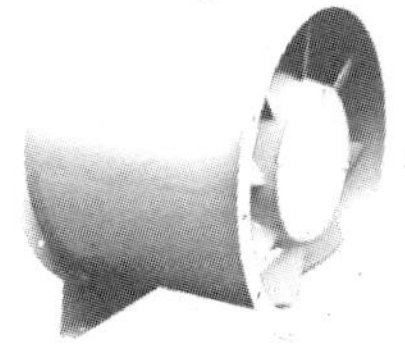

正压风机
一般处于风机屋顶，与各层的正压风阀联动
火灾初起时打开风阀，启动正压送风机，使楼梯间、电梯厅处于正压状态

新风机组
楼外新鲜空气由机组吸入，经过温度增减调节和加湿处理，通过送风风道送到各个房间

送风阀
火灾时打开对应区域正压风机及对应正压送风阀，令新鲜空气高压充入，达到阻止烟气的目的
正压送风的作用是阻止烟气进入疏散区域

空调机组
楼外新鲜空气和大量的室内回风由机组吸入，经过温度增减调节和加湿后，通过送风风道送到各个房间

防火阀
防火阀安装空调风管回风口，出现火情时关闭防火阀能阻断风管，避免助燃，避免扩散

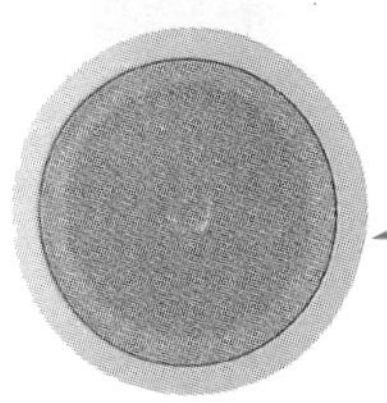

消防广播
消防广播用于指挥疏散

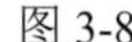

消防电话
消防电话用于消防中心和现场间的通讯

图 3-8

压力开关
在水的压力作用下，使压力开关的触点动作输出信号至消防中心主控制器并同时联动喷淋泵动作

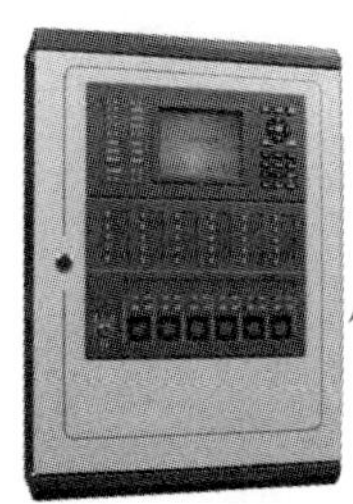

火灾报警控制器
火灾报警控制器是火灾自动报警控制系统的核心

图 3-8　消防设备的实物及特点

3.3 具体图的识读

3.3.1　消防系统框图的识读

消防设备配线图的识读

读懂消防系统图，就是要读懂其整个系统的工作状态、连接方式等系统性的信息。读图时，需要注意系统图与平面图的对照识读，以便掌握整体与细部的联系。

看图上直接呈现的信息——各模块名称、各模块间的联系等可以直接从图上识读了解。

想图上“背后”隐含的或者遵循的支持信息——各模块的功能特点、各模块间的联系依据原理等，均是需要掌握的图上“背后”隐含的或者遵循的支持信息。

节点法与节线法——各模块可以设定为节点，各模块间的箭线可以设定为联系线。

消防系统框图的识读图解如图 3-9 所示。

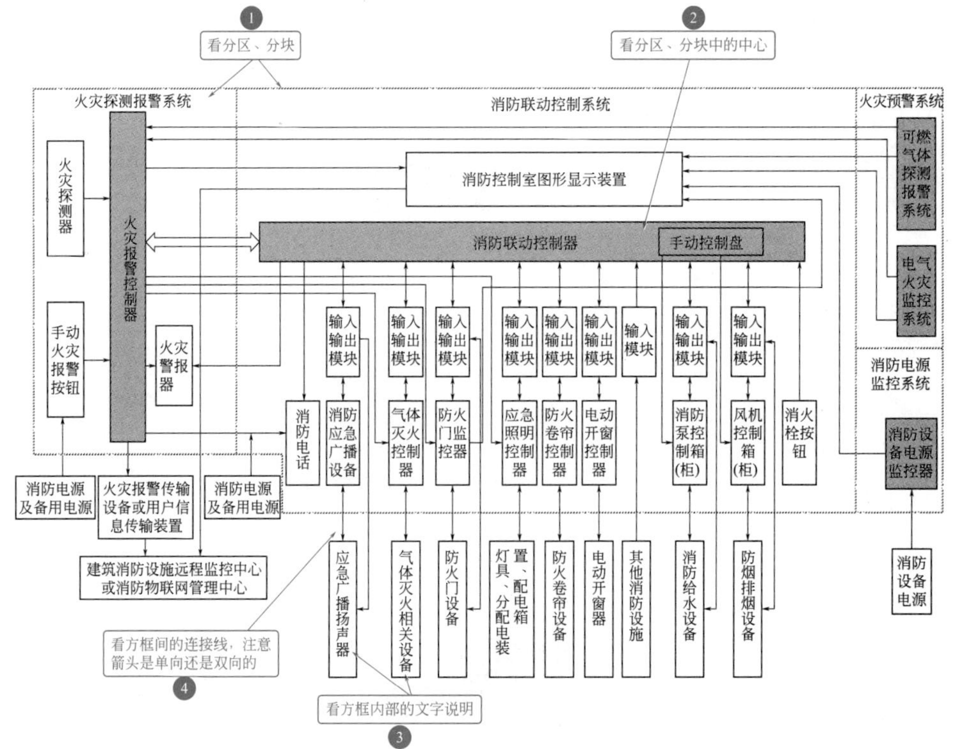

图 3-9　消防系统框图的识读图解

3.3.2　消防平面图的识读

读懂消防平面图，就是要读懂系统图的细化信息，例如设备安装方式、设备位置、设备连接方式等。

消防平面图识读图解如图 3-10 所示。

3.3.3　防、排烟系统电气控制原理图的识读

识读原理图，主要是掌握图的工作原理，以及图的特点、所用电器、联系特点等信息。

看图上直接呈现的信息——各电器名称代码、各电器图形符号、有关编号等可以直接从图上识读了解。

想图上“背后”隐含的或者遵循的支持信息——各电器名称代码的含义、各电器图形符号代表的含义、有关编号的含义、各电器间的联系依据原理等，均是需要掌握的图上“背后”隐含的或者遵循的支持信息。

节点法与节线法——各电器进端、出端均可以设定为节点，各联系均可以设定联系线。

防、排烟系统电气控制原理图识读图解如图 3-11 所示。

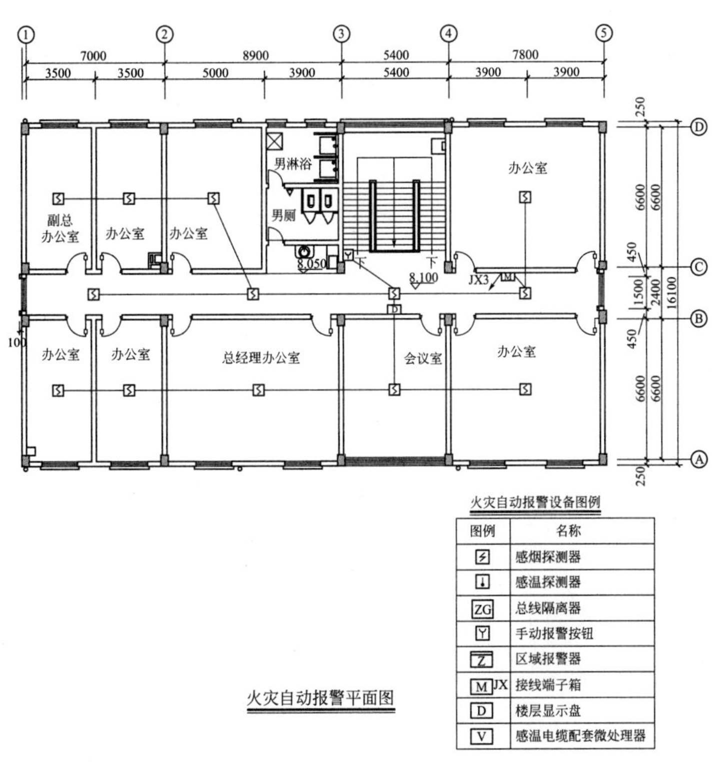

(a) 火灾自动报警平面图原图

图 3-10

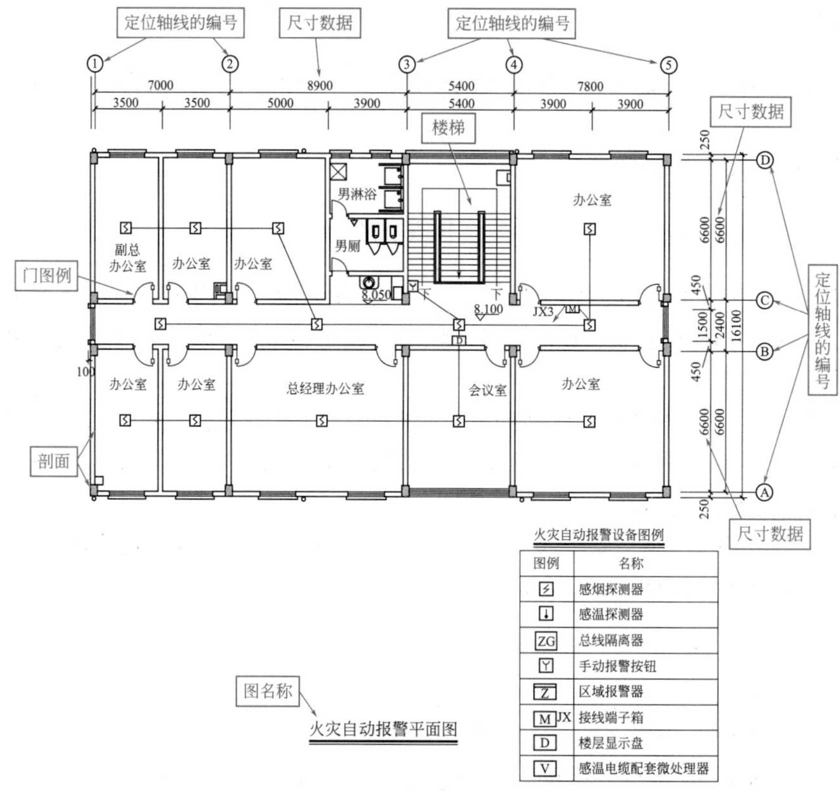

图例	名称
⚡	感烟探测器
↓	感温探测器
ZG	总线隔离器
Y	手动报警按钮
Z	区域报警器
M JX	接线端子箱
D	楼层显示盘
V	感温电缆配套微处理器

(b) 平面图识读

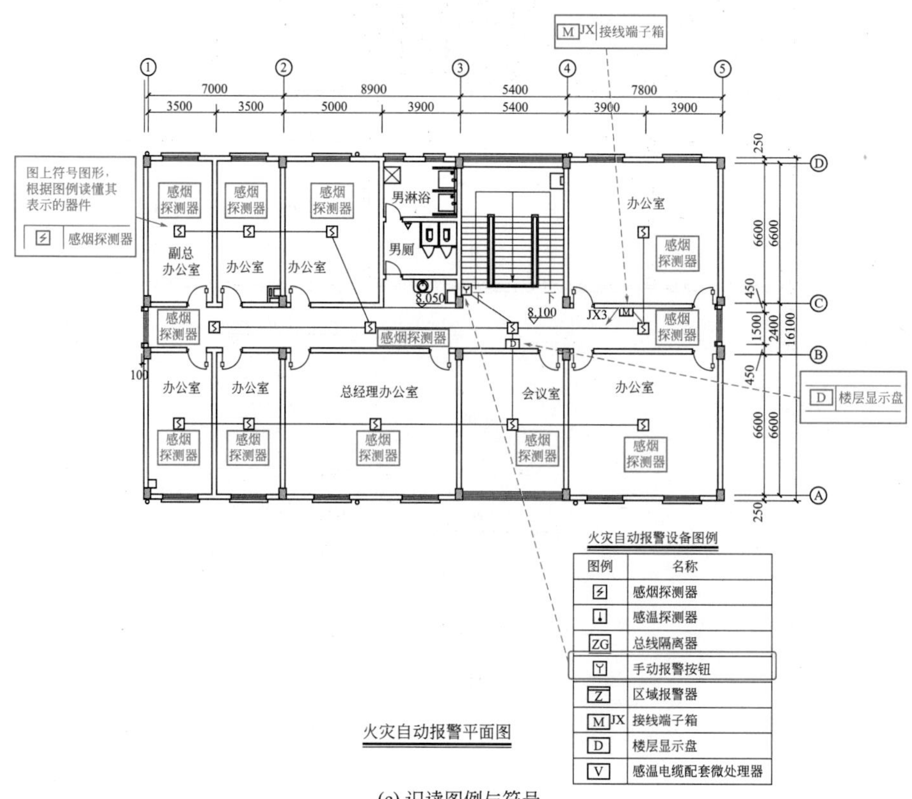

图例	名称
⚡	感烟探测器
↓	感温探测器
ZG	总线隔离器
Y	手动报警按钮
Z	区域报警器
M JX	接线端子箱
D	楼层显示盘
V	感温电缆配套微处理器

(c) 识读图例与符号

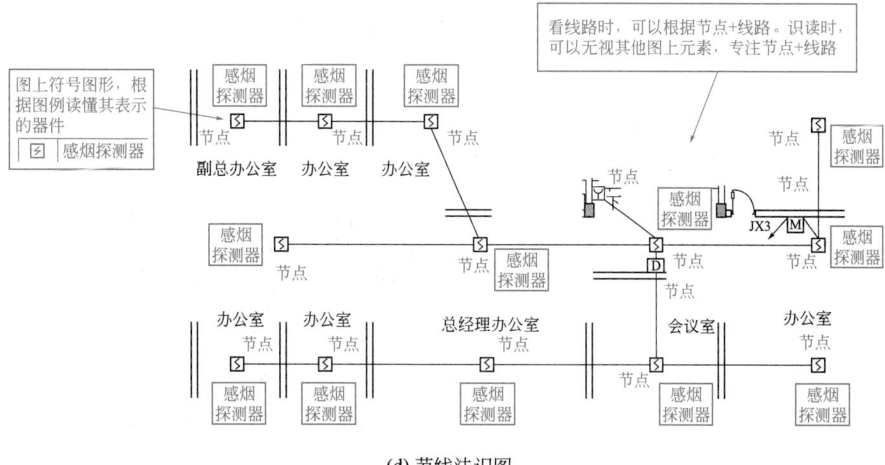

(d) 节线法识图

图 3-10 消防平面图识读图解

3.3.4 消防应急广播系统联动控制图的识读

消防应急广播系统联动控制图的识读图解如图 3-12 所示。

3.3.5 集中报警系统图的识读

集中报警系统图图例如图 3-13 所示。识读该类图时，应掌握各方框、各线路表示的含义，图 3-13 的解读如图 3-14 所示，然后采用节点 + 线路掌握系统各部分的联系，节点分析举例如图 3-15 所示。

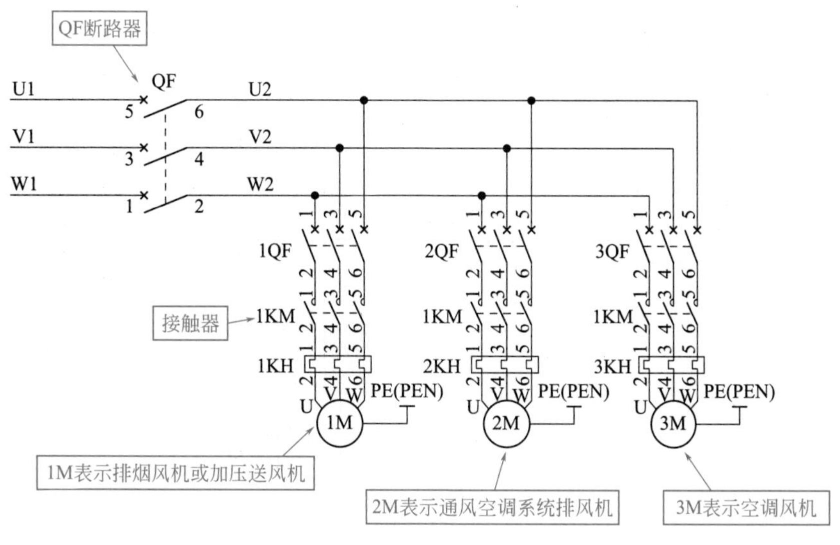

图 3-11

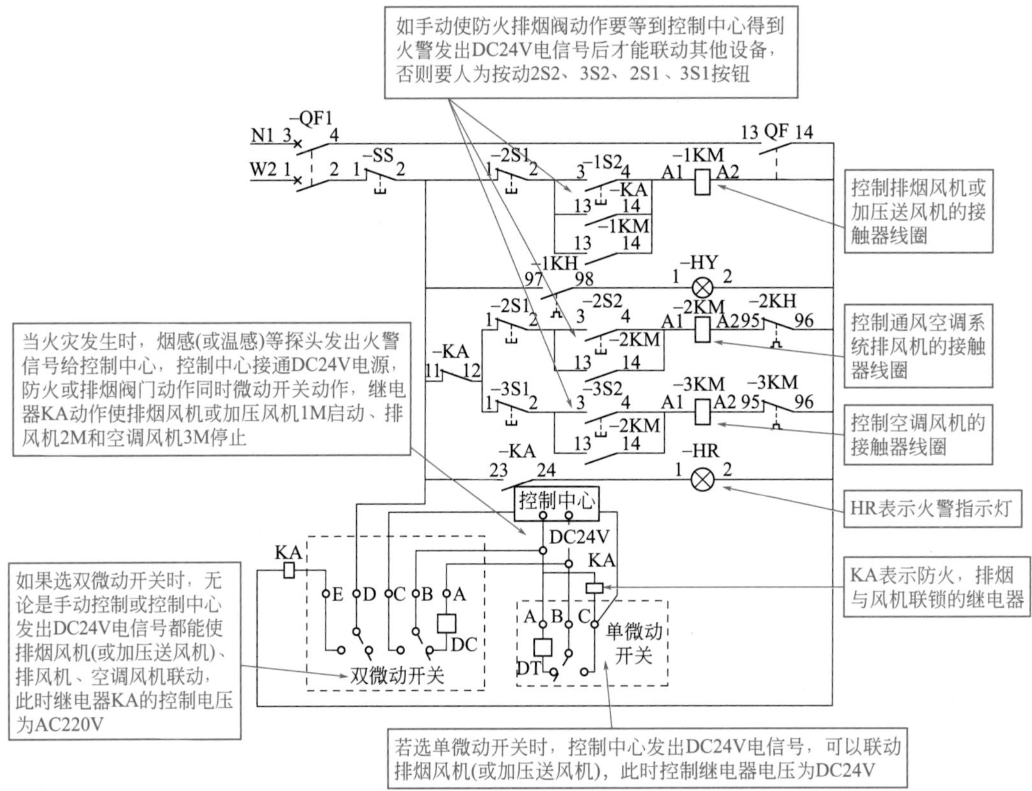

图 3-11　防、排烟系统电气控制原理图识读图解

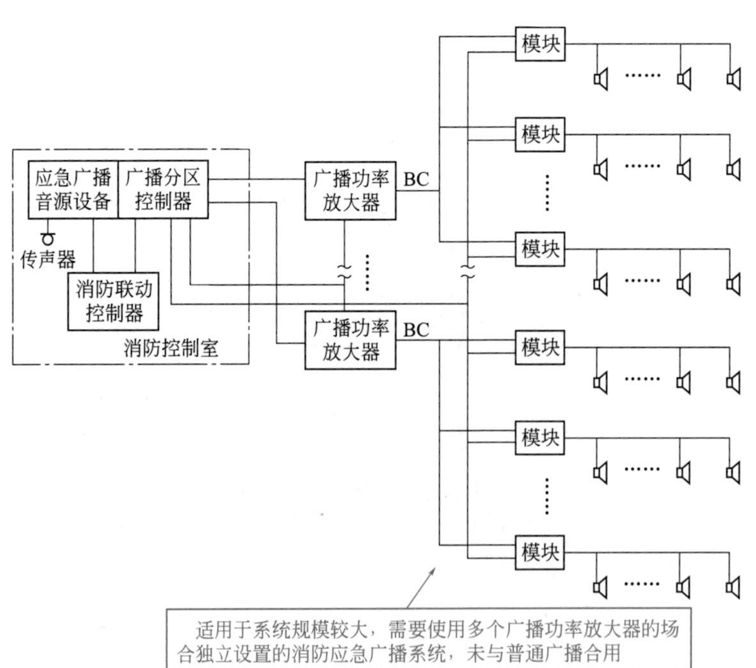

图 3-12

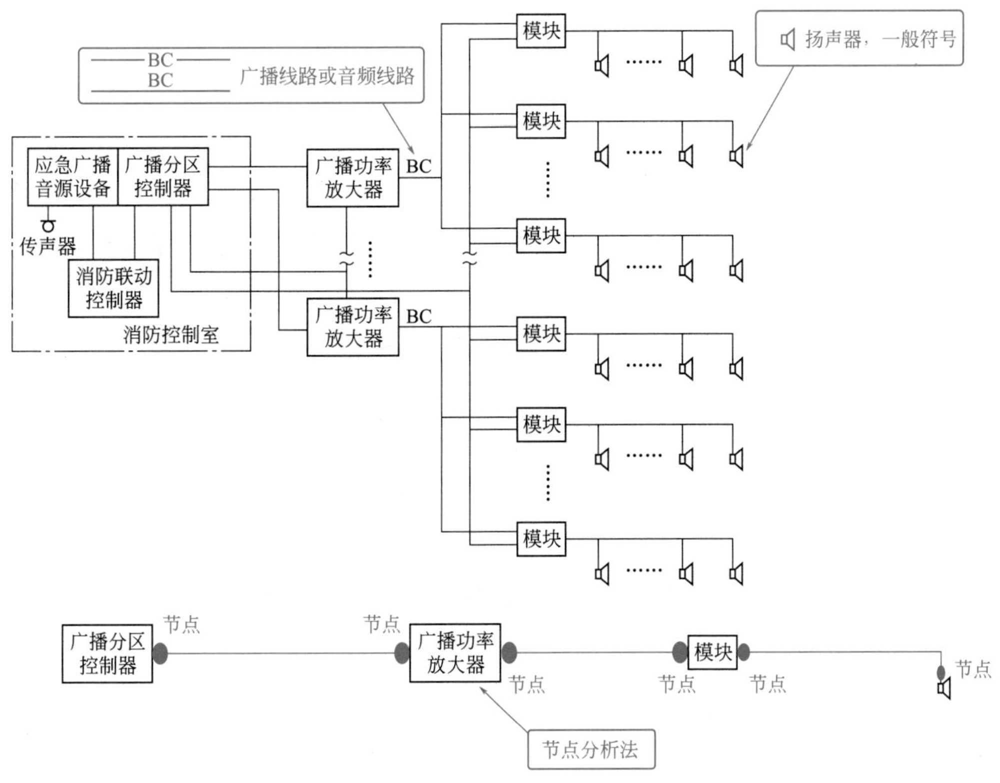

图 3-12　消防应急广播系统联动控制图的识读图解

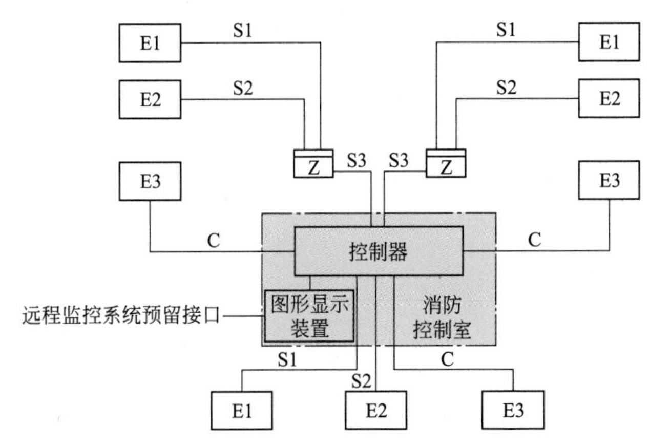

图 3-13　集中报警系统图图例

3.3.6　消防专用电话系统图的识读

消防专用电话系统有多线型、总线型，如图 3-16 所示。尽管类型不同，但是识读图时，采用的方法基本一样：首先掌握各标记、符号等表示的含义，图解如图 3-17 所示；然后采用节点 + 线路掌握系统各部分的联系。

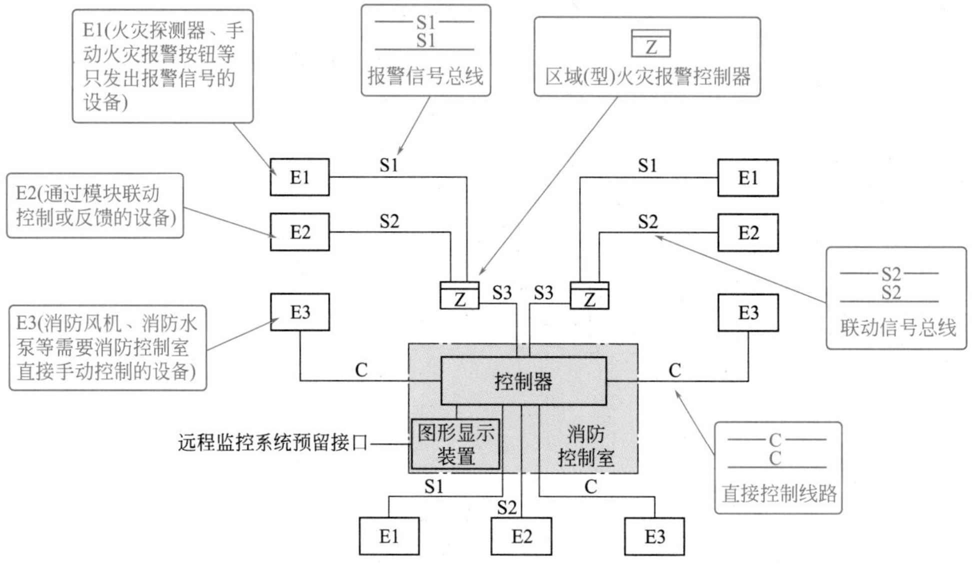

图 3-14　各方框、各线路表示的含义

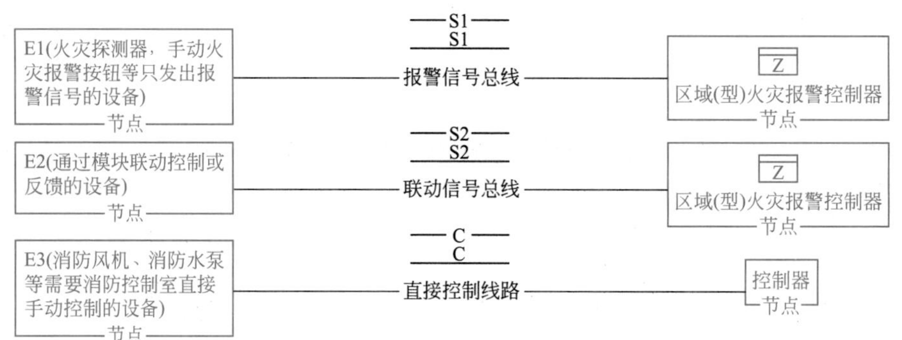

图 3-15　节点分析举例

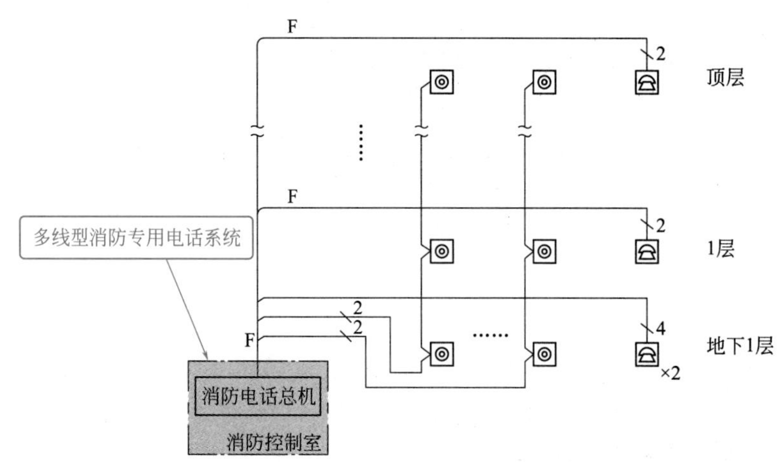

(a) 多线型消防专用电话系统

图 3-16

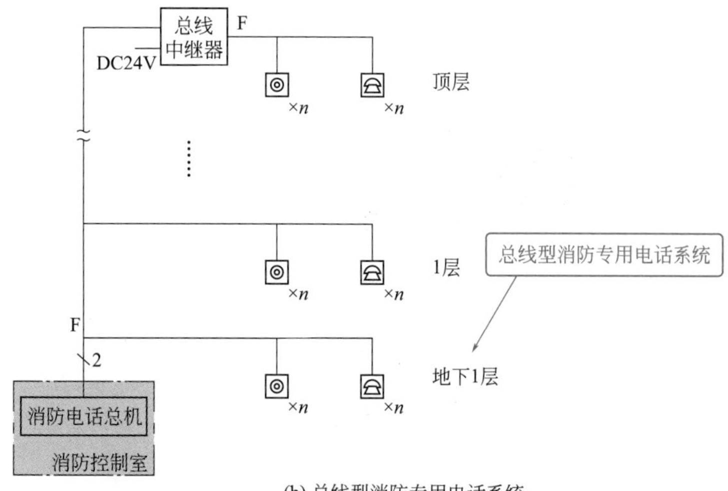

(b) 总线型消防专用电话系统

图 3-16　消防专用电话系统的分类

3.3.7　湿式消火栓系统联动控制图的识读

湿式消火栓系统联动控制图图例如图 3-18 所示。识读该类图时，应掌握各符号、标注表示的含义，图解如图 3-19 所示；然后采用节点间＋线路掌握系统各部分的联系。在具体分析时，应首先掌握其基本的控制流程，这样在具体分析时，有一个必要的纲要：

① 如果发生火灾时，相关人员打开消火栓，则消火栓会喷水，从而引起屋顶的水箱流量开关动作与低压压力开关动作，然后通过消防泵控制柜控制消防泵的启动；

② 如果发生火灾时，相关人员按下消火栓按钮，则会通过消防泵控制柜与消防联动控制器控制消防泵的启动。

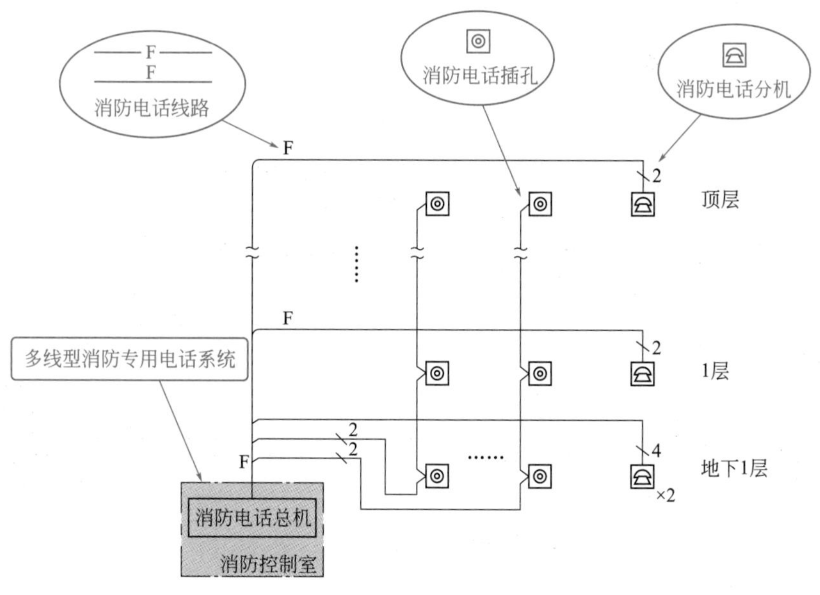

(a) 多线型消防专用电话系统解读

图 3-17

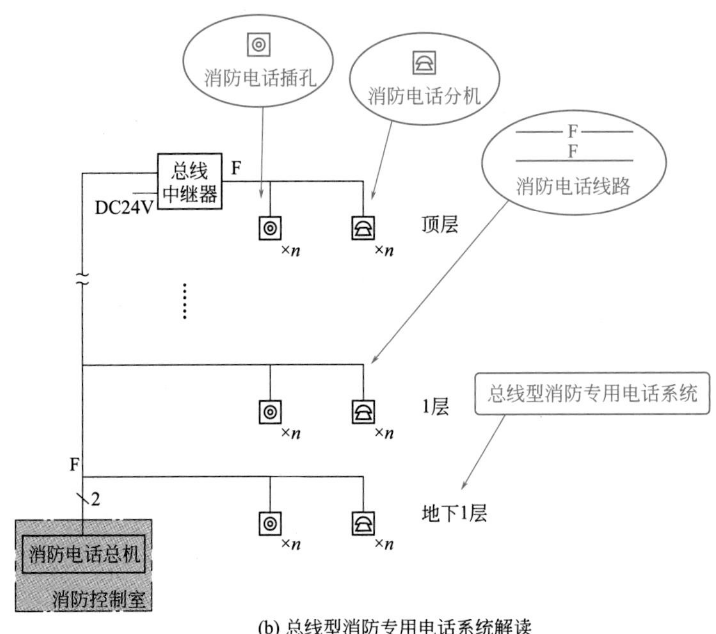

(b) 总线型消防专用电话系统解读

图 3-17　消防专用电话系统各标记、符号等表示的含义

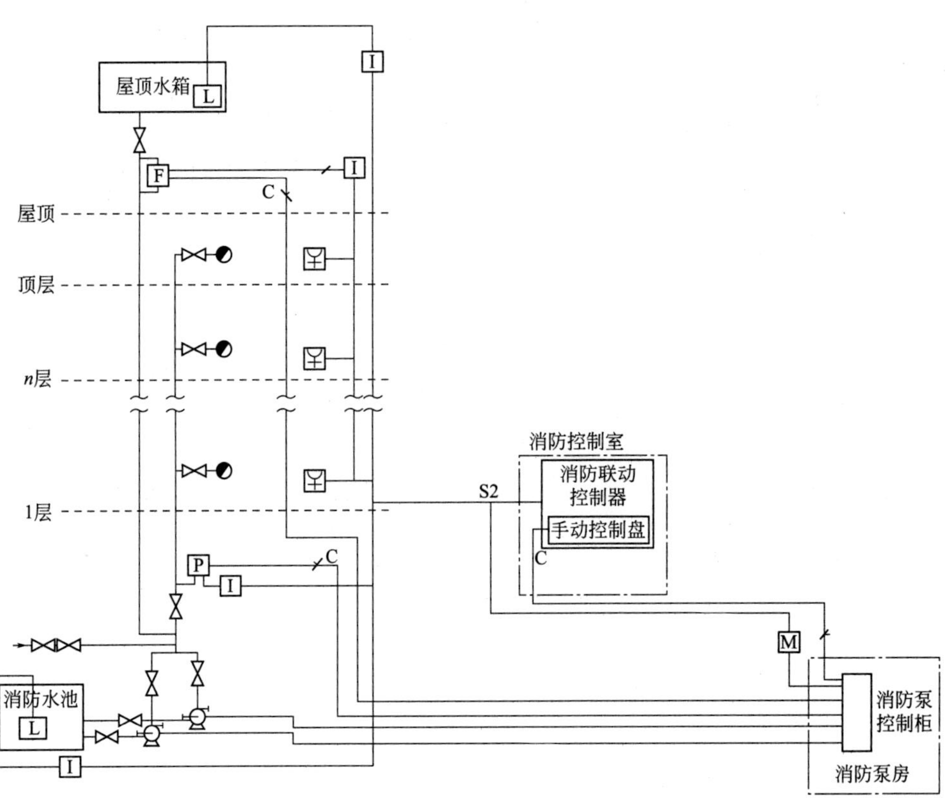

图 3-18　湿式消火栓系统联动控制图图例

3.3.8　某住宅火灾自动报警系统图的识读

某住宅火灾自动报警系统图的识读图解如图 3-20 所示。

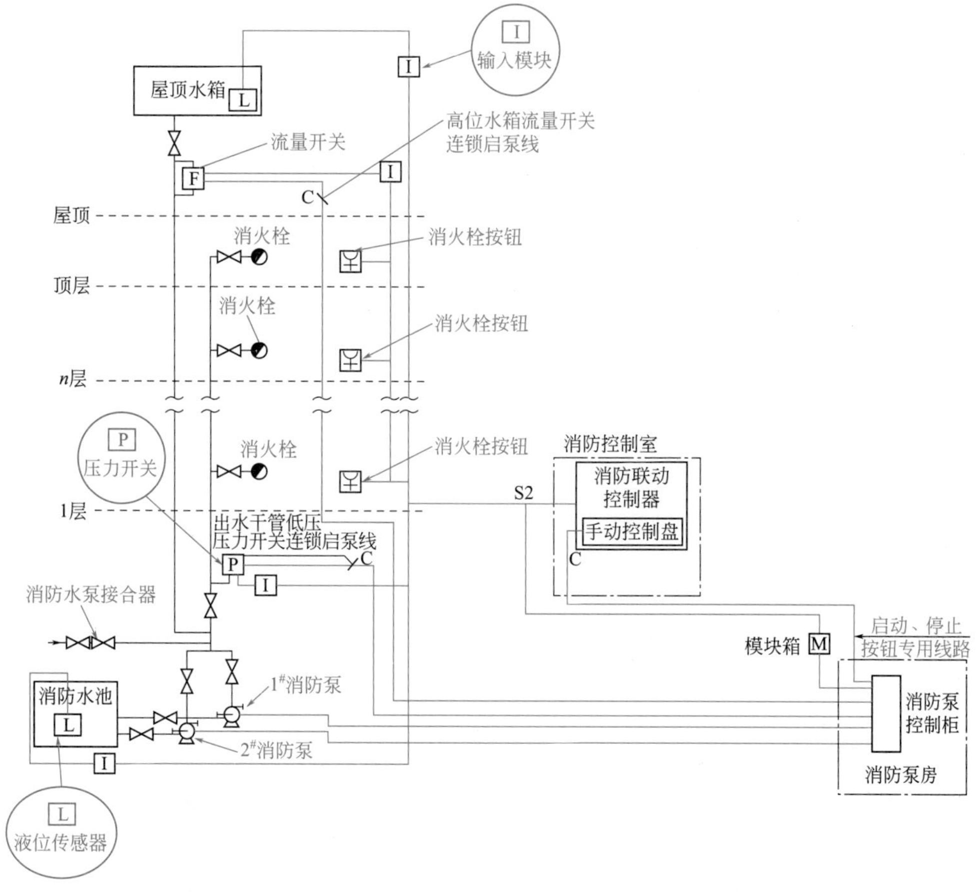

图 3-19　湿式消火栓系统联动控制图各符号、标注表示的含义

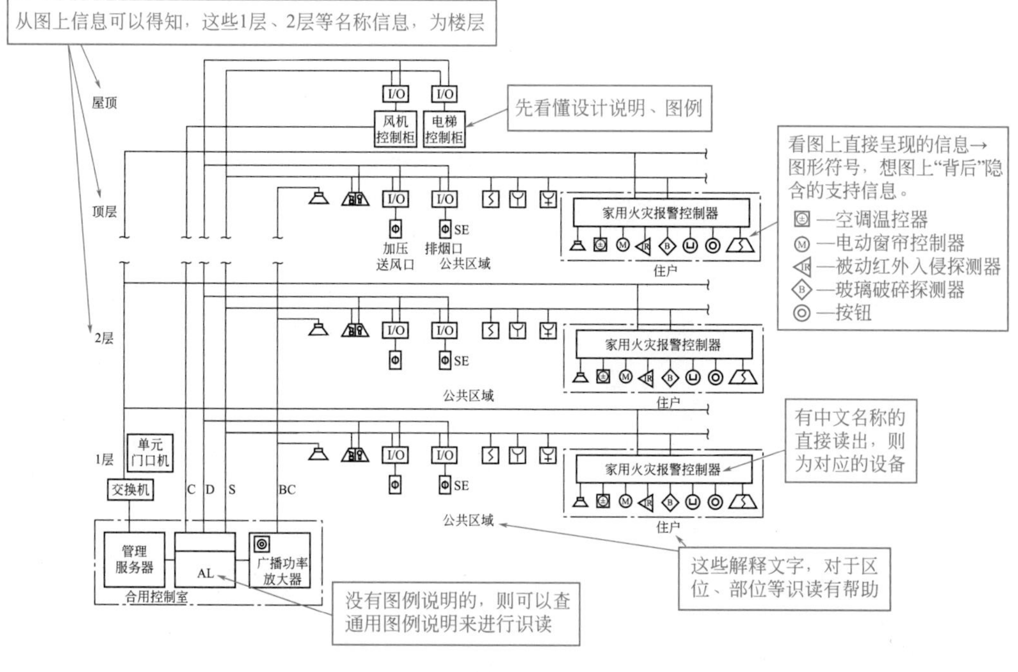

图 3-20

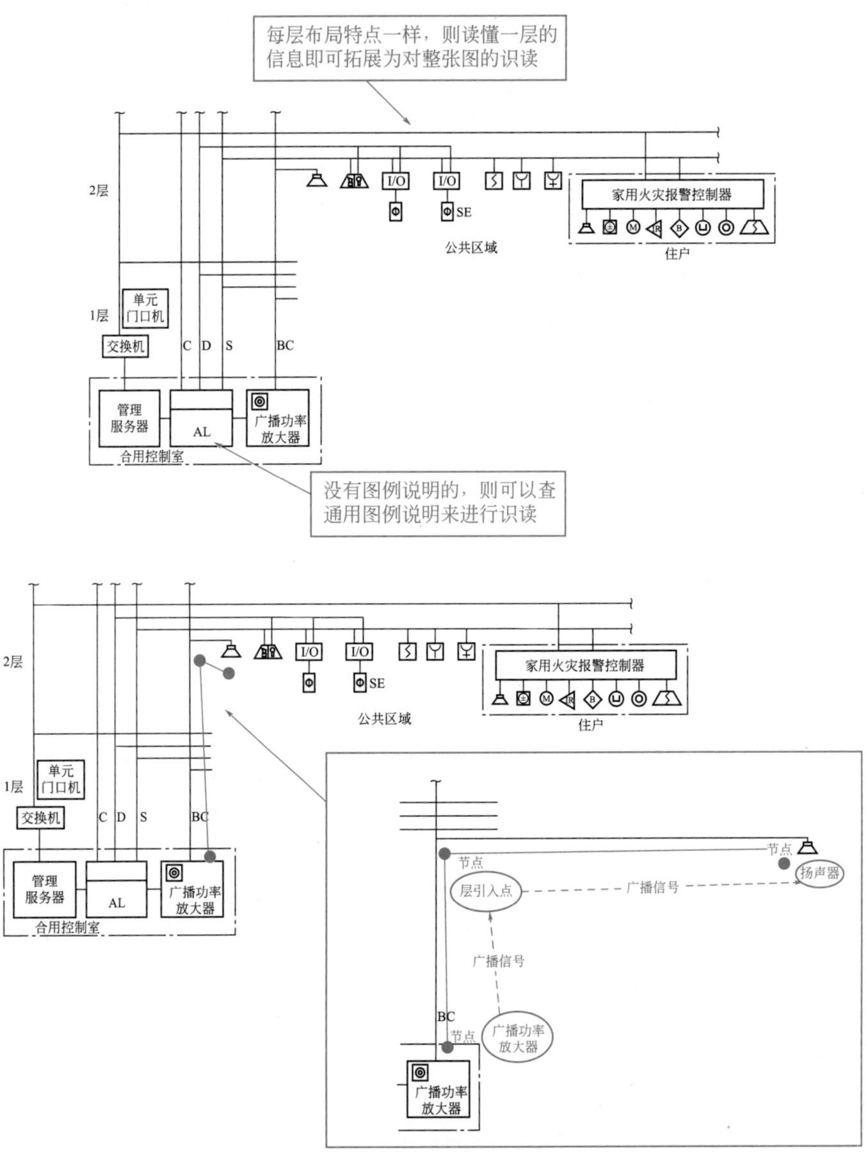

图 3-20　某住宅火灾自动报警系统图的识读图解

第 4 章　安全防范与监控系统的识图

4.1　安全防范与监控系统基础知识

4.1.1　安全防范系统术语解释

安全防范系统有关术语解释是其最基础的知识，具体有关术语解释见表 4-1。

表 4–1　安全防范系统术语解释

名称	术语解释
安全等级	安全防范系统、设备所具有的对抗不同攻击的能力水平
安全防范	综合运用人力防范、实体防范、电子防范等多种手段，预防、延迟、阻止入侵、抢劫、破坏、盗窃、爆炸、暴力袭击等事件的发生
安全防范工程	为建立安全防范系统而实施的建设项目
安全防范系统	以安全为目的，综合运用实体防护、电子防护等技术构成的防范系统
保护对象	由于面临风险而需对其进行保护的对象，包括单位、建（构）筑物及其内外的部位、区域以及具体目标
出入口控制系统	利用自定义符识别和（或）生物特征等模式识别技术对出入口目标进行识别，并控制出入口执行机构启闭的电子系统
电子防范	利用传感、计算机、通信、信息处理及其控制、生物特征识别等技术，提高探测、延迟、反应能力的防护手段
电子防护系统	以安全防范为目的，利用各种电子设备构成的系统
电子巡查系统	对巡查人员的巡查路线、方式、过程进行管理、控制的电子系统
反应	为应对风险事件的发生所采取的行动
防爆安全检查系统	对人员、车辆携带、物品夹带的爆炸物、武器和（或）其他违禁品进行探测和（或）报警的电子系统
防范对象	需要防范的、对保护对象构成威胁的对象
防护级别	为保障保护对象的安全所采取的防范措施的水平
防区	在防护区域内，入侵、紧急报警系统可以探测到入侵或人为触发紧急报警装置的区域

续表

名称	术语解释
风险	保护对象自身存在的安全隐患，及其所面临的可能遭受入侵、盗窃、抢劫、破坏、爆炸、暴力袭击等行为的威胁
风险等级	存在于保护对象本身及其周围的、对其安全构成威胁的单一风险或组合风险的大小，以后果和可能性的组合来表达
风险评估	通过风险识别、风险分析、风险评价，确认安全防范系统需要防范的风险的过程
高风险保护对象	依法确定的治安保卫重点单位、防范恐怖袭击重点目标
监控区域	视频监控系统的视频采集装置摄取的图像所对应的现场空间范围
监控中心	接收处理安全防范系统信息、处置报警事件、管理控制系统设备的中央控制室
均衡防护	安全防范系统各部分的安全防护水平基本一致，无明显薄弱环节
楼寓对讲系统	采用（可视）对讲方式确认访客，对建筑物（群）出入口进行访客控制与管理的电子系统
漏报警	对设计的报警事件未做出报警响应
人力防范	具有相应素质的人员有组织的防范、处置等安全管理行为
入侵和紧急报警系统	利用传感器技术、电子信息技术探测非法进入或试图非法进入设防区域的行为，和由用户主动触发紧急报警装置发出报警信息、处理报警信息的电子系统
实体防范	利用建（构）筑物、器具、屏障、设备或其组合，延迟、阻止风险事件发生的实体防护手段
实体防护系统	以安全防范为目的，综合利用天然屏障、人工屏障及防盗锁、柜等器具、设备构成的实体系统
视频监控系统	利用视频技术探测、监视监控区域并实时显示、记录现场视频图像的电子系统
受控区	出入口控制系统的一个或多个出入口控制点所对应的、由物理边界封闭的空间区域
探测	对显性风险事件和（或）隐性风险事件的感知
停车库（场）安全管理系统	对人员、车辆进、出停车库（场）进行登录、监控，以及人员、车辆在库（场）内的安全实现综合管理的电子系统
误报警	对没有设计的事件做出响应而发出的报警
系统维护	保障安全防范系统正常运行，以及持续发挥安全防范效能而开展的维修保养活动
系统效能评估	对安全防范系统满足预期效能程度的分析评价过程
系统运行	利用安全防范系统开展报警事件处置、视频监控、出入控制等安全防范活动的过程
延迟	延长或（和）推迟风险事件发生的进程
周界	保护对象的一种区域边界
纵深防护	根据保护对象所处的环境条件、安全防范管理要求，对整个防范区域实施由外到里或由里到外层层设防的防护措施

4.1.2 民用闭路监视电视系统有关术语解释

民用闭路监视电视系统有关术语解释见表 4-2。

表 4-2　民用闭路监视电视系统有关术语解释

名称	术语解释
闭路监视电视系统	闭路监视电视系统是利用视音频技术实时显示监视场所图像、播放监视场所声音，以及记录现场图像、声音的有线系统

续表

名称	术语解释
峰值信噪比	峰值信噪比是图像压缩系统中信号重建质量评价的重要参数，它是信号的峰值功率与噪声功率的比值，常用分贝单位来表示
记录系统	记录系统主要是将视音频采集系统采集的图像、声音进行存储，以便搜索、播放
监控分中心	监控分中心是闭路监视电视系统中的某一级或某一区域信息汇集、处理、共享的节点，用于接收、显示、记录、处理前端、各子系统发来的视频信息、状态信息等，以及向上一级监控中心进行通信，接受上级监控中心的管理
监控中心	监控中心是闭路监视电视系统的中央控制室。其主要用于接收、显示、记录、处理前端、子系统、监控分中心发来的视音频信息、状态信息等，以及向系统中的相关设备发出控制指令
可用图像	可用图像是指能够辨认画面物体轮廓的图像
声音采集系统	声音采集系统是实时获取监视目标现场原始音频信息所构成的集合体或装置
视频编码	视频编码是指对数字视频信号进行二进制数字编码并进行图像压缩的信号处理方式或过程，通常这种压缩属于有损数据压缩
视频解码	视频解码是指对数字视频信号进行二进制数字解码并进行图像解压缩的信号处理方式或过程
图像采集系统	图像采集系统是实时获取监视目标原始图像视频信息所构成的一种集合体或装置
图像分辨率	图像分辨率表征图像细节的能力
图像清晰度	图像清晰度是人眼能察觉到的电视图像细节清晰程度，通常用电视线来表示
智能视频系统	智能视频系统利用能够在图像、图像描述间建立映射关系的技术，使计算机能够通过数字图像处理、分析来理解视频画面中的内容，获取实时的关键信息，监控并搜索特定行为，发现监视画面中的异常情况，以及能以最快、最佳的方式发出警报和提供有用信息

4.1.3　入侵、紧急报警系统有关术语解释

入侵、紧急报警系统有关术语解释见表 4-3。

表 4-3　入侵、紧急报警系统有关术语解释

名称	术语解释
报警	生命、财产、环境面临危险时发出的警告
报警传输系统	用来把一个或更多报警系统状态的信息传送到一个或更多接收中心的设备、网络
报警接收中心	一直有人值守的、能接收、向前传输报警系统信息的场所
报警系统	对面临生命、财产、环境的危险进行人工判别或自动探测并做出响应的电子系统或网络
报警响应时间	从探测器探测到目标或人为触发紧急报警装置后产生报警状态信息，控制指示设备或远程报警接收中心接收到该信息并发出报警信号所需的时间
报警状态	报警系统因对面临的危险做出响应而产生的状态
备用电源	主电源不可用时，可以为报警系统提供预定时间电量的电源
备用供电时间	备用电源能为报警系统供电的时间
部分设防	使系统的部分防区处于通告报警状态，其他防区处于撤防状态的操作
部件替换	使用其他装置替换报警系统部件，阻碍报警系统按原设计运行
操作人员	获得授权使用报警系统的个人（用户）
拆改（防拆）	对报警系统的故意改动、蓄意干扰等行为
撤防	使系统或其一部分处于不能通告报警状态的操作

续表

名称	术语解释
传输路径	报警系统和与其相关的报警接收中心间的通信路径
等待指示	当不能同时显示所有信息时，对没有显示信息的指示
电源	为报警系统供电的报警系统组件
防拆保护	保护报警系统以免受到拆改时的方式或方法
防拆报警	由防拆状态发出的报警
防拆探测	探测报警系统是否受到拆改
防拆信号	由防拆探测装置发出的信号
防拆状态	报警系统探测到被拆改时的一种状态
防护范围	入侵和（或）紧急报警系统所防护的建筑物和（或）场所或其部分
防护区域收发器	防护区域内具有与报警系统、报警传输网络进行信息交互的接口设备
防区	在防护区域内，入侵、紧急报警系统可以探测到入侵或人为触发紧急报警装置的区域
辅助控制设备	执行辅助控制功能的设备
辅助主电源	独立于主电源，能够支持报警系统在一段时间内工作的电源，不会影响备用电源的备用供电时间
告警指示	听觉和（或）视觉指示
告警装置	对通告给出声音报警的设备
故障信号	出现故障产生的信号
故障状态	报警系统处于非正常工作的状态
互连	报警系统部件间传送信息和（或）信号的方式
互连媒介	传输信号或信息的介质
互连有效性	能够传输信号或信息的互连状态
恢复	取消报警、防拆、故障、其他状态，以及将报警系统返回上一个状态的程序
紧急报警系统	由用户主动触发紧急报警装置的报警系统
紧急报警装置	由人工故意触发，以及产生紧急报警状态的装置
紧急报警状态	报警系统对人为触发紧急报警装置做出响应的状态
进入 / 退出路径	通过授权进入或退出防护区域的路径
控制指示设备（防盗报警控制器）	具有信号接收、处理、控制、指示、记录、向上一级进行信息传输等功能的设备
旁路	报警系统的部分报警状态不能被通告的状态。此状态会一直保持到手动复位
强制设防	允许用户在报警系统处于非正常状态时进行设防
权限类别	访问报警系统特定功能的权限
入侵报警系统	利用传感器技术、电子信息技术探测，以及指示进入或试图进入防护范围的报警系统
入侵报警状态	报警系统对存在入侵行为做出响应的状态
入侵和紧急报警系统	兼有入侵报警、紧急报警的报警系统
入侵探测器	对入侵、企图入侵行为进行探测、作出响应，以及产生入侵报警状态的装置
入侵信号	由入侵探测器产生的信号
设防	使系统或其一部分处于能通告报警状态的操作
事件	报警系统运行与操作所产生的状态
事件记录	对报警系统的操作，或运行所产生的可事后分析事件的存储

续表

名称	术语解释
授权	报警系统不同控制功能的使用许可
授权代码	允许使用报警系统功能的机械或逻辑密钥
探测范围明显减少	在探测器的探测范围中心轴上测量，探测器探测范围的减少超过指定范围的 50%
通告	将报警、防拆或故障状态传递给告警装置和（或）报警传输系统的过程
系统部件	构成报警系统的单个部件
信息替换	有意或无意地在报警系统部件间建立替代的信息，妨碍报警系统正常运行
用户	经授权操作报警系统的人员
暂时旁路	报警系统的部分报警状态不能被通告的状态。此状态在撤防时自动复位
遮挡	移动探测器视场被阻挡的状态
正常状态	不存在阻碍入侵、紧急报警系统设防的状态
指示	由报警系统产生的可听、可视、其他可感知形式的信息
周期性通信	周期性发送和（或）应答的通信
主电源	在正常工作条件下，为报警系统供电的电源

4.1.4 视频监控系统的类型

视频监控系统的类型如图 4-1 所示。具体识读视频监控系统图时就是以这些基本类型为模式进行的。

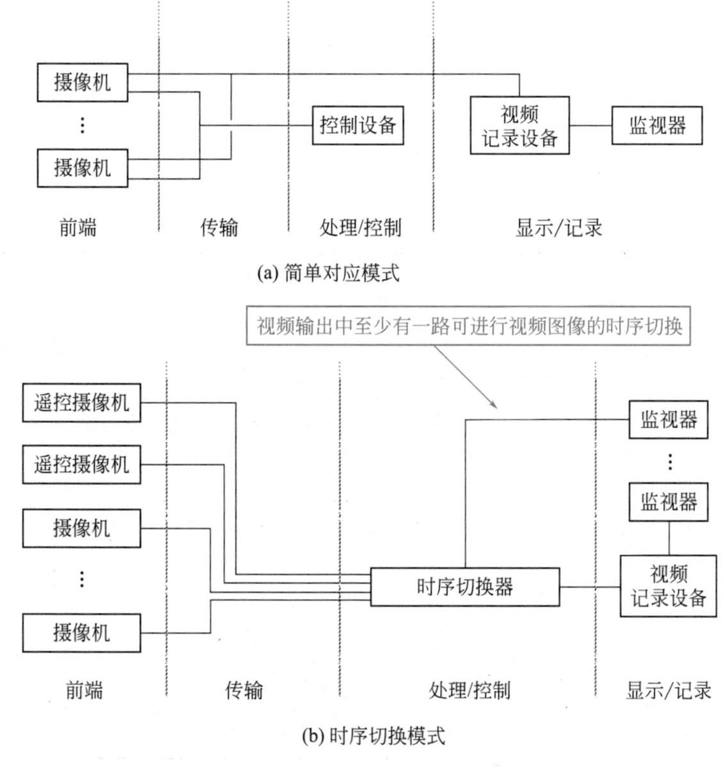

(a) 简单对应模式

(b) 时序切换模式

图 4-1

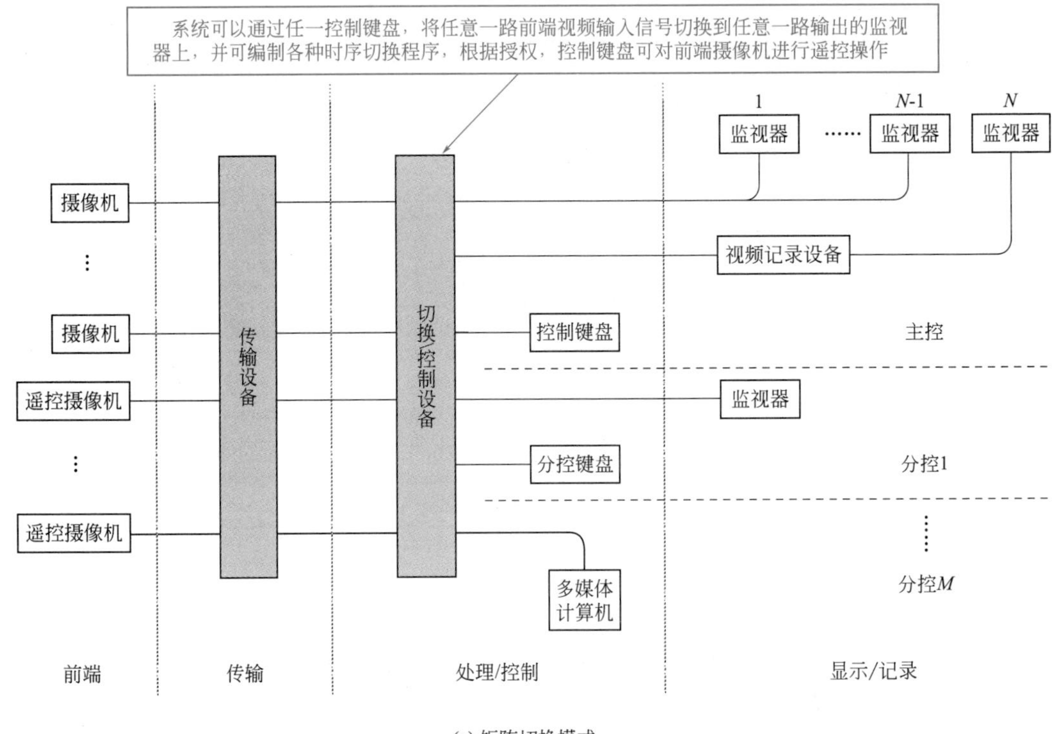

(c) 矩阵切换模式

图 4-1 视频监控系统的类型

4.1.5 闭路电视监控系统材料设备的要求

闭路电视监控系统，往往是通过材料设备、线路来实现其功能的。因此，有的图纸会标明所用的材料设备。有的表意性图纸，则需要识图者自己根据实际情况选择闭路电视监控系统材料设备。为此，需要掌握闭路电视监控系统材料设备的要求，具体见表 4-4。

表 4–4 闭路电视监控系统材料设备的要求

名称	要 求
传输电缆	（1）确认线缆型号、长度。 （2）线缆在进场前，根据规定、要求对其类型等进行检测，以及出具检测报告。 （3）安装前，应确保型号、外形尺寸与要求相符，以及有出厂合格证
护罩	（1）护罩要求摄像机在外部环境使用过程中能够保持良好的工作状态。 （2）安装前，应确保型号、外形尺寸与要求相符，以及有出厂合格证。 （3）塑料外壳表面应无裂痕、无褪色等异常现象
画面分割器	（1）画面分割器要求具有顺序切换、回放影像、时间、画中画、多画面输出显示、日期、标题显示等功能。 （2）设备在进场前，根据规定、要求对其类型等进行检测，以及出具检测报告。 （3）安装前，应确保型号、外形尺寸与要求相符，以及有出厂合格证
监视器	（1）监视器要求，能够将前端摄像机传送到终端的视频信号由监视器再现为图像。 （2）根据功能的不同，监视器可分为图像监视器、电视监视器。 （3）设备在进场前，根据规定、要求对其类型等进行检测，以及出具检测报告。 （4）安装前，应确保型号、外形尺寸与要求相符，以及有出厂合格证

续表

名称	要　求
解码器（室内、室外）	（1）解码器要求能够将管理中心通过总线传输的控制信号转换为相应的电机控制信号。 （2）设备在进场前，根据规定、要求对其类型、密封性、输出 / 输入电压（电流）、功率等进行检测，以及出具检测报告。 （3）安装前，应确保型号、外形尺寸与要求相符，以及有出厂合格证。 （4）塑料外壳表面应无裂痕、无褪色等异常现象
矩阵控制主机	（1）报警状态自动输出系统——可将报警状态自动输出到打印机和监视器上。 （2）报警处理与报警显示：时序显示方式、固定显示方式、双监视显示方式、报警复位等。 （3）多个控制键盘输入接口。 （4）任意切换——摄像机可任意组合，而且任一台摄像机画面的显示时间独立可调。 （5）任意切换定时自动启动——任意一组万能切换可编程在任意一台监视器上定时自动执行。 （6）分区控制功能——对键盘、监视器、摄像机进行授权。 （7）分组同步切换——将系统中全部或部分摄像机分成若干组，每一组摄像机可以同步地切换到一组监视器上。 （8）报警自动切换——具有报警信号输入接口和输出接口，当系统收到报警信号时将自动切换到报警画面，启动录像机设备，以及将报警状态输出到指定的监视器上。 （9）设备在进场前，根据规定、要求对其类型等进行检测，以及出具检测报告。 （10）安装前，应确保型号、外形尺寸与要求相符，以及有出厂合格证
录像机	（1）录像机的要求：能够把视频、音频信号用磁信息方式记录在磁介质上，以及可将磁介质上的磁信息还原为音视频电信号。 （2）确认以长时间记录的图像有无用快速或静像方式重放的功能。 （3）确认以标准速度记录的图像有无用慢速度或静像方式进行重放的功能。 （4）设备在进场前，根据规定、要求对其类型等进行检测，以及出具检测报告。 （5）安装前，应确保型号、外形尺寸与要求相符，以及有出厂合格证
摄像机	（1）设备在进场前，根据规定、要求对其类型、分辨率、照度、稳定性等进行检测，以及出具检测报告。 （2）安装前，应确保型号、外形尺寸与要求相符，以及有出厂合格证。 （3）塑料外壳表面应无裂痕、无褪色等异常现象
摄像机镜头	（1）摄像机镜头要求能够采集光信号到摄像机，以及能够通过调节光圈、焦距、摄像距离使图像清晰。 （2）设备在进场前，根据规定、要求对其类型、焦距、光圈类型、放大倍数、稳定性等进行检测，以及出具检测报告。 （3）安装前，应确保型号、外形尺寸与要求相符，以及有出厂合格证
云台	（1）云台要求：能使摄像机做上、下、左、右、旋转等运动。 （2）安装前，应确保型号、外形尺寸与要求相符，以及有出厂合格证。 （3）塑料外壳表面应无裂痕、无褪色等异常现象

4.1.6　视频安防监控系统的基本要求

视频安防监控系统的基本要求，往往是制图、用图时，必须遵循的支持知识。视频安防监控系统的一些基本要求如下。

① 视频安防监控系统工程的设计，需要综合应用视频探测、图像处理控制、多媒体、有线 / 无线通信、计算机网络、系统集成等先进成熟的技术，配置可靠适用的设备，构成先进可靠、经济适用、配套的视频监控应用系统。

② 视频安防监控系统中使用的设备，必须符合国家法律法规、现行强制性标准的要求，以及经法定机构检验或认证合格。

③ 满足不同防范对象、防范区域对防范需求的确认要求。

④ 满足对控制终端设置的要求。

⑤ 满足对系统构成、视频切换、控制功能的要求。

⑥ 满足风险等级、安全防护级别对视频探测设备数量、视频显示 / 记录设备数量的要求。

⑦ 满足对图像显示、记录、回放的图像质量要求。

⑧ 满足监视目标的环境条件、建筑格局分布对视频探测设备选型、位置设置的要求。

⑨ 满足视频音频、控制信号传输条件的要求。

⑩ 满足视频音频、控制信号对传输方式的要求。

⑪ 满足与其他安防子系统集成的要求。

⑫ 视频安防监控系统的制式，需要与电视制式一致。

⑬ 视频安防监控系统工程的设计流程与深度需要符合有关的规定。

⑭ 视频安防监控系统的兼容性，需要满足设备互换性要求。

⑮ 视频安防监控系统的可扩展性，需要满足简单扩容、集成的要求。

⑯ 视频安防监控系统工程的设计，需要符合国家现行标准《安全防范工程技术规范》（GB 50348—2018）、《视频安防监控系统技术要求》（GA/T 367—2001）等相关规定。

4.1.7 安全防范系统符号图例

安全防范相关图中往往采用图形符号表示具体的设备设施。识图时，应能够掌握这些图形符号“背后”隐含的或者遵循的支持知识。其中，图形与名称的对照、对应是最基础的知识。安全防范系统设备设施的图形与名称的对照如图 4-2 所示。

不同类型的安全防范图，其同一设备设施的图形可能存在差异，常见监控系统设备的图形符号对照如表 4-5 所示。

4.1.8 入侵和紧急报警系统缩略语

入侵和紧急报警系统有些图纸直接呈现的信息是缩略语。为此，需要掌握缩略语对应的含义，也就是图上“背后”隐含的或者遵循的支持信息。

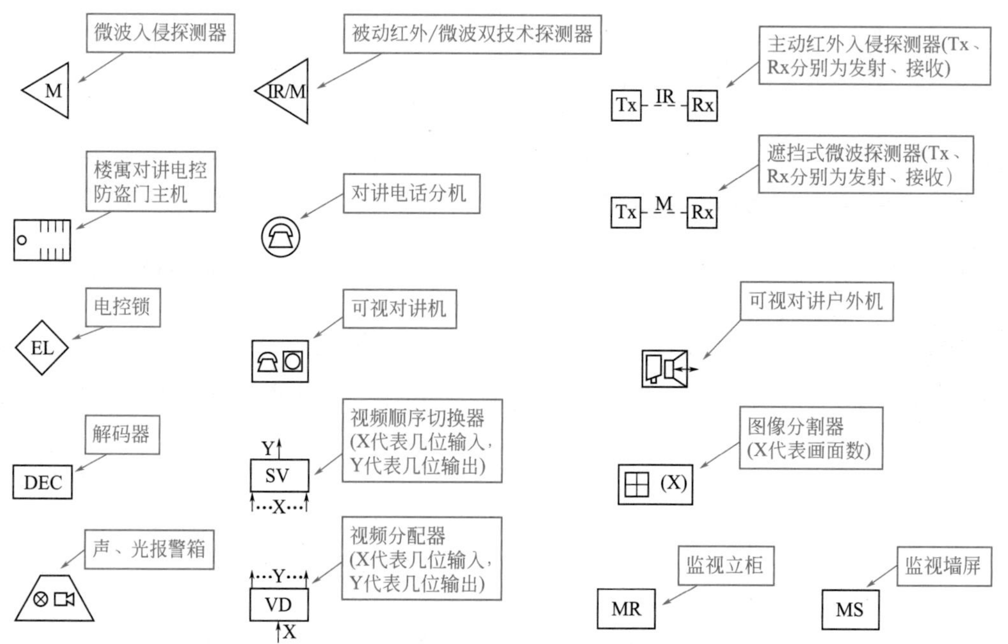

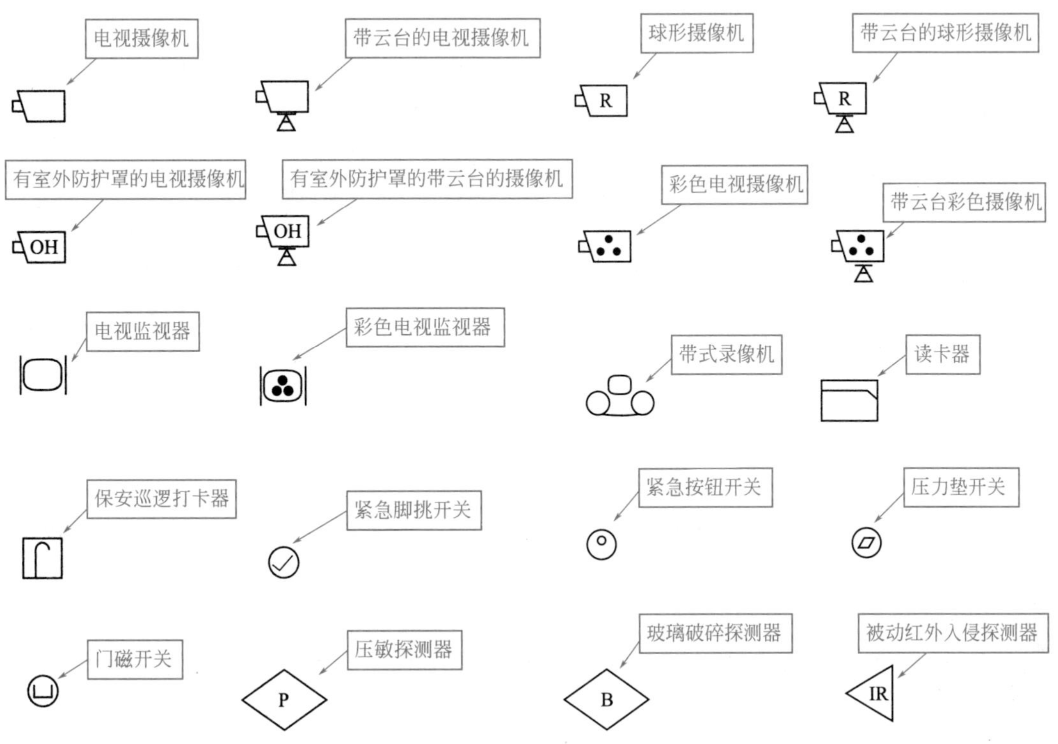

图 4-2　安全防范系统设备设施的图形与名称的对照

表 4-5　常见监控系统设备的图形符号对照

图形符号	说明	图形符号	说明
	电视监视器（系统及框图表示）	R	带云台的球形摄像机（平面及系统图表示）
	彩色电视监视器（系统及框图表示）		彩色电视摄像机（平面及系统图表示）
	彩色电视接收机（系统及框图表示）		带云台的彩色摄像机（平面及系统图表示）
Y VS X	视频顺序切换器（系统及框图表示）（X 代表几位输入，Y 代表几位输出）	IP	网络摄像机（平面及系统图表示）
Y VD X	视频分配器（系统及框图表示）（X 代表几位输入，Y 代表几位输出）	IP	带云台的网络摄像机（平面及系统图表示）
DEC	解码器（系统及框图表示）	OH	有室外防护罩的带云台的摄像机（平面及系统图表示）
	带式录像机（系统及框图表示）		读卡器（系统及平面图表示）
	楼宇对讲电控防盗门主机（系统及平面图表示）	KP	键盘读卡器（系统及平面图表示）
	电视摄像机（平面及系统图表示）	Tx IR Rx	主动红外入侵探测器（Tx 为发射；Rx 为接收）（系统及平面图表示）
	带云台的电视摄像机（平面及系统图表示）	A	振动探测器（系统及平面图表示）

续表

图形符号	说明	图形符号	说明
B	玻璃破碎探测器（系统及平面图表示）		可视对讲机（系统及平面图表示）
IR	被动红外入侵探测器（系统及平面图表示）		出门按钮
M	微波入侵探测器（系统及平面图表示）	EL	电控锁（系统及平面图表示）
IR/M	被动红外 / 微波双技术探测器（系统及平面图表示）	E	电锁按键（系统及平面图表示）
	对讲电话分机（系统及平面图表示）		保安巡逻打卡器（系统及平面图表示）
	楼宇可视对讲电控防盗门主机（系统及平面图表示）		门磁开关（系统及平面图表示）

常见入侵和紧急报警系统缩略语见表 4-6。

表 4–6　常见入侵和紧急报警系统的缩略语

名称	对应的含义	名称	对应的含义
ACE	辅助控制设备	I&HAS	入侵和紧急报警系统
ARC	报警接收中心	IAS	入侵报警系统
ATS	报警传输系统	PS	电源
CIE	控制指示设备	SPT	防护区域收发器
HAS	紧急报警系统	WD	告警装置

4.1.9　设备设施的实物

对于一些监控施工图，识图的目的主要在于指导操作、安装等，而操作、安装基本上是在实物上进行的。因此，识图时，主张会图物互转互联。为此，需要掌握、了解监控设备设施的实物特点，具体如图 4-3 所示。枪式摄像机的组成图解如图 4-4 所示。

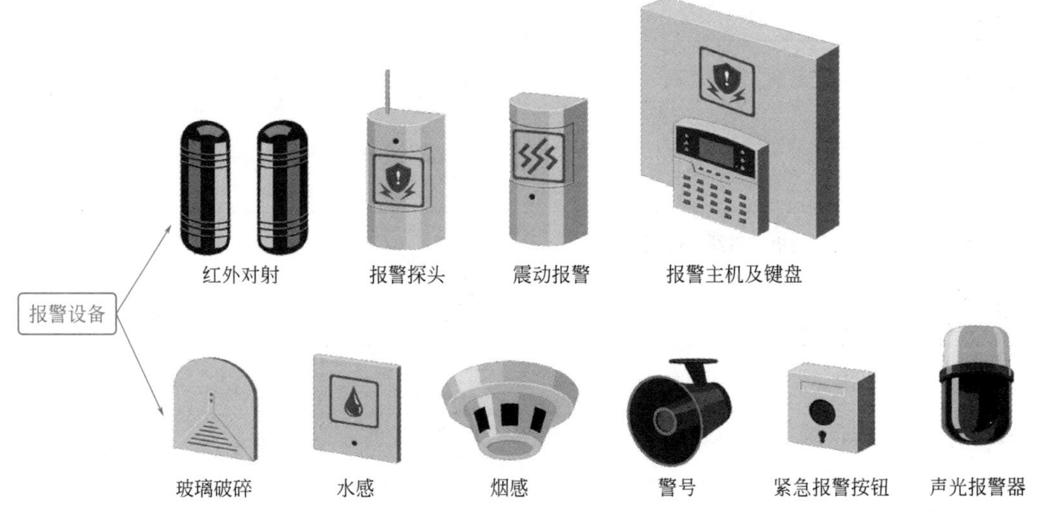

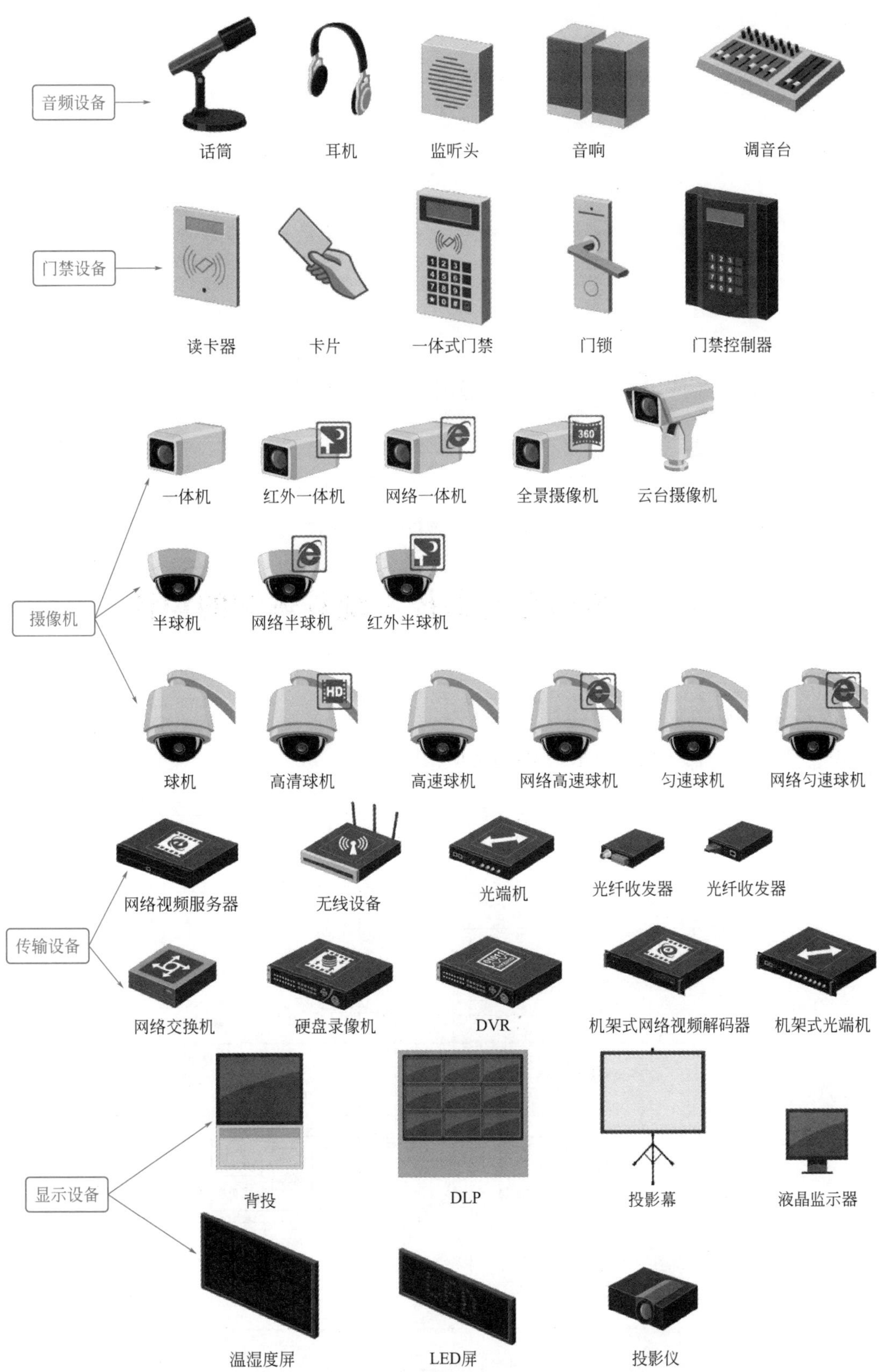

图 4-3　常见建筑监控系统图实物图例

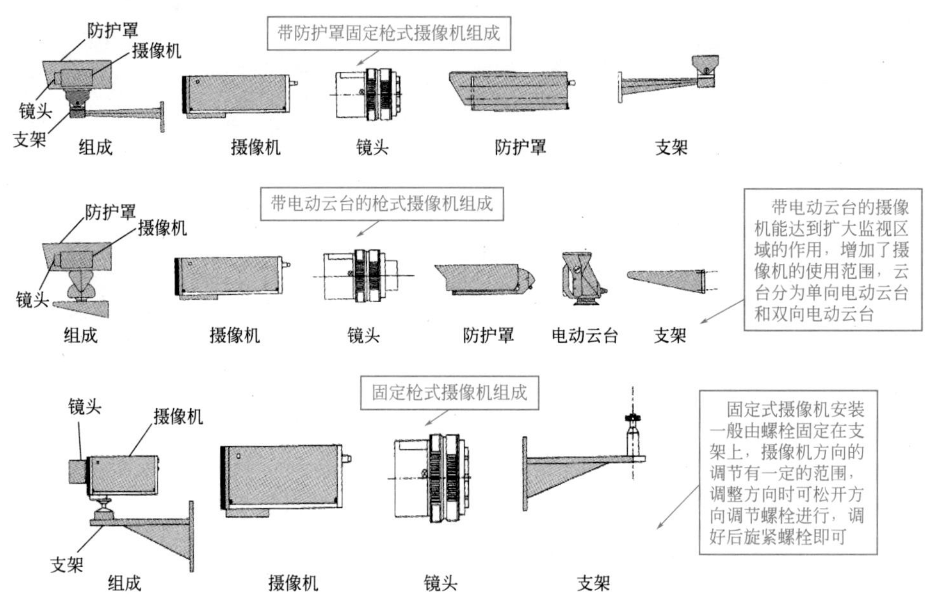

图 4-4　枪式摄像机的组成图解

4.2 安全防范与监控系统具体图的识读

4.2.1 建筑监控系统图的识读（实例一）

某建筑监控系统图的识读图解如图 4-5 所示。

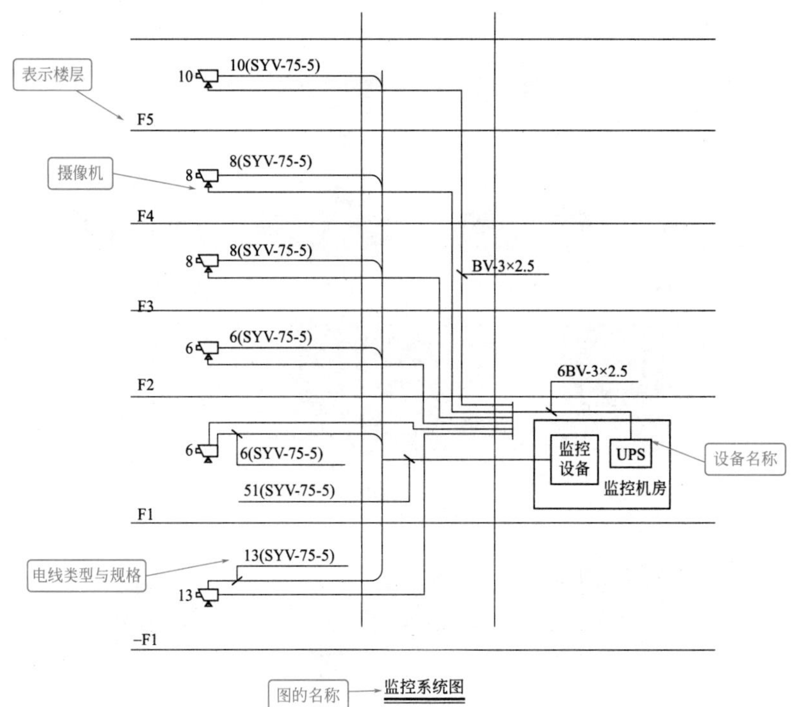

办公室监视器
视频
硬盘录像机(存储)
摄像机
十六路视频分配器
门卫监视器
视频
实物连接安装图解
不间断电源UPS
监控机房 ●门卫 ●办公室

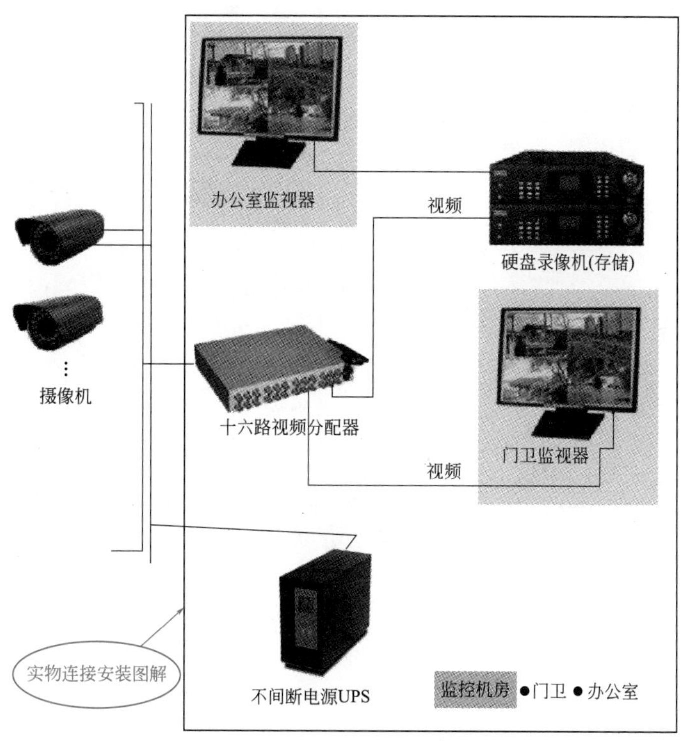

图 4-5　某建筑监控系统图的识读图解实例（一）

4.2.2　建筑监控系统图的识读（实例二）

另一建筑监控系统图的识读图解如图 4-6 所示。

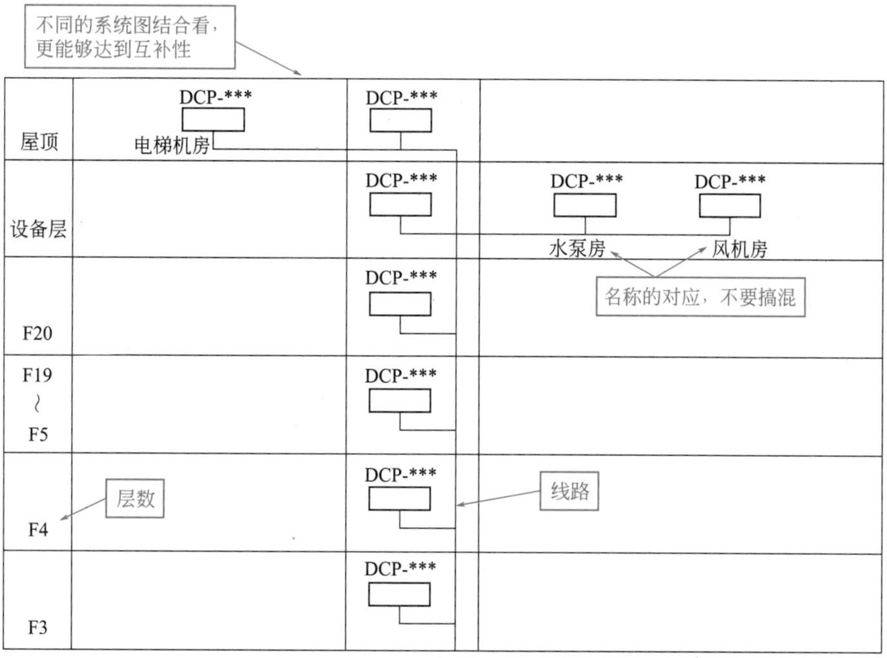

不同的系统图结合看，
更能够达到互补性
屋顶
DCP-***
电梯机房
DCP-***
设备层
DCP-***
DCP-***
DCP-***
水泵房
风机房
名称的对应，不要搞混
F20
DCP-***
F19
~
F5
DCP-***
F4
层数
DCP-***
线路
F3
DCP-***

图 4-6

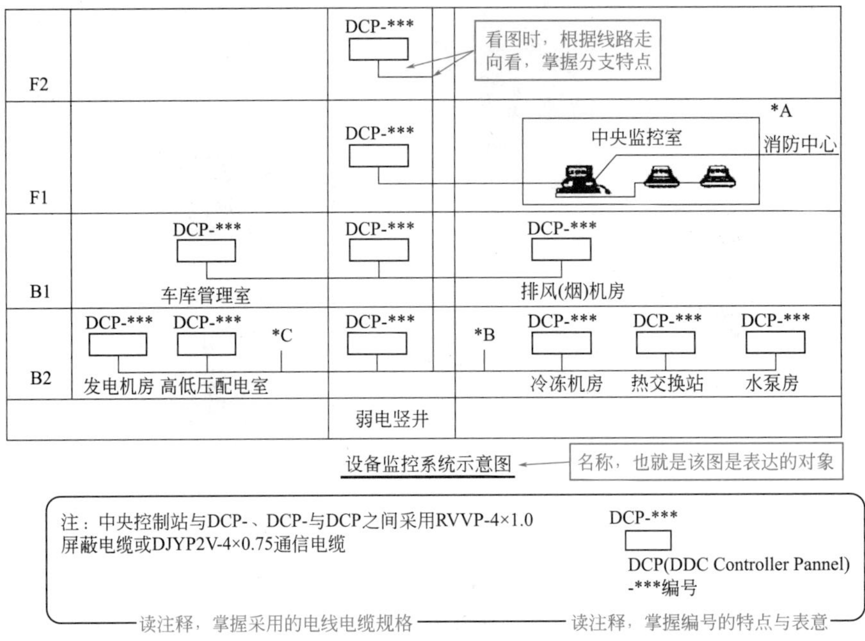

图 4-6　某建筑监控系统图的识读图解实例（二）

4.2.3　停车场（库）管理系统图的识图

停车场（库）管理系统往往也需要采用监控。停车场（库）管理系统图的识图图解如图 4-7 所示。

识图时，系统图进行把繁化简后，其三大节点间的联系就很清楚了：停车场入口处节点——停车场管理室节点，停车场出口处节点——停车场管理室节点。

节线法——停车场（库）管理系统图的部分节点识图（图 4-8）要点如下：

① 摄像机节点与管理主机节点间线路采用 SYV-75-5 连接；

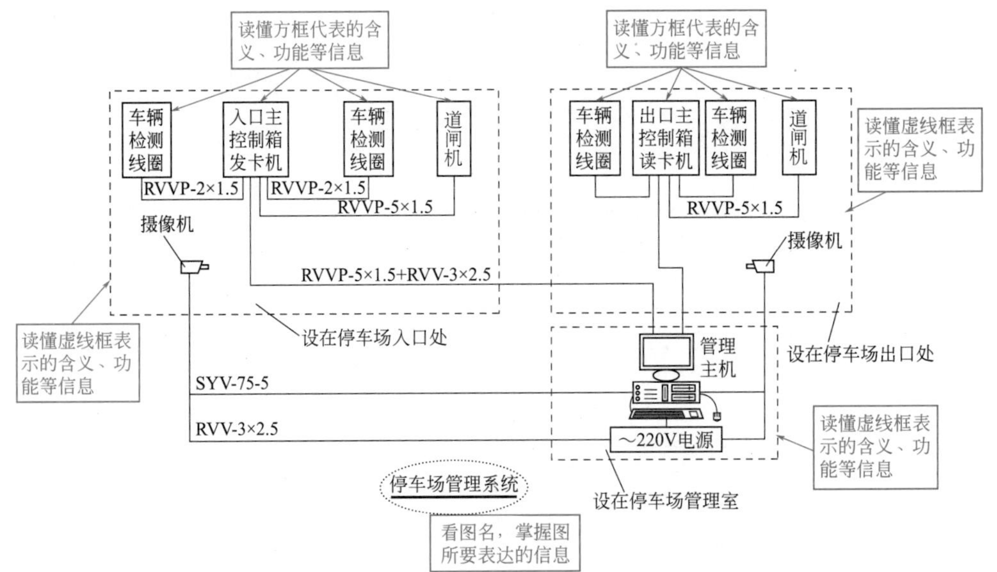

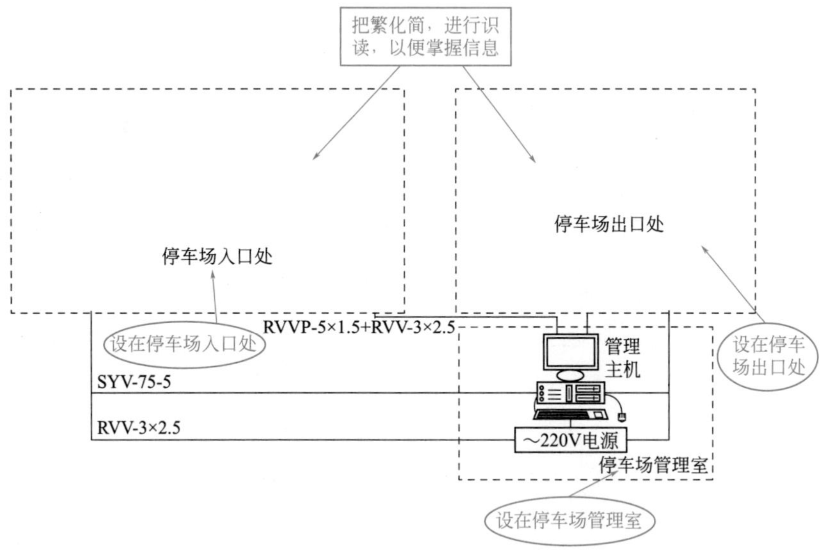

图 4-7　停车场（库）管理系统图的识图图解

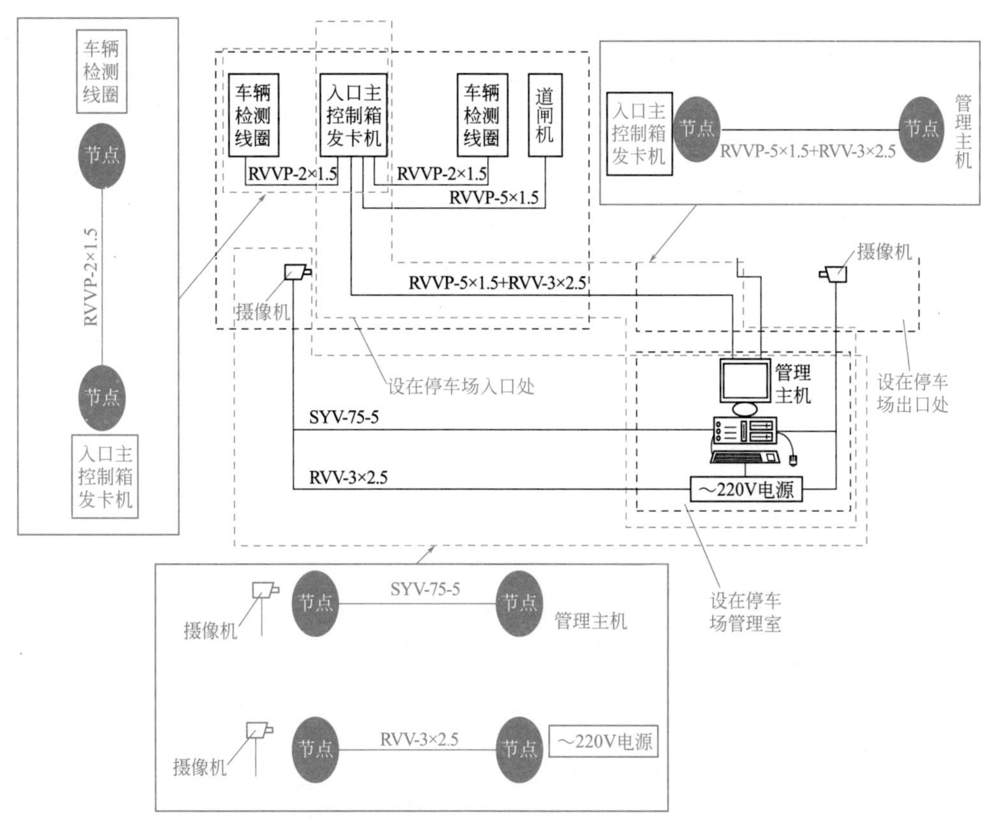

图 4-8　停车场（库）管理系统图的部分节点识图

② 摄像机节点与电源节点间线路采用 RVV-3×2.5 连接；

③ 车辆检测线圈节点与入口主控制箱发卡机节点间线路采用 RVVP-2×1.5 连接；

④ 入口主控制箱发卡机节点与管理主机节点间线路是采用 RVVP-5×1.5+ RVV-3×2.5 连接。

4.2.4 无线报警系统图的识图

无线报警系统图图例如图 4-9 所示。识读该图时，可以先化简掌握整体，简化图如图 4-10 所示，别墅独户单元节点——小区控制中心节点间采用屏蔽双绞线连接。

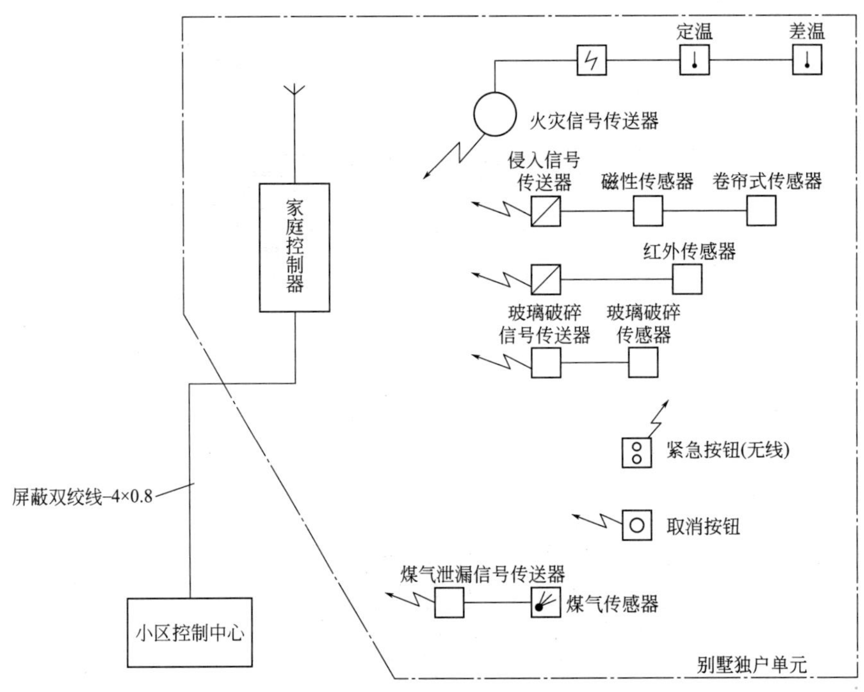

图 4-9　无线报警系统图图例

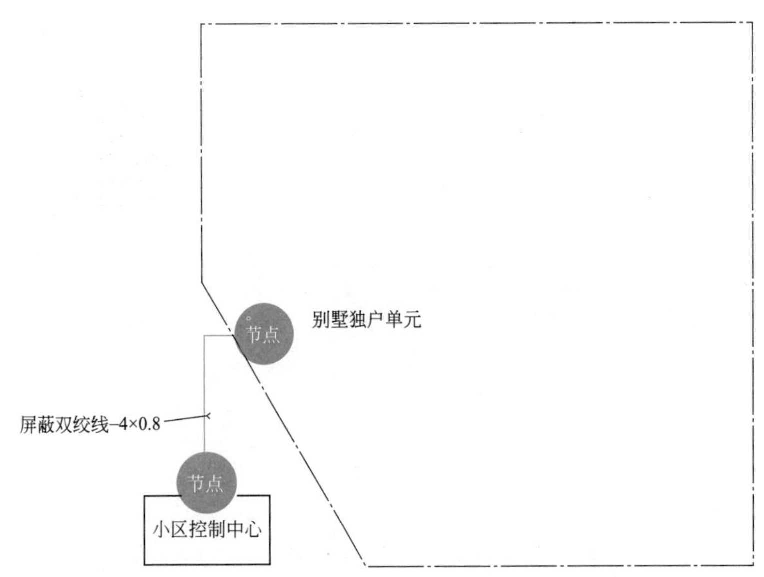

图 4-10　无线报警系统图简化图

具体识读时，可以再根据传感器线路来分线路识读。具体线路识读时，也可以采用节点法来进行。节点间如果是无线连接，则其节点间的联系定义为无线联系即可。

4.3 对讲防护门系统基础知识

4.3.1 对讲防护门系统术语解释

为了识图时能够读懂图上直接呈现的信息，以及能够掌握图上“背后”隐含的或者遵循的支持信息，需要掌握对讲防护门系统有关知识与技能。对讲防护门系统有关术语解释是其最基础的知识，有关术语解释如图 4-11 所示。

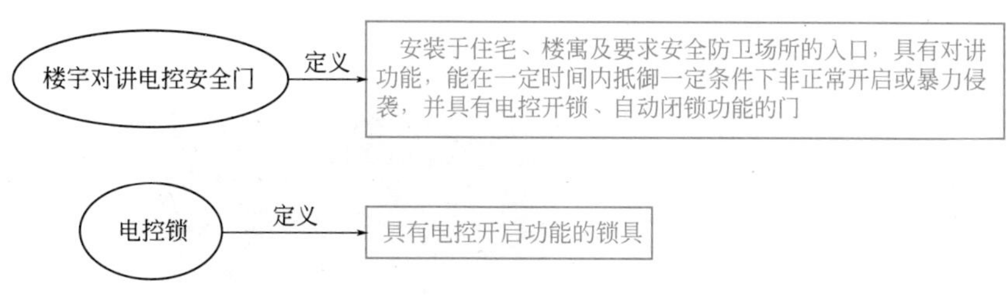

图 4-11　楼宇对讲电控安全门系统术语解释

4.3.2 电控安全门标记

有的对讲防护门系统图中采用图形符号表示具体的电控安全门。识图时，应能够掌握电控安全门标记“背后”隐含的或者遵循的支持知识，具体如图 4-12 所示。

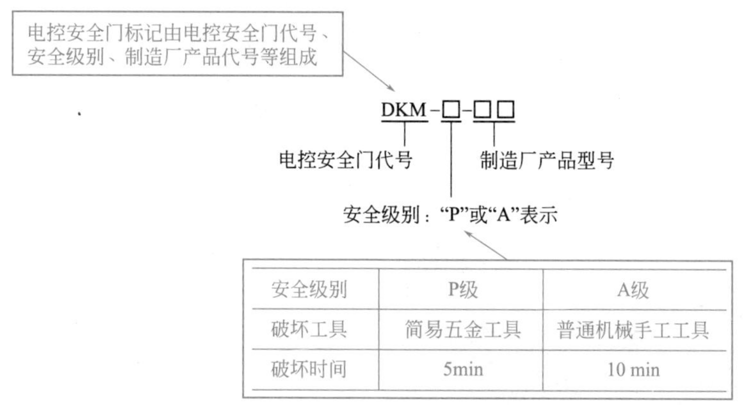

安全级别	P级	A级
破坏工具	简易五金工具	普通机械手工工具
破坏时间	5min	10 min

图 4-12　电控安全门标记的解释

4.3.3 家庭安全防范系统的基本要求

家庭安全防范系统的基本要求，往往是制图、用图时，必须遵循的支持知识。家庭安全防范系统的一些基本要求如下。

① 访客对讲系统，一般要求与监控中心主机联网。

② 紧急求助信号的响应时间，一般要求满足国家现行有关标准的要求。

③ 紧急求助信号，一般要求能报到监控中心。

④ 可在住户套内、户门、阳台、外窗等位置，选择性地安装入侵报警探测装置。

⑤ 每户，一般要求至少安装一处紧急求助报警装置。

⑥ 入侵报警系统，一般要求预留与小区安全管理系统的联网接口。

⑦ 室内分机，一般要求安装在起居室（厅）内。

⑧ 主机，一般要求安装在单元入口处防护门上或墙体内。

⑨ 主机与室内分机底边距地，一般要求为 1.3 ～ 1.5m。

4.3.4 设备实物

安全防范系统设备的实物特点解读如图 4-13 所示。

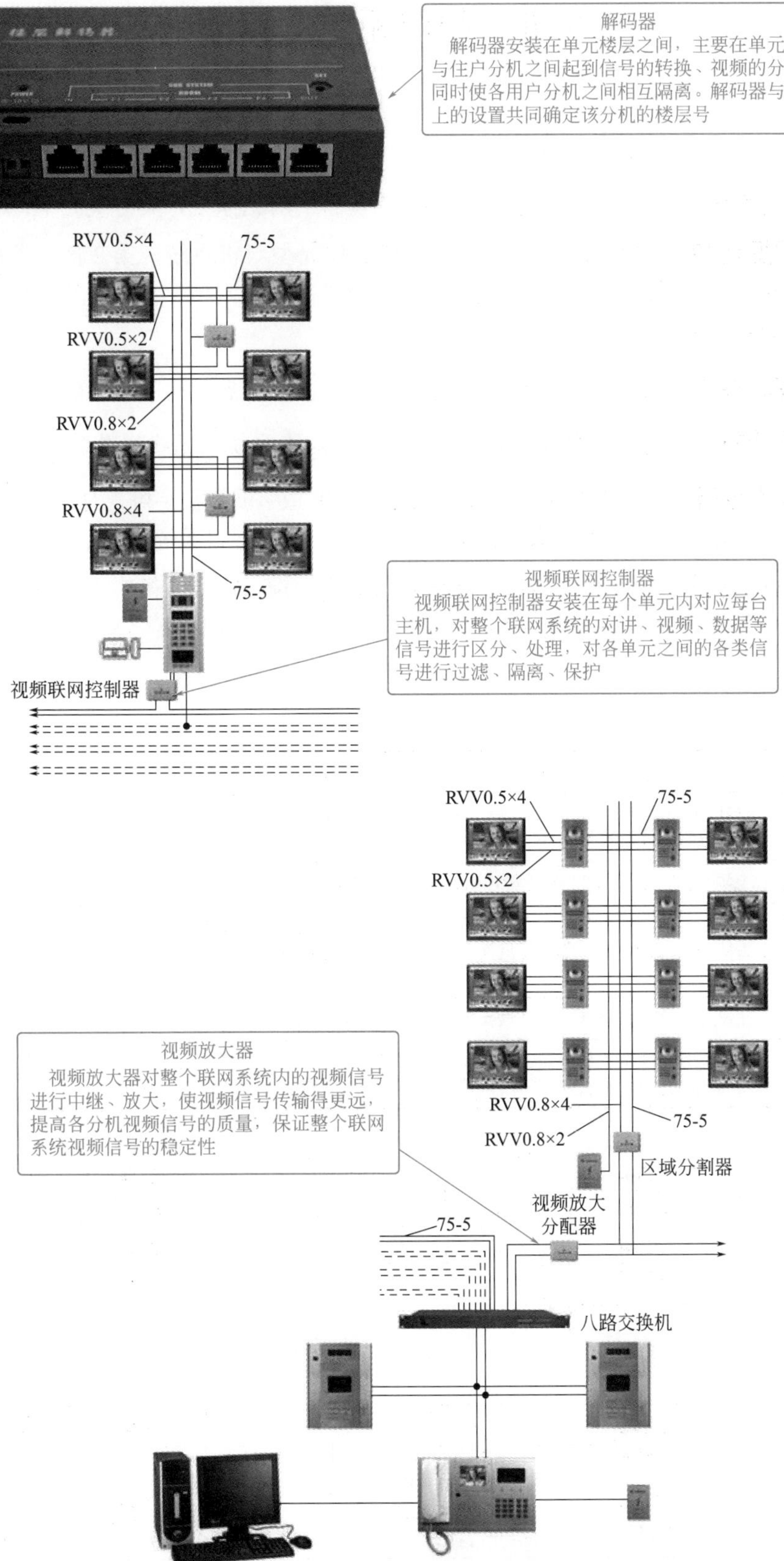

图 4-13　安全防范系统设备的实物特点解读

4.4 对讲防护门系统具体图的识读

4.4.1 访客对讲系统图的类型

访客对讲系统是居民住宅小区的住户与外来访客的对话系统，其分类如下。

（1）根据代数 第 1 代单户可视对讲系统、单元型对讲系统；第 2 代大型社区联网与综合性智能楼宇对讲系统；第 3 代多功能的可视对讲（局域网型）系统；第 4 代自由自在的可视对讲（因特网型）系统。

（2）基本性质 可分为可视对讲系统、非可视对讲系统。

（3）传输方式 可分为总线制对讲系统、网络对讲系统、无线对讲系统等。

（4）使用场所 可分为 IP 数字网络对讲系统、IP 数字网络楼宇可视对讲系统、医院对讲系统（医护对讲系统）、电梯对讲系统、学校对讲系统、银行对讲系统（银行窗口对讲机）等。

访客对讲系统主要由主机、分机、UPS 电源、电控锁、闭门器等组成，各组成部分的特点见表 4-7。有的访客对讲系统采用了隔离器，有的采用了隔离器 + 分配器的结构，如图 4-14 所示。

表 4-7 访客对讲系统各组成部分的特点

名称	解说
电控锁	电控锁的内部结构主要由电磁机构组成。用户只要按下分机上的电锁键就能够使电磁线圈通电，从而使电磁机构带动连杆动作
电源	电源有的需要引入 220V 电源，有的采用了 UPS 电源
分机	分机是一种对讲话机，主要方便住户与来访者对讲交谈，一般是与主机进行对讲。现在有的访客对讲系统与主机配合成一套内部电话系统，可以完成系统内用户的电话联系。分机可以分为可视分机、非可视分机等种类
主机	主机是访客对讲系统的控制核心部分，每一户分机的传输信号、电锁控制信号等均通过主机的控制
闭门器	闭门器是门头上类似弹簧的液压器。当门开启后，闭门器能够通过压缩后释放，将门自动关上。采用闭门器的意义，不仅在于将门自动关闭，还能起到保护门框与门体等作用

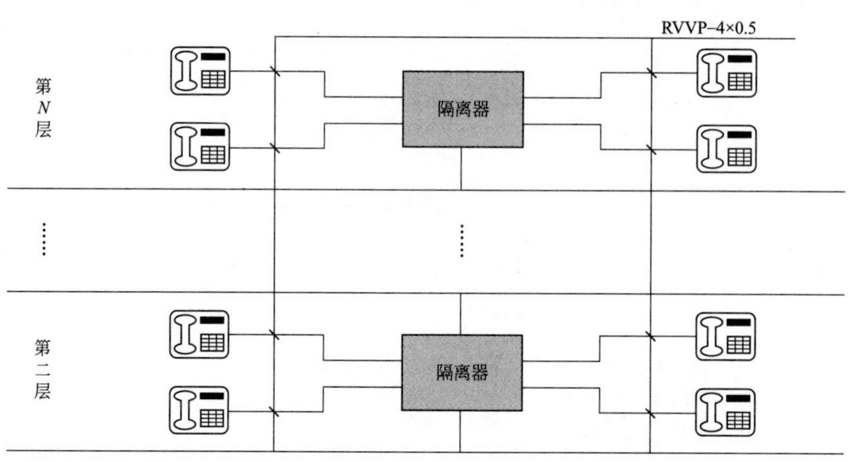

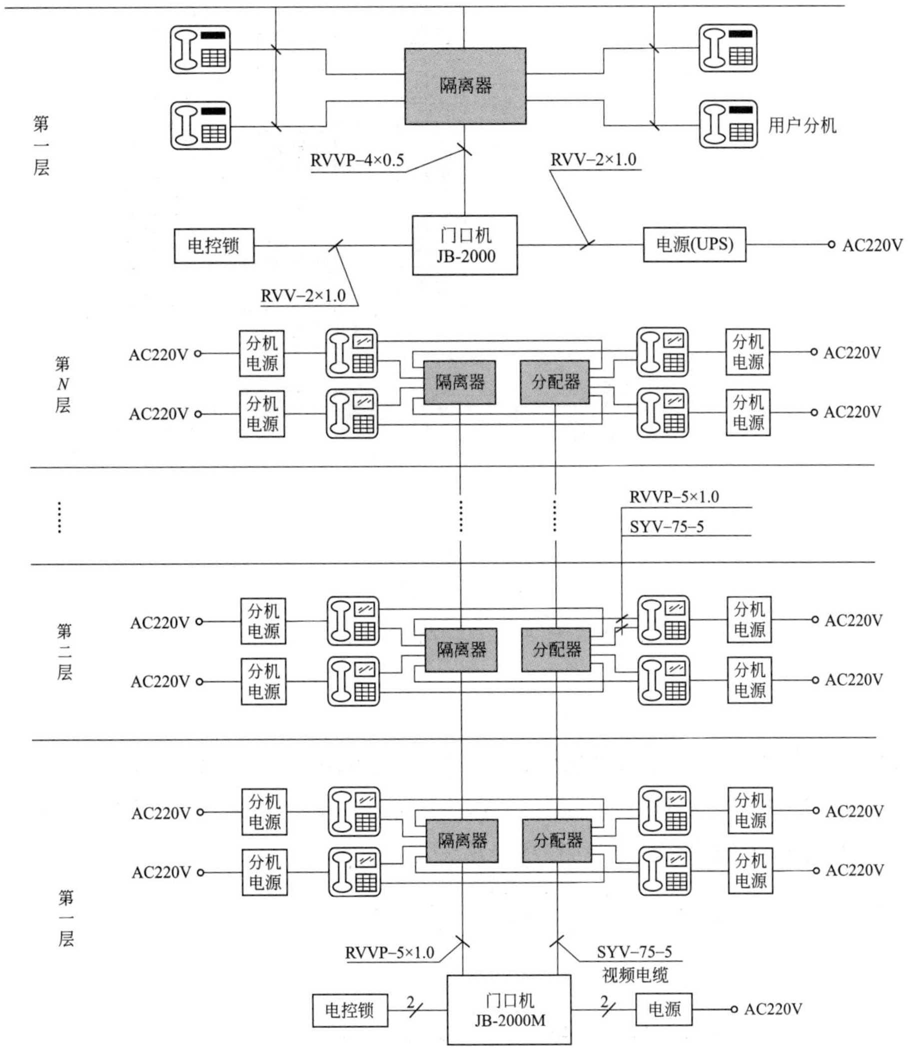

图 4-14　访客对讲系统

分析具体的访客对讲系统图时，可以在掌握基本的访客对讲系统知识的基础上进行灵活识读。基本的访客对讲系统识读图解如图 4-15 所示。

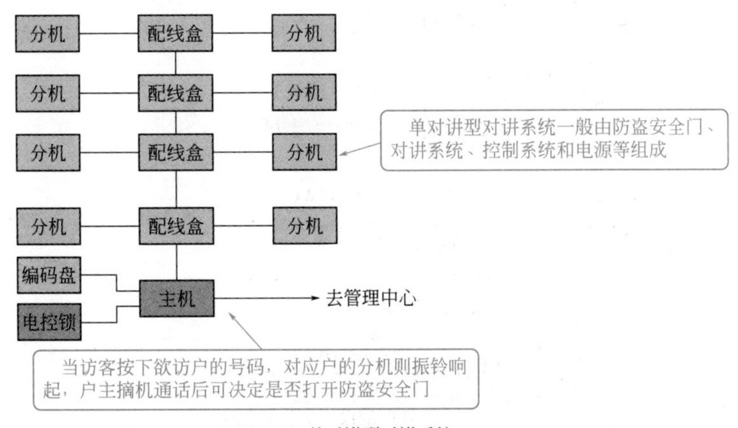

(a) 单对讲型对讲系统

图 4-15

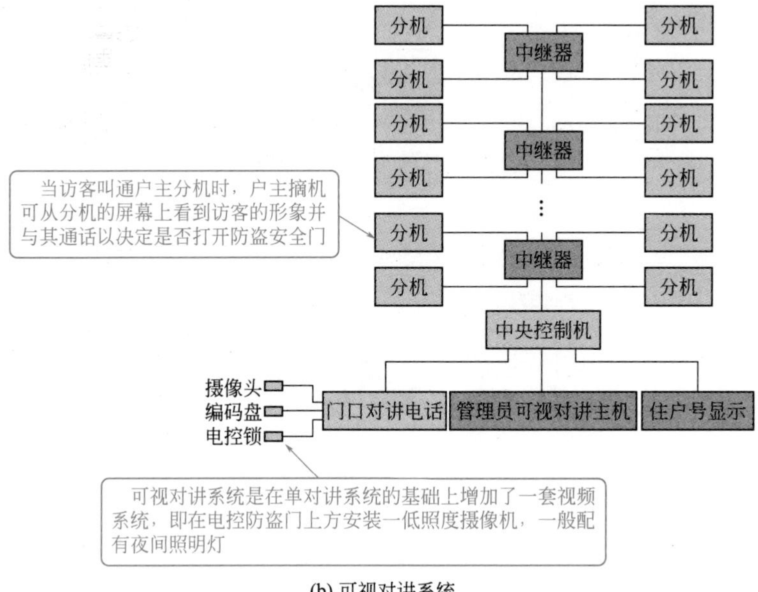

(b) 可视对讲系统

图 4-15　基本的访客对讲系统识读图解

4.4.2　对讲防护门系统图的识读

对讲防护门系统图的识读图解如图 4-16 所示。从图中可以看出该图线路的敷设、设备的安装要求，采用的是 DH 型对讲防护门系统。该系统为保证电源中断后仍可正常工作，采用不间断电源 UPS。UPS 的电源引自设于一层的七电表箱。

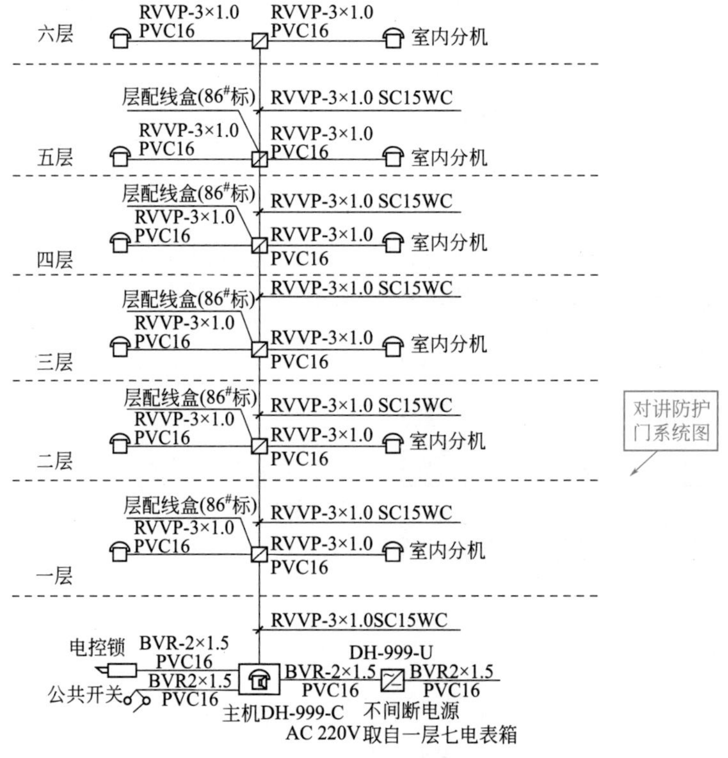

图 4-16　对讲防护门系统图的识读图解

4.4.3　楼宇可视对讲系统图的识读

楼宇可视对讲系统图可以采用节点法来识读。其识图图解如图 4-17 所示。

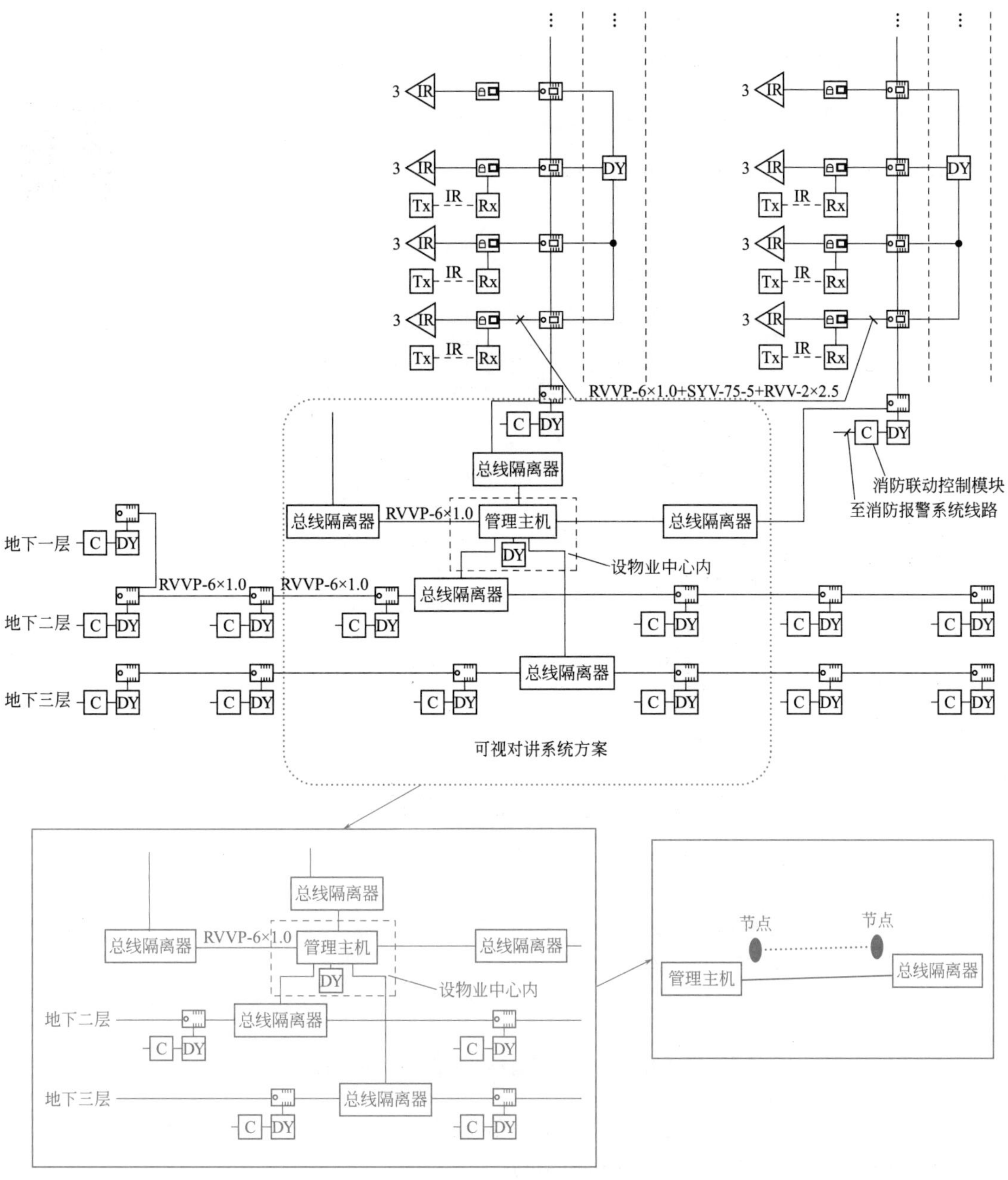

图 4-17　楼宇可视对讲系统图的识图图解

图例管理主机的引出线的识读：可以把管理主机作为节点，其他总线隔离器作为节点，则两节点的连线就是管理主机节点与总线隔离器节点的“识别需要掌握的信息”。

管理主机节点与总线隔离器节点连线上的 RVVP-6×1.0 是两节点的连线所采用的导线，也就是管理主机节点与总线隔离器节点的系统总线采用屏蔽线 RVVP-6×1.0 进行连接。

从图上可以读出，管理主机节点与总线隔离器节点共有 5 条总线连接，分别实现各单元、地下各层的连接。总线隔离器节点所处部位，就是管理主机节点与总线隔离器节点的实际线路布局信息。

总线隔离器的作用是将各路总线进行隔离。

楼宇可视对讲系统图其他节点的识读不再赘述。

4.4.4 楼宇可视对讲平面图的识读

楼宇可视对讲平面图的识读

楼宇可视对讲平面图的识图图解如图 4-18 所示。

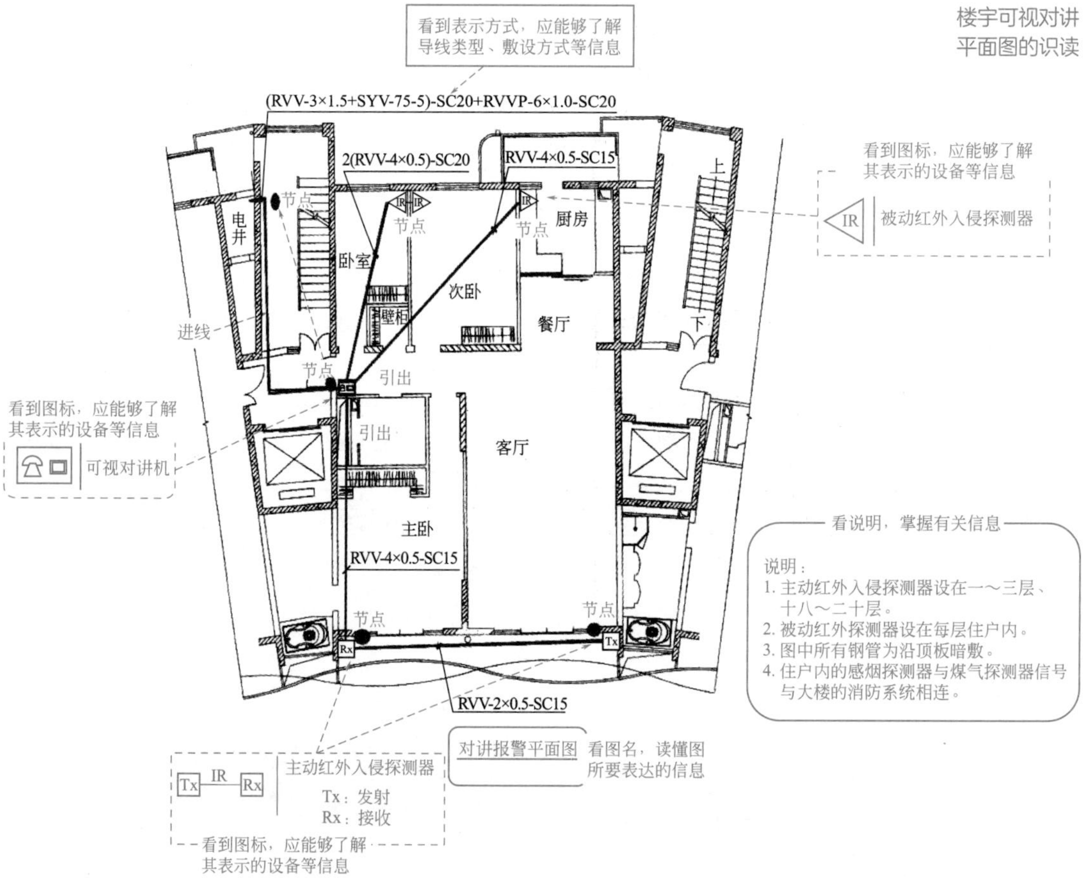

图 4-18　楼宇可视对讲平面图的识图图解

电井节点——是楼宇可视对讲总线入单元节点。

单元入口节点——是单元可视对讲机节点。

电井节点与单元入口节点间有线连接，说明单元楼宇可视对讲总线入单元节点通过(RVV-3×1.5+SYV-75-5)-SC20+RVVP-6×1.0-SC20 连接。SYV-75-5 为视频线，RVVP-6×1.0 为总线。

卧室节点——是探测器节点。

单元入口节点与卧室节点间有线连接，说明单元入口节点与卧室节点通过 2（RVV-4×0.5）-SC20 沿顶棚钢管暗敷设连接。

次卧室节点——是探测器节点。

单元入口节点与次卧室节点间有线连接，说明单元入口节点与次卧室节点通过 RVV-4×0.5-SC15 沿顶棚钢管暗敷设连接。

主卧室、客厅节点——是主动红外线探测器发射节点、接收节点。

单元入口节点与主动红外线探测器发射节点，经过主卧室，采用 RVV-4×0.5-SC15 沿顶棚钢管暗敷设连接。

主动红外线探测器发射节点与接收节点，采用 RVV-2×0.5-SC15 沿顶棚钢管暗敷设连接。

第5章 广播音频与视频显示系统的识图

5.1 广播音频与视频显示系统基础知识

5.1.1 电子会议系统有关术语解释

电子会议系统是通过自动控制、音频、多媒体等技术来实现会议自动化管理的电子系统。

电子会议系统有关术语解释见表 5-1。电子会议系统包括会议讨论、会议同声传译、会议扩声、会议显示、会议表决、会场出入口签到管理、会议摄像、会议录播、集中控制等系统。

表 5–1　电子会议系统有关术语解释

名称	术语解释
编码器	是将信号、数据编制、转换为可用于通信、传输、存储的设备
解码器	是为了恢复原始信号对编码数字序列进行逆处理的解码设备
菊花链式会议讨论系统	各会议单元以“菊花链”连接方式通过一根信号电缆连接到会议系统控制主机的会议讨论系统
声反馈	扩音系统中，音箱发出的部分声能反馈到传声器的效应
声干扰	建筑声环境引起的各种回声、机械振动声等声缺陷
响度	是听觉判断声音强弱的属性
星形式会议讨论系统	由各传声器以“星形”连接方式连接到传声器控制装置组成的会议讨论系统

5.1.2 扩音系统有关术语解释

扩音系统有关术语解释是读懂图纸最基础的知识，具体术语解释见表 5-2。

5.1.3 红外线同声传译系统有关术语解释

红外线同声传译系统有关术语解释见表 5-3。

表 5-2 扩声系统有关术语解释

名称	术语解释
工艺接地	是用来防止外来电磁场干扰的专用地线系统
功放机房	是放置扩音系统功率放大器的技术用房
节目源标准样品	是为扩音系统、电声产品声音质量主观评价而专门编辑、制作，以及经国家标准化管理机构批准的节目源标准样件
扩声控制室	是操作、控制扩音系统设备的技术用房
扩声系统	是将声信号转换为电信号，以及经放大、处理、传输，再转换为声信号还原于所服务的声场环境的系统

表 5-3 红外线同声传译系统有关术语解释

名称	术语解释
差分四相相移键控	是把要传输的基带信号先进行差分编码，再用载波的 4 种不同相位来表征输入数字信息的相位调制方式
串音衰减	是主串信号功率与主串信号经串音路径到达被串通道输出端功率的比值
调频	是载波的频率随调制信号的瞬时值成比例变化的调制方式
调制	是用一个信号（调制波）去控制一个电振荡（载波）参量的过程
翻译单元	是为翻译员提供收听、发言控制，以及相应指示的设备
副载波	用第一次调制所得的已调波作调制波，对第二个载波进行调制，第一次被调制的载波称为副载波
红外发射主机	是将音频信号调制到系统规定的载波上，并发射出去的装置
红外辐射单元	是将红外发射主机提供的音频调制信号转换成红外信号的装置
红外功率密度	为红外辐射功率与所辐射区域面积之比，单位为 mW/cm^2
红外接收单元	是接收红外信号，以及对接收到的红外信号进行解调，还原原始音频信号的装置
红外线	是波长为 0.75 ～ 1000 μm 的电磁波
红外线同声传译系统	是利用红外线进行声音信号传输，把发言者的原声、译音语言传送给接收单元的声音处理系统
计权信号噪声比	根据人耳对于不同频率声音的灵敏度差异，把电信号修正为与听感近似值后，测量得出的信号噪声比
模拟红外线同声传译系统	是采用模拟调制技术的红外线同声传译系统
数字红外线同声传译系统	是采用数字编码、数字调制（DQPSK 调制）技术的红外线同声传译系统
同声传译室	是经声学专业设计，供翻译员进行同声传译工作的专用房间
信号噪声比	是信号与噪声强度的比值
音频频率响应	是音频信号增益与频率的关系
总谐波失真	是音频信号经过系统时，由于系统的非线性产生一系列谐波而导致的信号失真

5.1.4 会议系统的类型

会议系统的类型发展如图 5-1 所示。从覆盖区域角度来看，会议系统分为局部会议系统、远程会议系统。从技术角度来看，会议系统分为全模拟技术会议系统、模拟音频 + 数字控制技术会议系统、全数字技术会议系统等。另外，无线化会议系统、网络化会议系统、无纸化会议系统越来越得到广泛应用。

不同类型的会议系统，其设备、功能等存在差异，读图时，需要掌握的信息也会有一些差异。

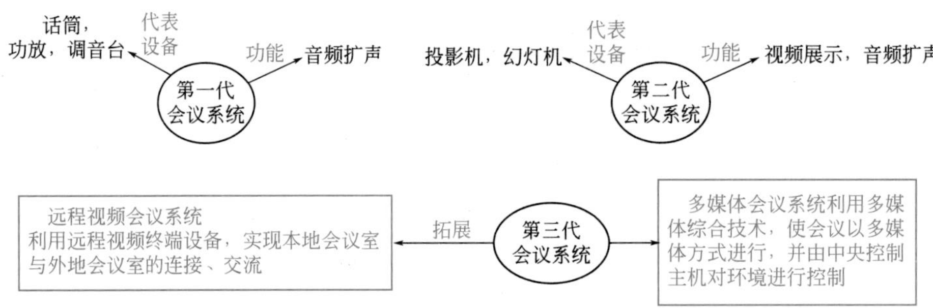

图 5-1　会议系统的类型发展

5.1.5　广播音响系统的类型与特点

广播音响系统的类型与特点如图 5-2 所示。掌握广播音响系统的类型与特点，以便读图时明确各类型广播音响系统的特点与要求，掌握各类型图的读图技巧。

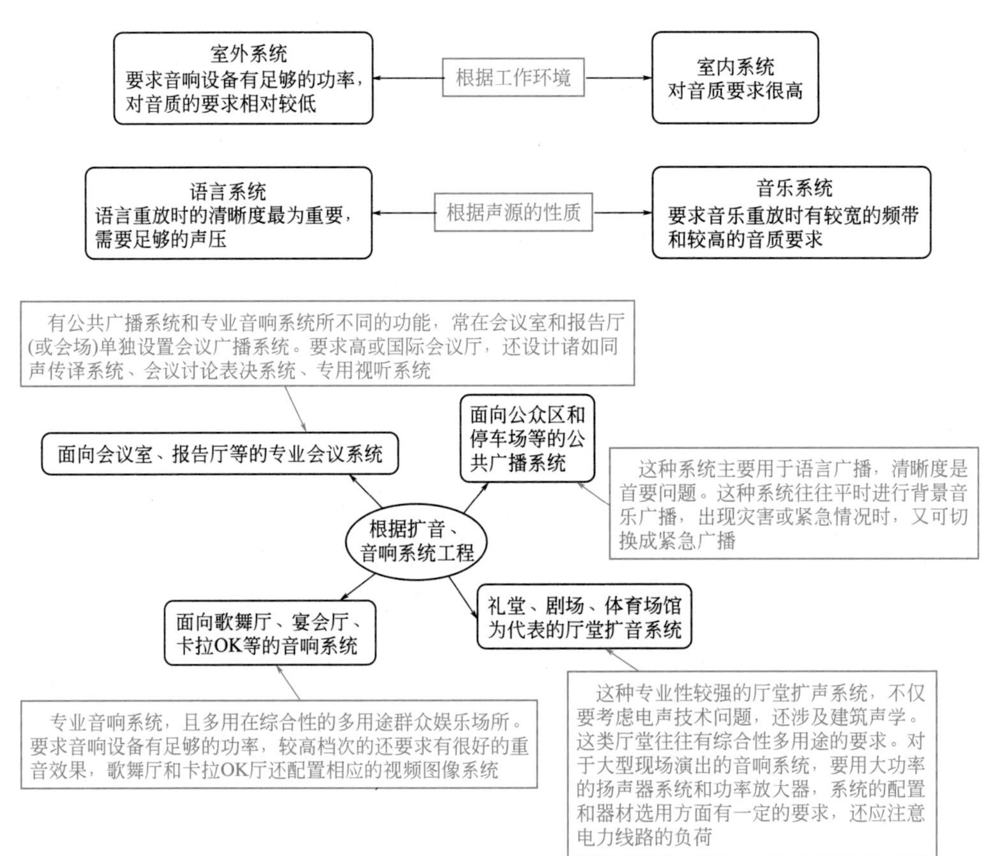

图 5-2　广播音响系统的类型与特点

5.1.6　扩音系统的特点与类型

扩音系统的基本特点就是扩大音、扩散音。扩大音就是放大音，也就是把原声进行放大。扩散音就是把声音分散到各处，满足不同区域的收听。

扩音系统的基本特点如图 5-3 所示。扩音系统的三大设备：节目源设备、信号放大与处理设备、扬声器系统。扩音系统的三大设备间的联系用传输线。识读扩音系统就是识读扩音系统的三大设备与其传输线间的关系、特点、功能。识读方框图时，三大设备可以设定为节点，三大设备间的联系可以设定为线路，然后分析节点与节点间的连线，即可掌握方框图的逻辑功能等信息。

对于无线扩音系统则会涉及无线发射机与无线接收机。

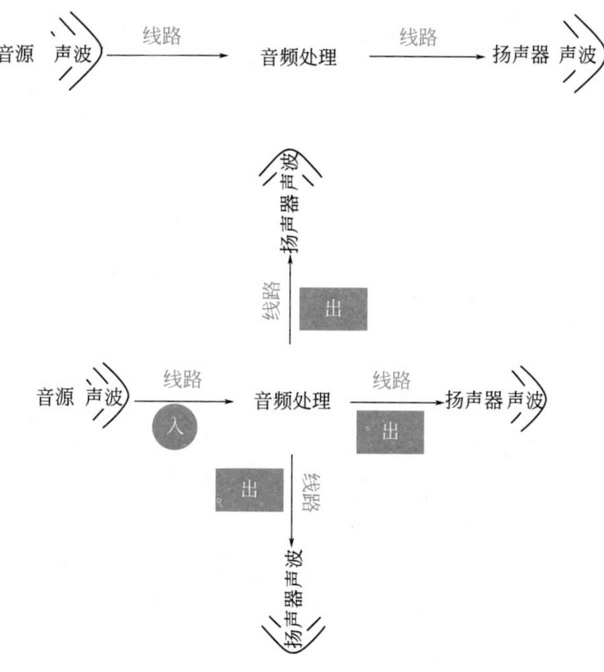

图 5-3　扩音系统的基本特点

扩音系统的类型如图 5-4 所示。

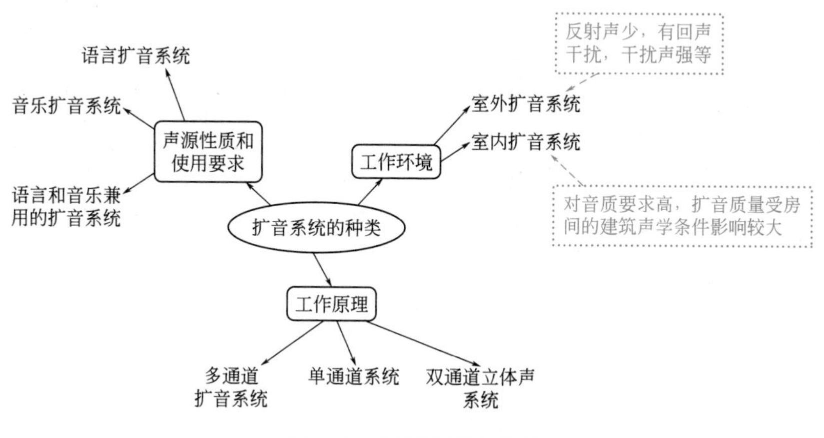

图 5-4　扩音系统的类型

5.1.7 广播扩音系统的基本组成

实际的广播扩音系统图，往往是在基本的广播扩音系统上进行变化的。对不同的实际广播扩音系统图进行简化处理，往往能够处理成广播扩音系统的基本组成形式。如此可见，掌握弱电各系统基本组成，可以为识读实际图纸打下必要的基础。

广播扩音系统的基本组成如图 5-5 所示。

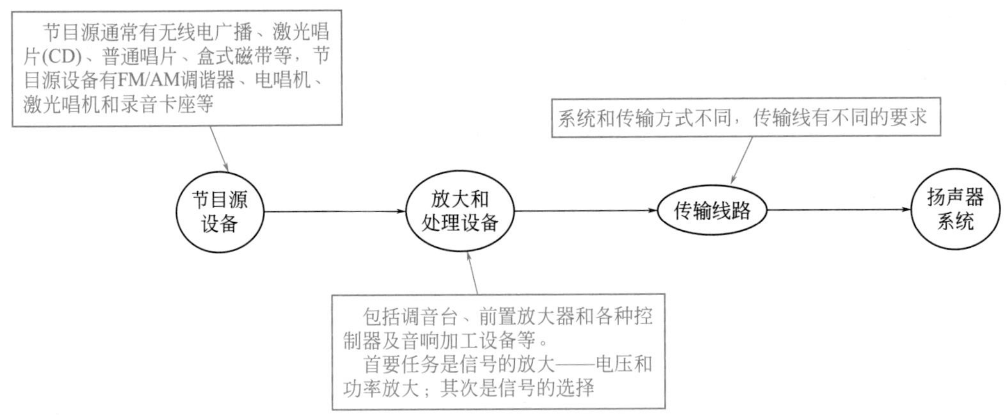

图 5-5　广播扩音系统的基本组成

5.1.8 常见的广播扩音系统类型

常见的广播扩音系统类型如图 5-6 所示。掌握常见的广播扩音系统类型的基本结构特点，有利于分析各类型的广播扩音系统的工作原理、所采用的元器件、连线特点、有关要求等基础知识，从而为识读实际图纸打下基础。

识读比较复杂的实际图纸时，可以将图纸简化成基本结构的各组成部分，然后根据基本结构进行有关分析，从而达到读懂比较复杂的实际图纸的目的。

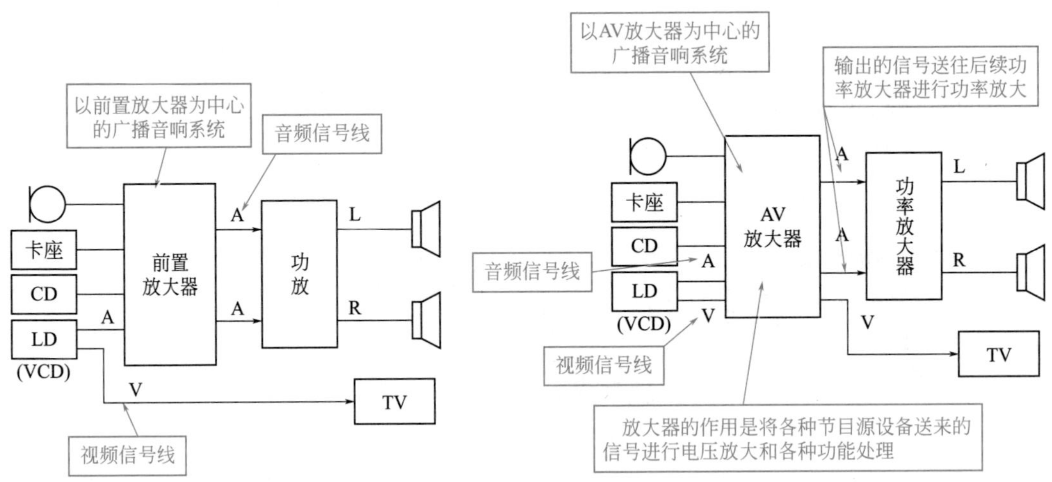

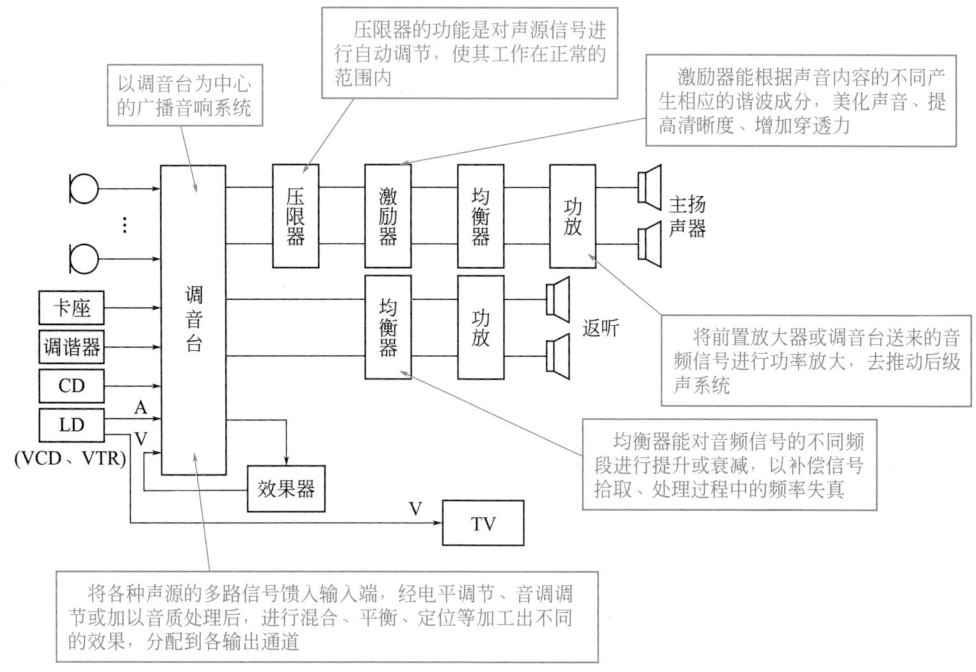

图 5-6　常见的广播扩音系统类型

5.1.9　不同扬声器允许的最大距离

不同扬声器允许的最大距离见表 5-4。

表 5-4　不同扬声器允许的最大距离

缆线规格			不同扬声器总功率允许的最大距离 /m			
二线制	三线制	四线制	240W	120W	60W	30W
2×0.5mm^2	3×0.5mm^2	4×0.5mm^2	50	100	200	400
2×0.75mm^2	3×0.75mm^2	4×0.75mm^2	75	150	300	600
2×1.0mm^2	3×1.0mm^2	4×1.0mm^2	100	200	400	800
2×1.5mm^2	3×1.5mm^2	4×1.5mm^2	125	250	500	1000
2×2.0mm^2	3×2.0mm^2	4×2.0mm^2	150	300	600	1200

5.1.10　同声传译系统的类型

同声传译系统的类型如图 5-7 所示。掌握不同类型的基本结构特点，有利于分析各类型的同声传译系统的工作原理、所采用的元器件、连线特点、有关要求等基础知识，从而为识读实际图纸打下基础。

5.1.11　视频显示系统的类型

视频显示系统的类型如图 5-8 所示。掌握不同类型的基本结构特点，有利于分析各类型的视频显示系统的工作原理、所采用的元器件、连线特点、有关要求等基础知识，从而为识读实际图纸打下基础。

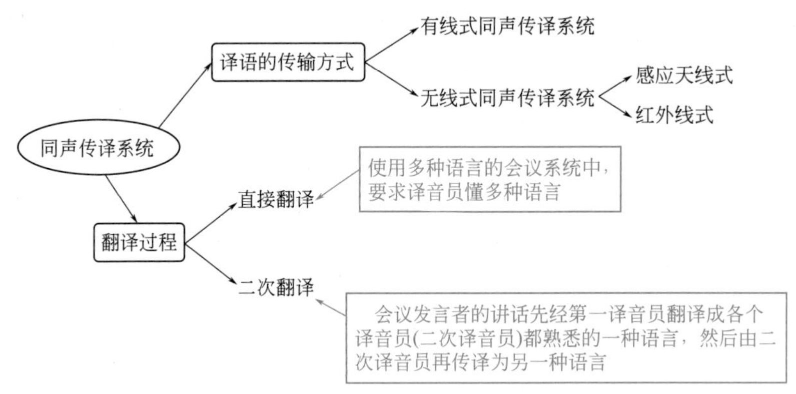

图 5-7　同声传译系统的类型

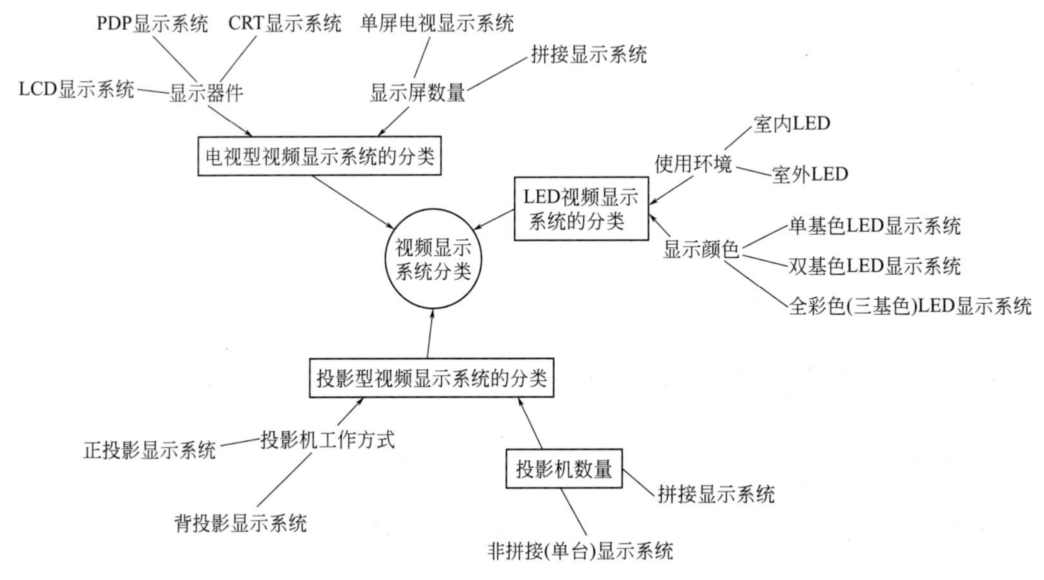

图 5-8　视频显示系统的类型

5.1.12　元器件、设备图形符号及图例

广播音频与视频显示系统工程图上往往通过图形符号（图例）来表示工程实物。识图时，看到图上的图形符号（图例），应能够想到其代表的含义。

广播音频与视频显示系统元器件、设备图形符号（图例）与其支持信息识读图解如图 5-9 所示。对于看到图形符号（图例）想到其代表的含义，既涉及一些支持信息，也涉及识图时的图物互转互联。

5.1.13　设备功能

掌握广播音频与视频显示系统的设备功能，可以在识图时派上用场。常见广播音频与视频显示系统的设备功能如图 5-10 所示。

掌握广播音频与视频显示系统的设备功能及应用，如图 5-11 所示。

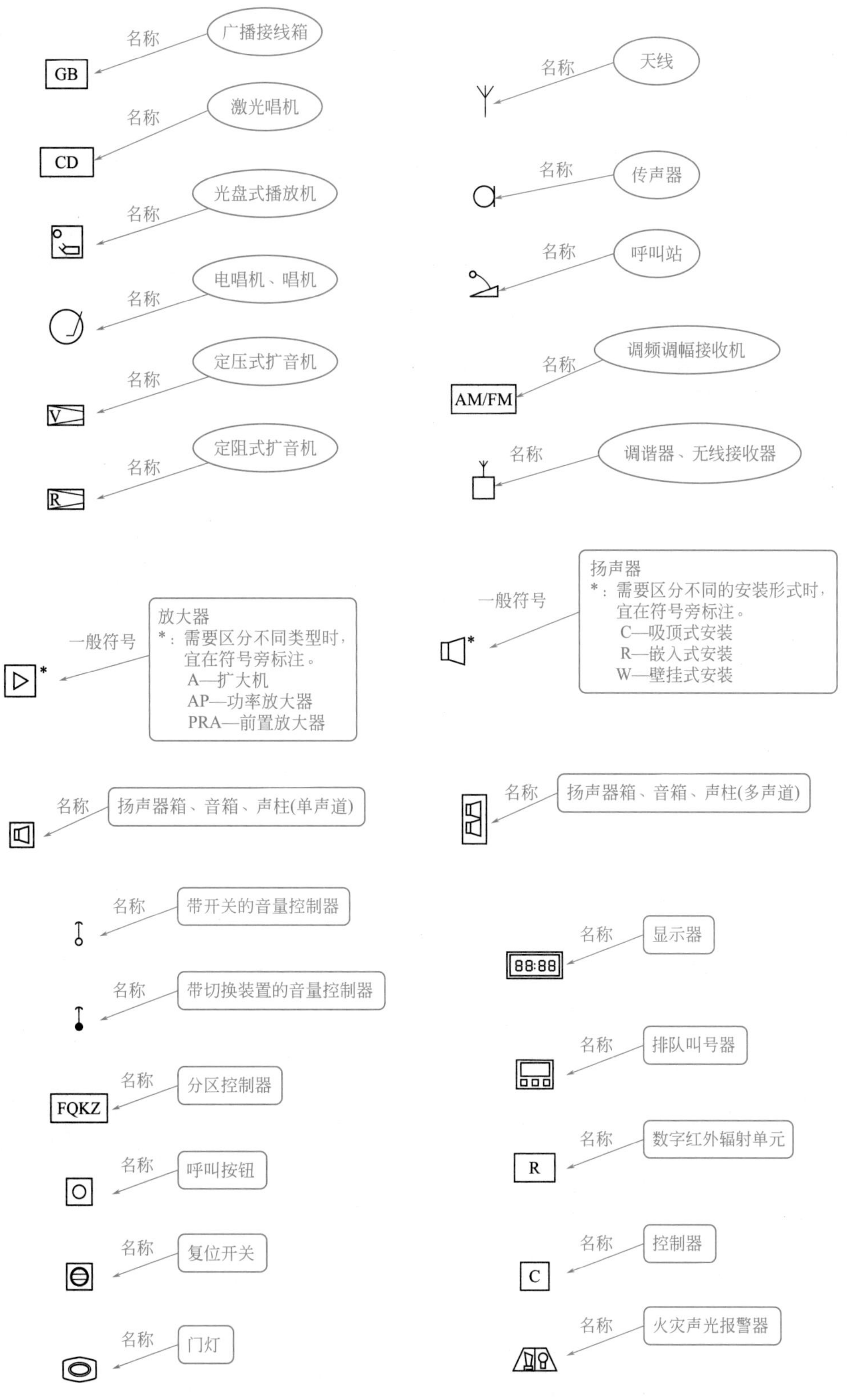

图 5-9　元器件、设备图形符号（图例）与其支持信息识读图解

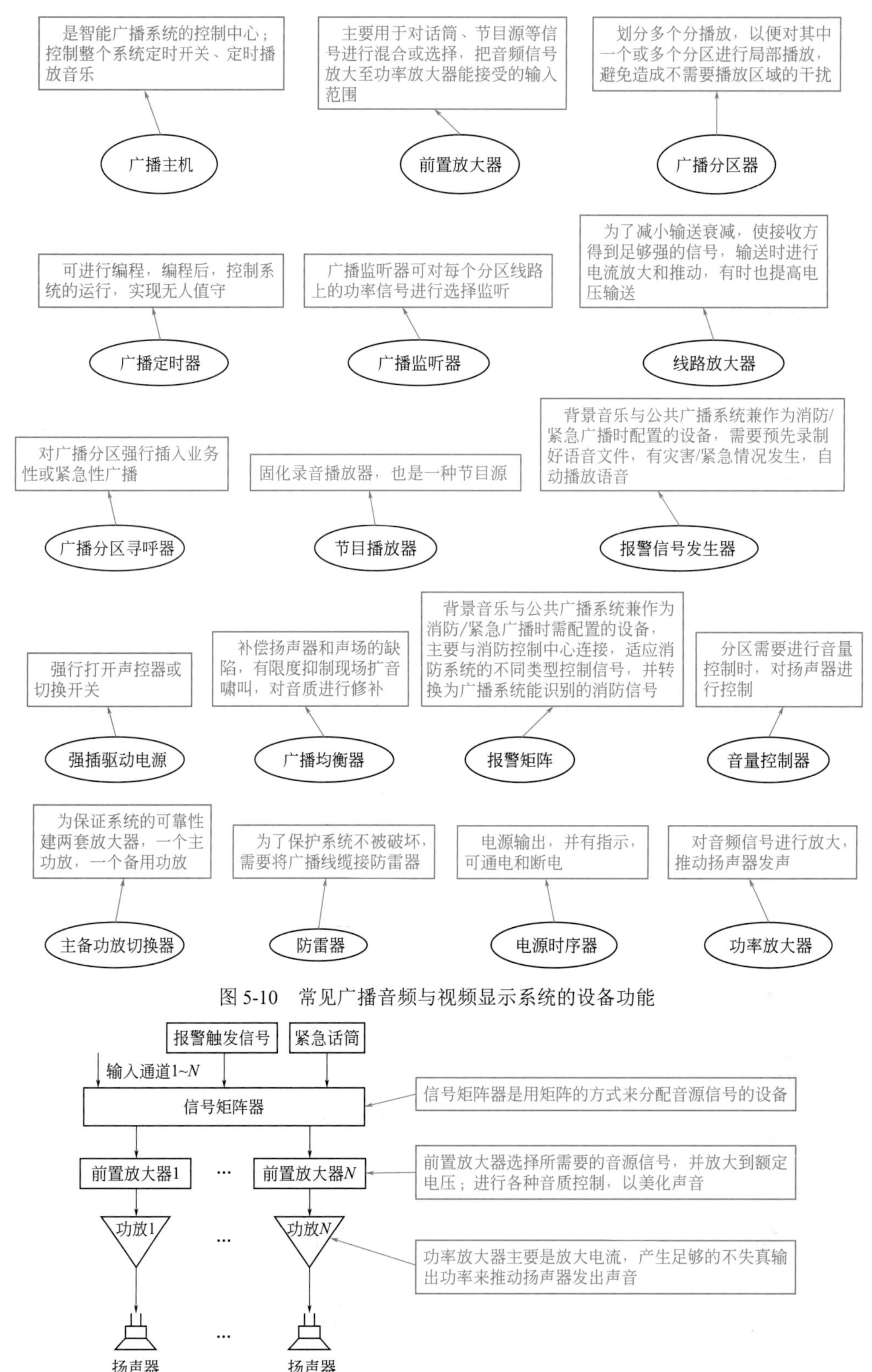

图 5-10　常见广播音频与视频显示系统的设备功能

(a) 信号矩阵器应用框图

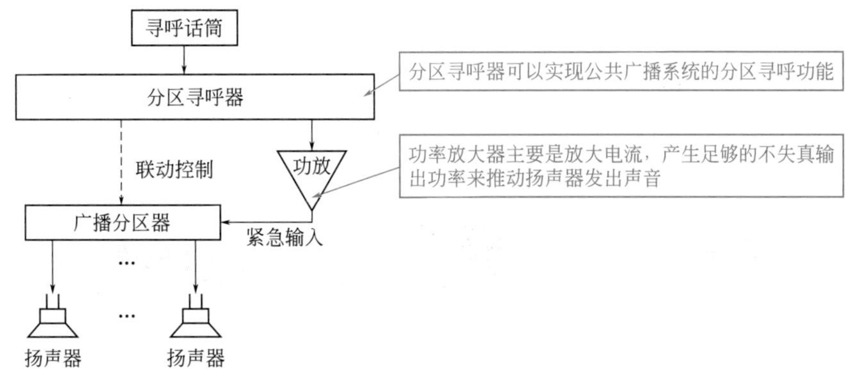

(b) 分区寻呼器应用框图

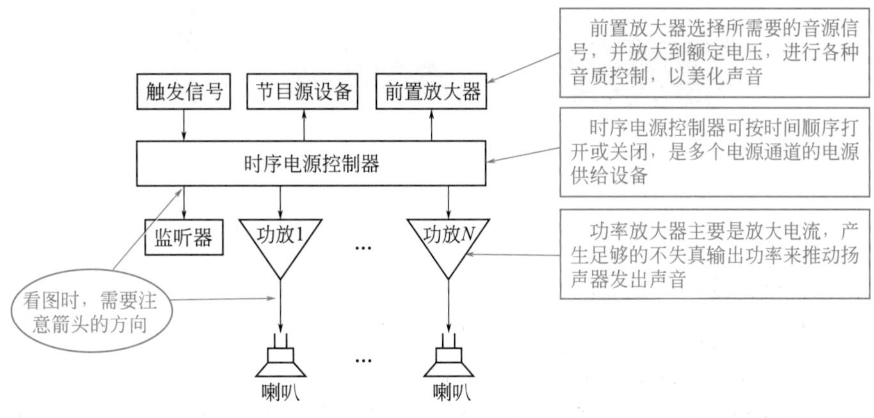

(c) 时序电源控制器应用框图

图 5-11 广播音频与视频显示系统的设备功能及应用

5.1.14 设备实物

广播音频与视频显示系统设备的实物如图 5-12 所示。

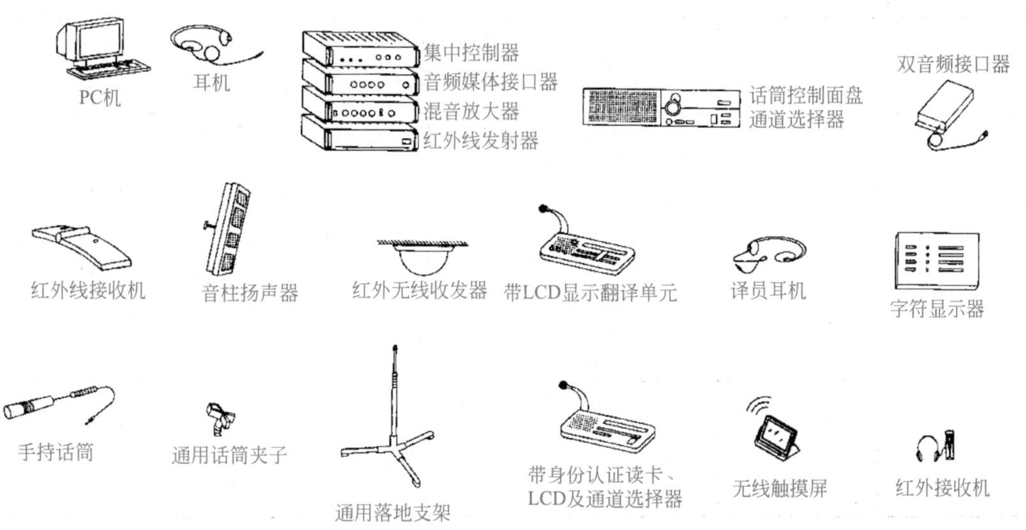

图 5-12

图 5-12　广播音频与视频显示系统设备实物

5.1.15　会议讨论系统安装要求

对于一些会议讨论系统安装图的识读，除了考虑图上有关信息外（看图上直接呈现的信息），有的信息还需要通过学习有关资料掌握（想图上"背后"隐含的或者遵循的支持信息），然后结合安装图进行实际施工（会图物互转互联）。

会议讨论系统安装要求见表 5-5。会议讨论系统设备的安装包括有线会议讨论系统设备的安装、无线会议讨论系统设备的安装。其中，无线会议讨论系统设备安装一般包括无线会议单元、控制主机、信号收发器、系统管理软件等的安装。有线会议讨论系统设备安装一般包括有线会议单元、控制主机、系统管理软件等的安装。

表 5-5　会议讨论系统安装要求

名称		要求
控制室设备		（1）控制室设备可能包括会议系统控制主机、自动混音台、媒体矩阵等。 （2）所有控制室设备要根据有关要求布局，安装要牢固可靠。 （3）机柜或操作台内线缆一般应绑扎成束，排列整齐，并且留有余量
无线会议单元	红外线会议讨论系统	（1）红外线信号收发器的安装位置一般要避免墙壁、柱子、其他障碍物对信号的发射与接收形成的遮挡。 （2）同一会场内的各个红外线信号收发器到会议控制主机间的线缆长度一般应等长。 （3）各红外线信号收发器到会议控制主机间的线缆长度一般不应超过设备的规定长度。如果与电力线缆平行敷设时，其间距一般应大于或等于 0.3m
	射频会议讨论系统	（1）一般应确保会场附近没有与本系统相同或相近频段的射频设备工作。 （2）射频会议单元与射频信号收发器的安装位置周围一般应避免有大面积金属物品与电器设备的干扰
	信号收发器	（1）信号收发器的供电电压要稳定。 （2）信号收发器安装的高度与方向要符合图纸等有关要求，不应有接收盲区
	信号收发器	信号收发器进行初步安装后，一般应通电检测各项功能，音频接收质量要符合有关要求，并且固定要牢固可靠

续表

名称		要求
有线会议单元	菊花链式会议讨论系统	（1）会议单元间线缆要安装牢固可靠。 （2）每路线缆连接的会议单元总功耗、延长线功率损耗之和要符合有关设计、图纸要求。 （3）单条延长线缆长度要小于设备的规定长度。如果超过规定长度，则应在规定长度内设置中继器
	嵌入式会议单元	（1）应根据有关图纸、资料掌握安装具体开孔位置、尺寸、深度、走线方式等。 （2）应根据图纸、资料提供的桌面、座椅后背或扶手具体情况，掌握有关具体安装要求
	星形会议讨论系统	星形会议讨论系统中，一般应采用屏蔽线缆连接传声器与控制处理装置
	移动式安装	移动式安装的有线会议单元间连接线缆长度一般要留有一定余量，需要做好线缆的固定

5.1.16　会议同声传译系统安装要求

会议同声传译系统安装有关要求见表 5-6。其中，会议同声传译系统设备的安装包括有线会议同声传译系统设备、红外线会议同声传译系统设备的安装。红外线同声传译系统设备的安装一般包括翻译单元、红外发射主机、红外辐射单元、红外接收单元、耳机等安装。有线会议同声传译系统设备的安装一般包括翻译单元、会议系统控制主机、通道选择器、耳机等的安装。

表 5-6　会议同声传译系统安装有关要求

名称	要求
红外线同声传译系统——红外辐射单元	（1）红外辐射单元一般应避免阳光直射。 （2）红外辐射单元一般应远离照明设备。 （3）安装壁挂式红外辐射单元时，一般应先在墙壁上进行定位，然后将安装支架固定在墙壁上。安装固定要牢固可靠。 （4）安装吸顶式红外辐射单元时，一般应先在天花板上进行定位，然后将安装支架固定在天花板上。 （5）红外辐射单元的光辐射面不应有损伤，并且安装固定要牢固。 （6）红外辐射单元一般应避免墙壁、柱子、其他障碍物形成对红外线的遮挡。 （7）红外辐射单元一般宜使每个红外接收单元与一个以上辐射单元通信。 （8）红外辐射单元一般应充分利用房间的高度，安装在代表座位上方的天花板或支撑结构上。固定要牢固可靠
有线会议同声传译系统——翻译单元	（1）翻译单元的安装要符合图纸、设计等有关要求。 （2）翻译单元一般放置于同声传译室内操作台面上，并且安装要稳定可靠，以及易于翻译员现场操作
有线会议同声传译系统——同声传译室的设备	（1）翻译员要清楚地看到主席台、观众席的主要部分，以及宜看清发言人的口型、节奏变化、发言者使用会议显示设备显示的内容。 （2）同声传译室外一般应设置译音工作指示信号。 （3）同声传译室内的背景噪声、隔声量一般要符合现行国家标准《红外线同声传译系统工程技术规范》等有关规定。 （4）同声传译室的空调设施消声处理要符合图纸、设计等有关要求 （5）固定式同声传译室的观察窗一般采用双层中空玻璃隔声窗。 （6）同声传译室与机房间一般应设有联络信号

5.2 具体图的识读

5.2.1 公共广播系统图的识读

公共广播系统属于扩声音响系统中的一个分支。扩声音响系统又叫作专业音响系统。广播系统的分类如图 5-13 所示。

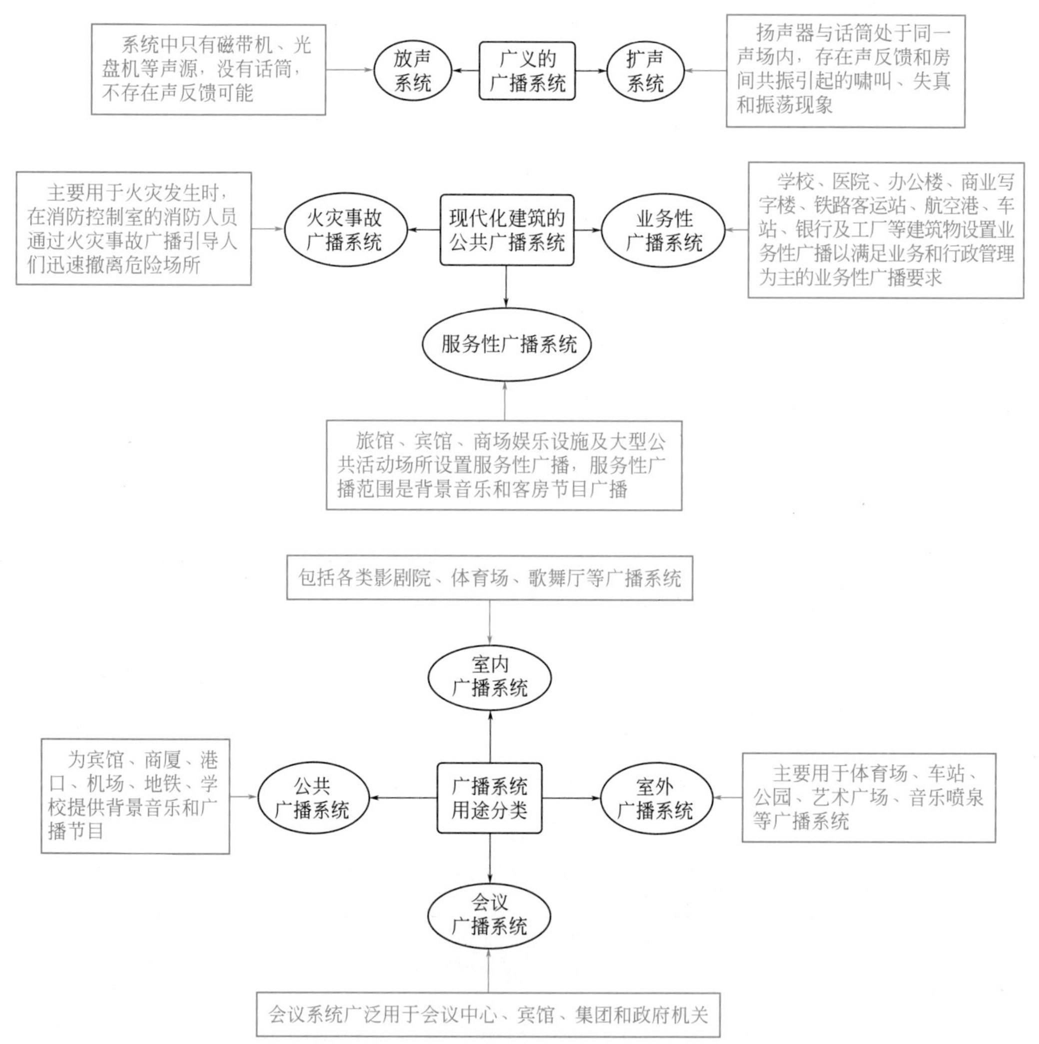

图 5-13 广播系统的分类

不管是哪一种公共广播系统，基本结构部分为：节目设备、信号的放大处理设备、传输线路、扬声器系统、电源系统。因此，识读公共广播系统图时，也就是掌握这些基本结构节点，以及它们（节点）之间的联系。

公共广播系统图图例如图 5-14 所示。如果是粗略识读、整体识读，可以在图上标注出公共广播音响系统基本结构，如图 5-15 所示，然后根据基本结构掌握其有关联系。如果是具体识读，可以采用节点法进行，对于有箭头的连线，箭头表示信号的走向。

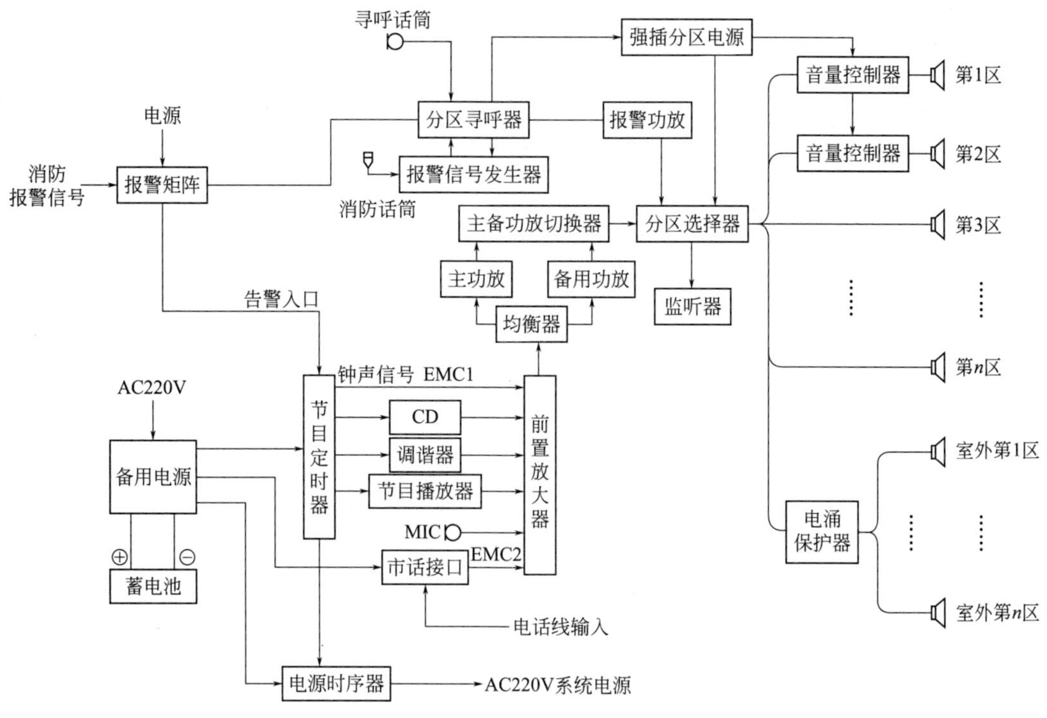

图 5-14　公共广播系统图图例

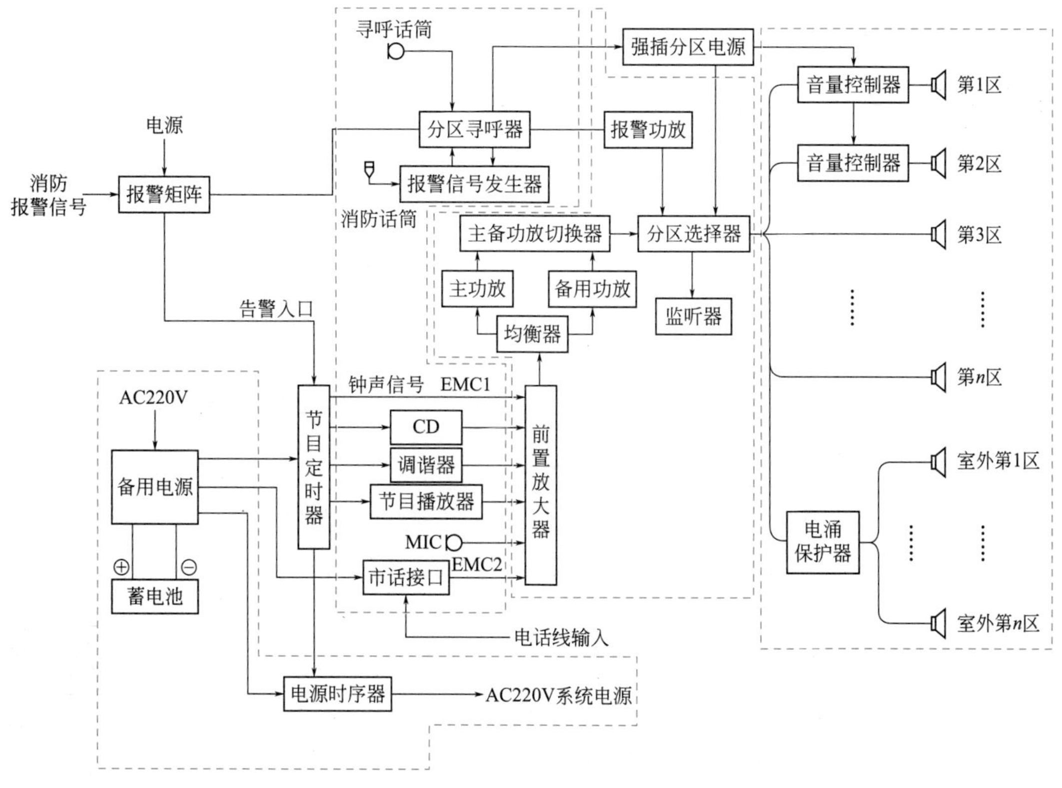

图 5-15　公共广播音响系统图标注基本结构

5.2.2 广播二线制接线图的识读

广播二线制接线图的识读图解如图 5-16 所示。广播二线制接线图的二线就是功放节点到扬声器节点间的连线有 2 根，分别是公共广播线与公共线。

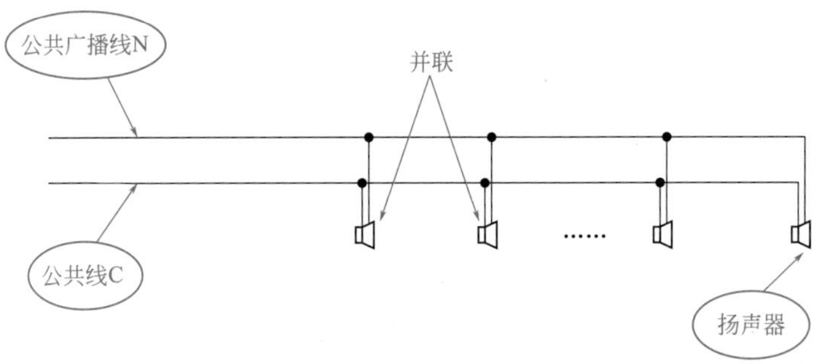

图 5-16 广播二线制接线图的识读图解

带音量控制器的广播二线制接线图的识读图解如图 5-17 所示。带音量控制器的广播二线制接线图就是功放节点与扬声器节点间具有音量控制器。广播连线依旧是 2 根，分别是公共广播线与公共线。

带音量控制器的广播二线制接线图主要节点间的联系如下：

（1）功放 C 节点与音量控制器 C 节点相连；

（2）功放 N 节点与音量控制器 N 节点相连；

（3）音量控制器 C 节点与扬声器 C 节点相连；

（4）音量控制器 SP 节点与扬声器 SP 节点相连。

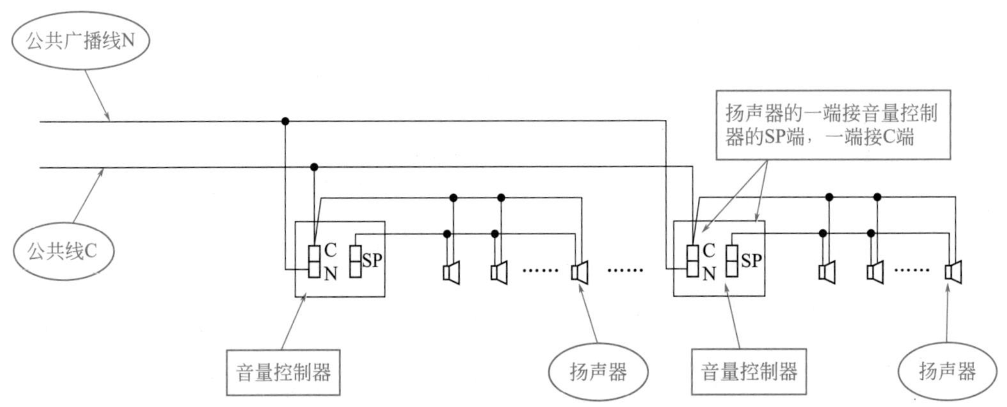

图 5-17 带音量控制器的广播二线制接线图的识读图解

5.2.3 广播三线制接线图的识读

广播三线制接
线图的识读

广播三线制接线图的识读图解如图 5-18 所示。广播三线制接线图的三线就是广播信号线有 3 根，分别是公共广播线、公共线和火灾应急广播线。

5.2.4 办公建筑广播平面图的识读

识读办公建筑广播平面图时，根据节点法，需要首先确定节点、节点名称，如图 5-19

所示。关键节点的名称，可以结合该节点的特点、功能来命名。例如，广播信号进线节点，就是根据广播信号进线端直接命名的。

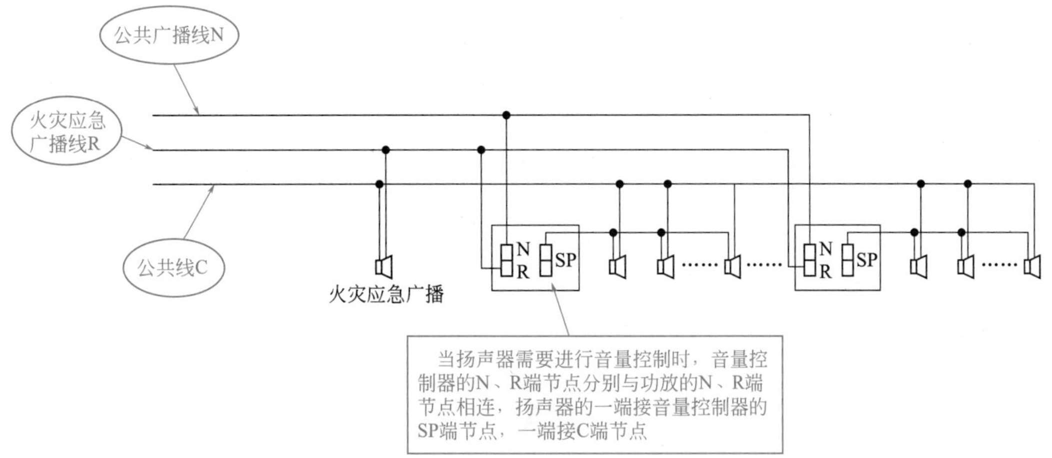

图 5-18　广播三线制接线图的识读图解

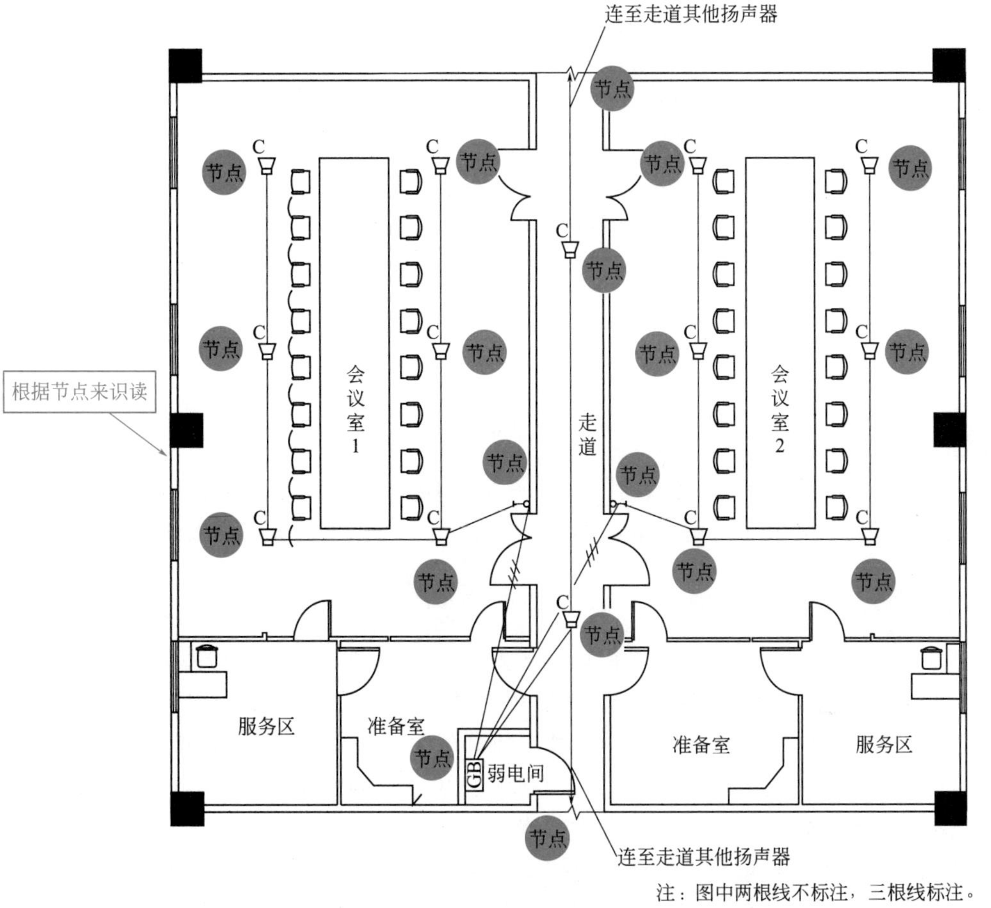

连至走道其他扬声器

根据节点来识读

注：图中两根线不标注，三根线标注。

图 5-19　确定节点

识读办公建筑广播平面图，可以掌握办公建筑内扬声器的分布情况、办公建筑内的布局结构等特点。识读时，可以首先根据广播信号引入节点，然后根据信号走向来识读。

例如，图 5-19 中广播信号引入节点与会议室 1 开关节点、会议室 2 开关节点、走道节点相连，通过节线法分析，可以掌握以下一些信息：

① 广播信号引入节点与会议室 1 开关节点间通过三根线连接。会议室 1 开关节点位于门边，有利于操作控制；

② 广播信号引入节点与会议室 2 开关节点间通过三根线连接。会议室 2 开关节点位于门边，有利于操作控制；

③ 广播信号引入节点与走道节点间通过两根线连接。走道节点位于走道中间；

④ 各会议室分别设置 6 只扬声器，6 只扬声器对称分布，由会议室开关节点引出。

办公建筑广播平面图的识读图解如图 5-20 所示。

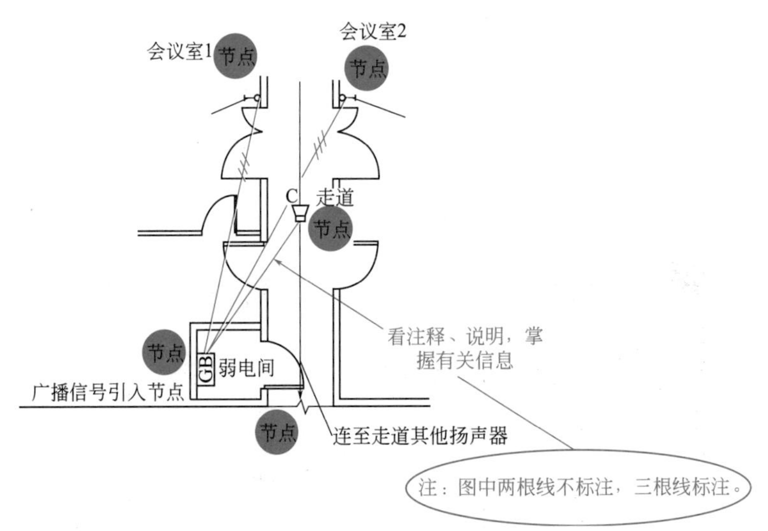

图 5-20　办公建筑广播平面图的识读图解

5.2.5　中小学建筑广播系统图的识读

中小学建筑广播系统图的识读图解如图 5-21 所示。对于该图的识读，实际上相当于把各类线型完整标注在图上进行识读，如图 5-22 所示。可以根据节点法来详细识读。

5.2.6　某小型商业建筑广播系统图与平面布置图的识读

某小型商业建筑广播系统图图例如图 5-23 所示。识别该图时，首先掌握有关图形符号、文字、线路的含义，如图 5-24 所示，然后采用节点法分析线路联系特点，例如如图 5-25 所示：收音机节点—（音频线联系）—公共广播管理主机节点—（音频线联系）—优先广播功放节点—（音频线联系）—FQKZ 节点—（末端扬声器音频线联系）—接线箱 1 号端子节点—（末端扬声器音频线联系）—1 分区扬声器节点。

从图整体上看，可以看出由于消防控制信号节点与有关广播信号节点在公共广播管理主机节点后是公用节点通道，则说明该图是公共广播系统兼用火灾应急广播系统。公共广播系统与火灾应急广播系统的切换，是通过公共广播管理主机节点来控制实现的。主机节点与分区控制器节点是采用多线制控制实现的。

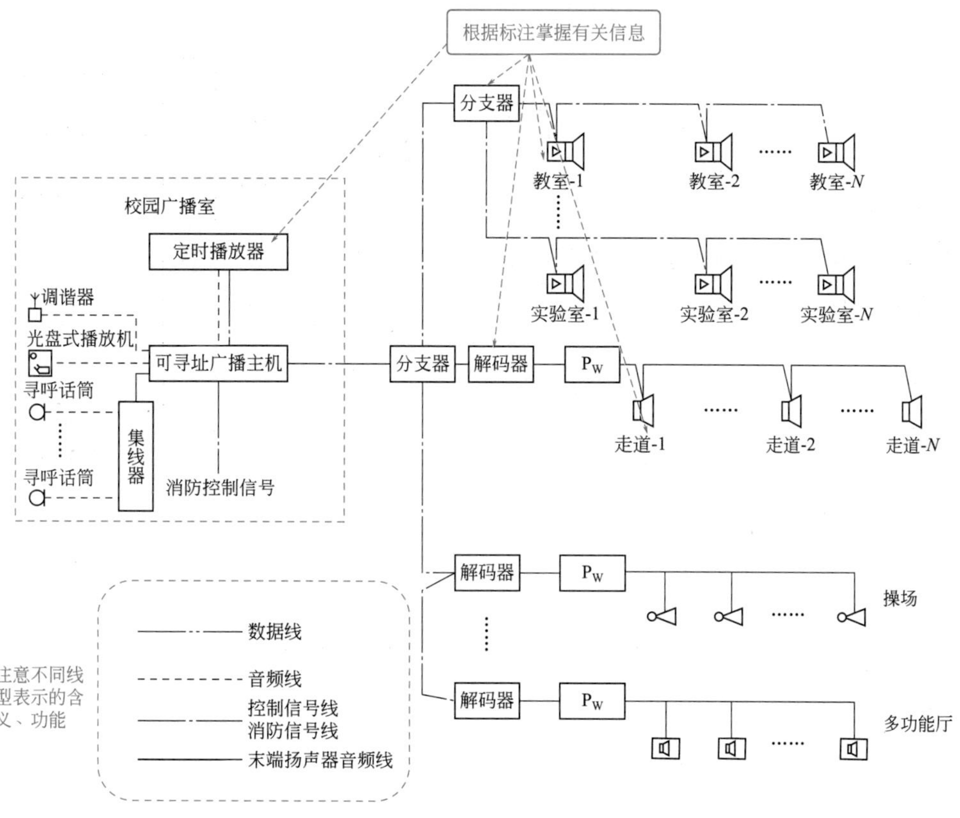

图 5-21　中小学建筑广播系统图的识读图解

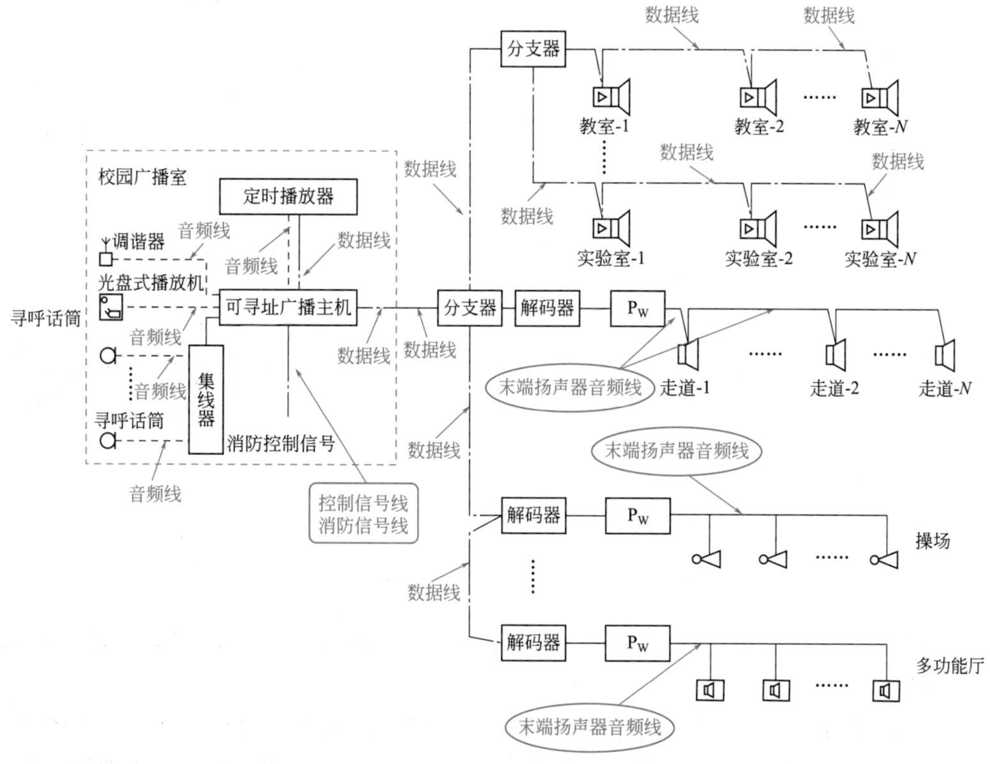

图 5-22　把各类线型完整标注在图上进行识读

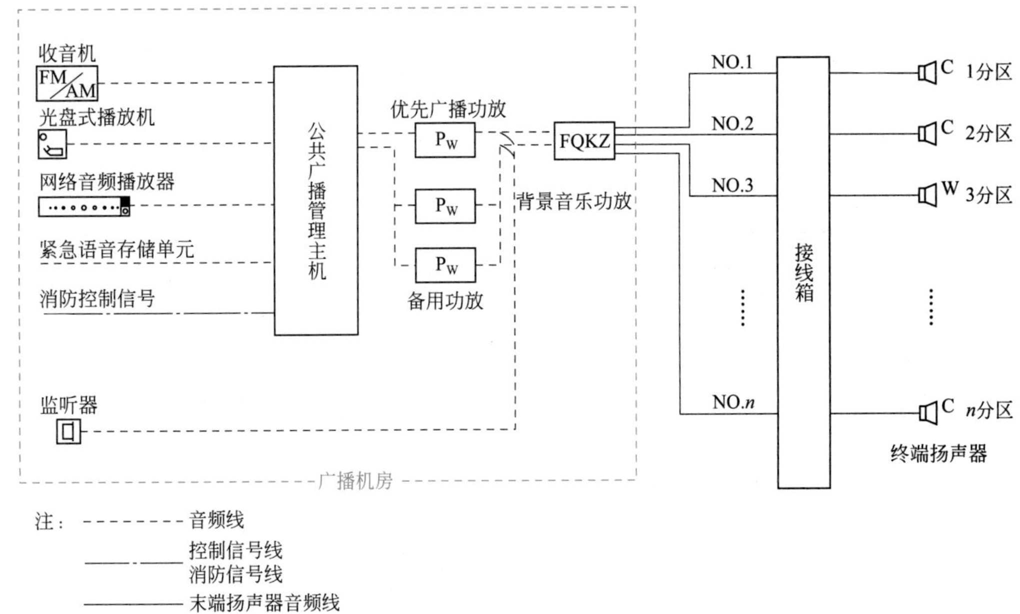

图 5-23　某小型商业建筑广播系统图图例

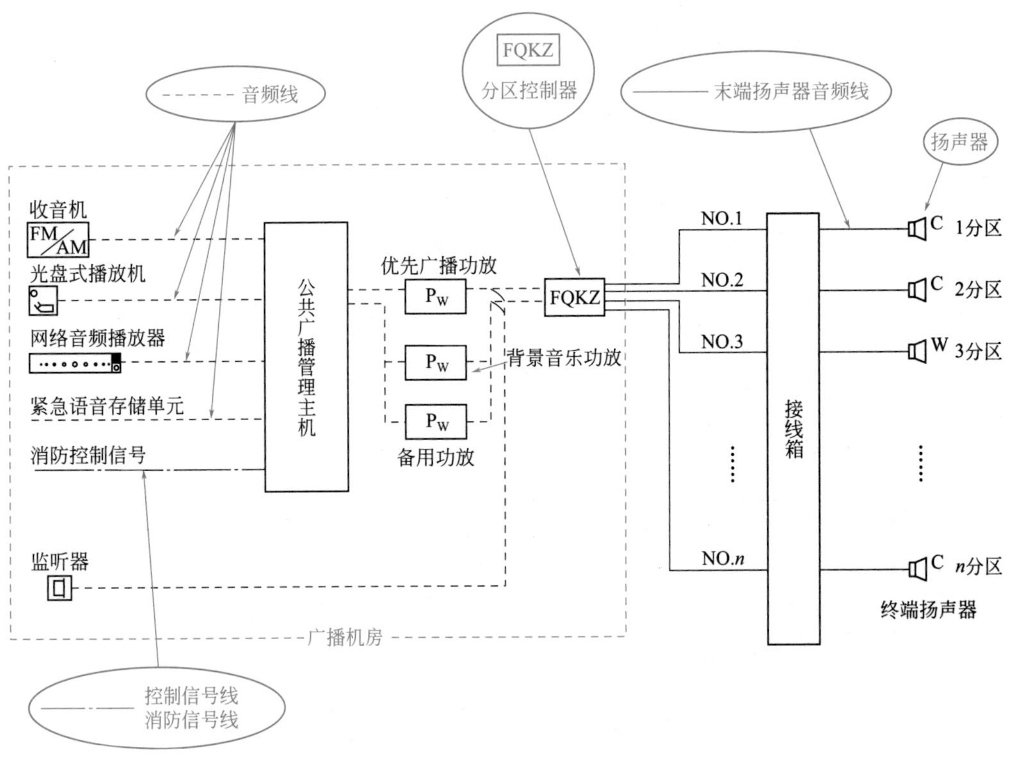

图 5-24　某小型商业建筑广播系统图图形符号、文字、线路的含义

从图中整体看，末端扬声器节点可以分为 n 个分区扬声器节点，说明该图适用于一定分区量的小型商业建筑广播系统。

从图中整体看，广播信号源节点有多个，广播信号末端节点也有多个（末端扬声器）。末端扬声器在系统图上看不出具体的在空间布局的有关信息。如果想得出与末端扬声器有关的具体空间布局信息，则需要阅读对应的小型商业建筑广播平面布置图，如图 5-26 所示。

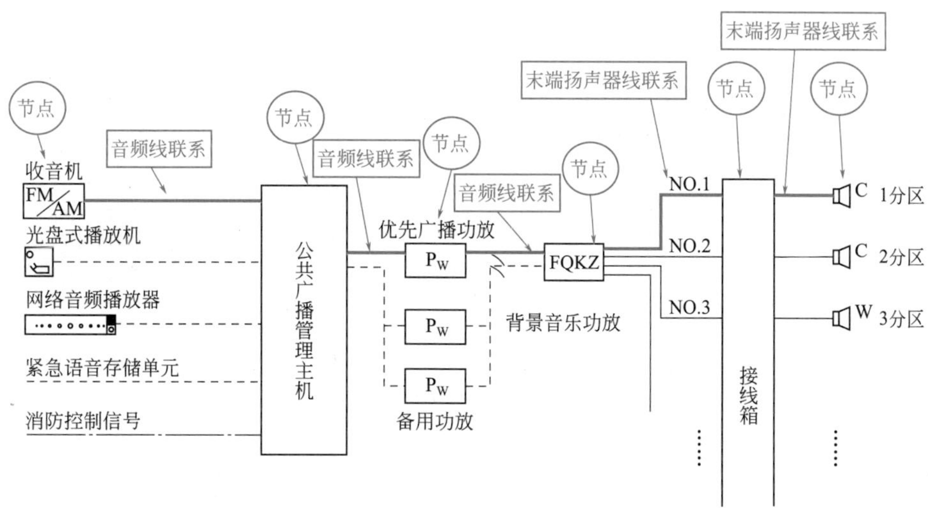

图 5-25　节点法分析某小型商业建筑广播系统图

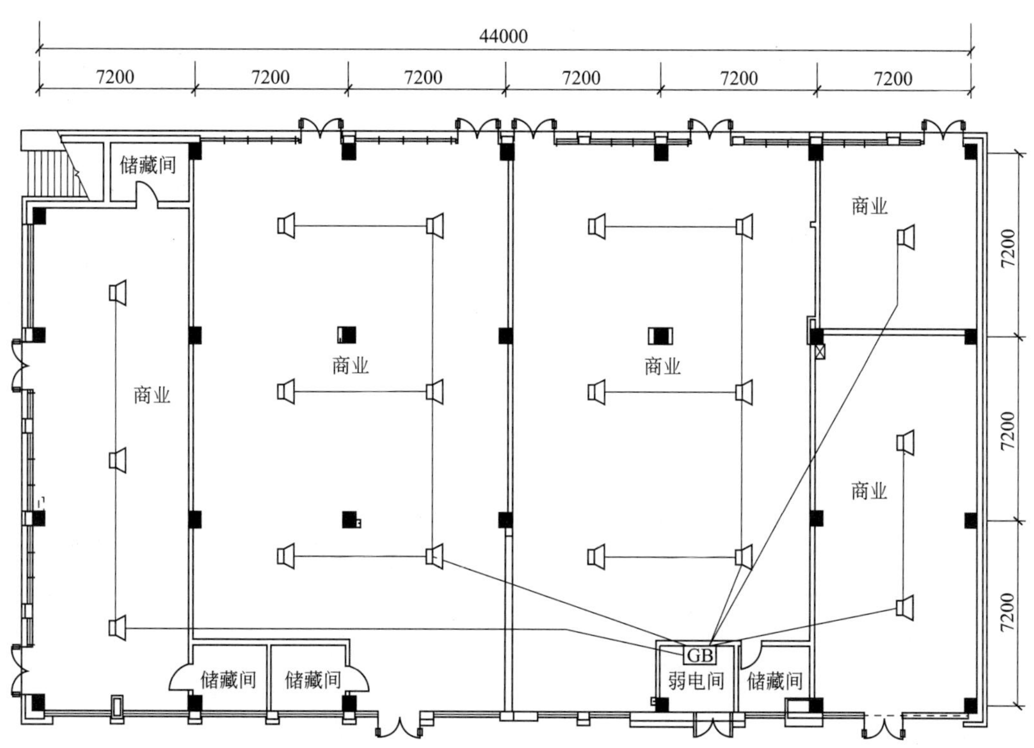

图 5-26　某小型商业建筑广播平面布置图

小型商业建筑广播平面布置图，主要是扬声器的空间布置图。识读时，可以根据进线源节点——扬声器节点来掌握节点以及节点间的联系。从图上可以看出，扬声器的具体定位无法从图中数据信息中掌握，这就意味着还需要根据其他图纸或者说明来掌握。

识读该图，可以掌握不同商业空间扬声器的个数与大致分布规律。当然，通过识读该图，也可以掌握该小型商业建筑的建筑平面特点。

5.2.7 某网络数字广播系统图的识读

某网络数字广播系统图图例如图 5-27 所示。采用节线法识读该图的技巧如下。

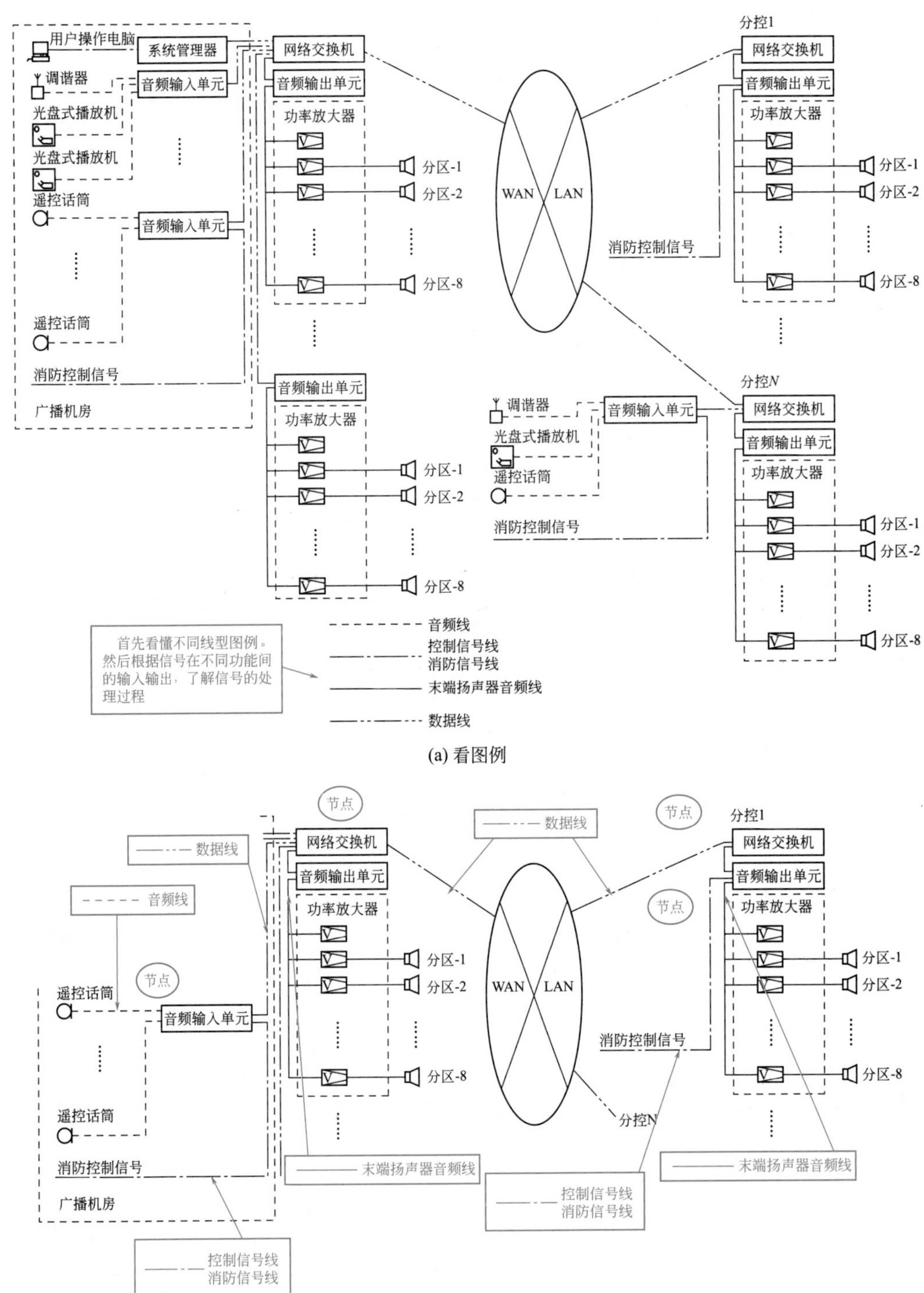

(a) 看图例

(b) 节线法识图

图 5-27 某网络数字广播系统图图例

① 遥控话筒节点到音频输入单元节点——遥控话筒传来的音频信号，经过音频线传到音频输入单元。

② 音频输入单元节点到网络交换机节点——音频信号经过音频输入单元处理后，加到网络交换机内。

③ 网络交换机节点到分控网络交换机节点——网络交换机把信号处理后，经过数据线与分控网络交换机相连。

④ 分控网络交换机节点到音频输出单元节点——分控网络交换机把处理后的音频信号输出到音频输出单元。

⑤ 音频输出单元节点到功率放大器节点——音频输出单元把音频信号输出到功率放大器。

⑥ 功率放大器节点到分区扬声器——功率放大器放大音频信号后，经过扬声器音频线加到扬声器上。

其他节点、节线，可以采用类似的分析思维进行识读。

5.2.8　同声传译会议系统的识读

同声传译会议系统分为红外线同声传译会议系统、有线同声传译会议系统等类型。红外线同声传译会议系统图的识图图解如图 5-28 所示。

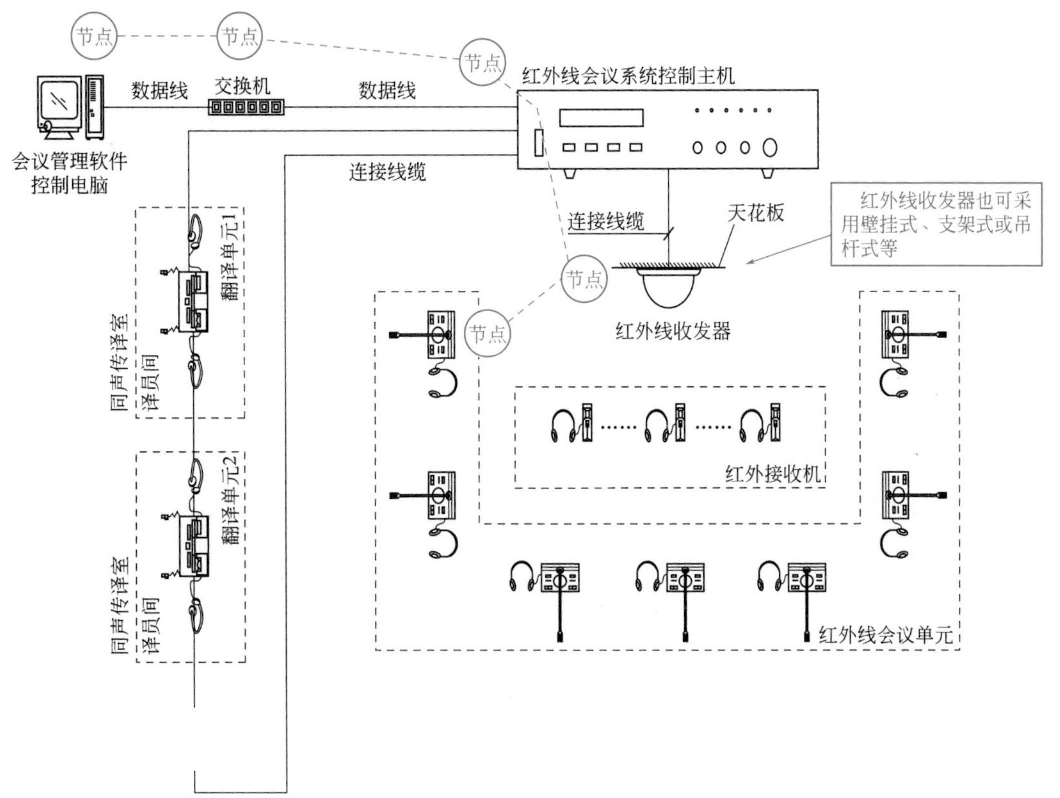

图 5-28　红外线同声传译会议系统图的识图图解

采用节线法识读该图的技巧如下。

① 会议管理软件控制电脑节点到交换机节点——由会议管理软件控制电脑中的软件控制同声传译会议有关功能的实现。会议管理软件控制电脑经过数据线实现与交换机进行信号

交换处理。

② 交换机节点到红外线会议系统控制主机节点——交换机通过数据线实现与红外线会议系统控制主机的信号联系。

③ 红外线会议系统控制主机节点到红外线收发器节点——红外线会议系统控制主机通过线缆实现与红外线收发器的连接，也就是红外线会议系统控制主机实现对红外线收发器的收发信号的控制与处理。

④ 红外线收发器节点到红外接收机节点——红外线收发器与红外接收机的信号联系是通过红外线进行的。

其他线路也可以采用节点 + 线路来分析。

另外，识读具体红外线同声传译会议系统图时应抓住同声传译会议系统的基本组成，如图 5-29 所示，也就是说，在具体红外线同声传译会议系统图中找到信号源部分、译员控制部分、信号发射部分、终端接收部分。

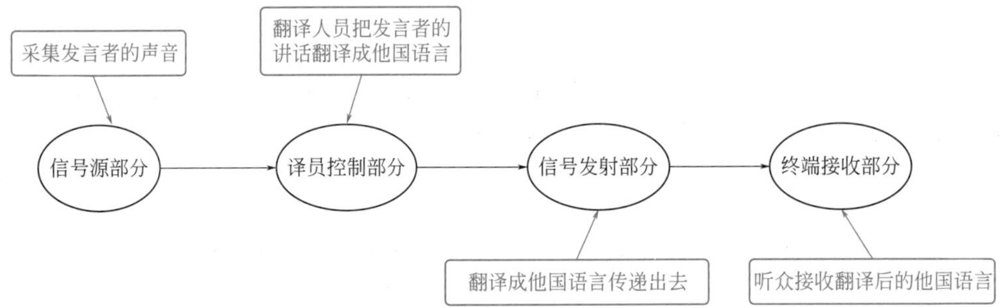

图 5-29　同声传译会议系统基本的组成

同声传译会议室分布图如图 5-30 所示。

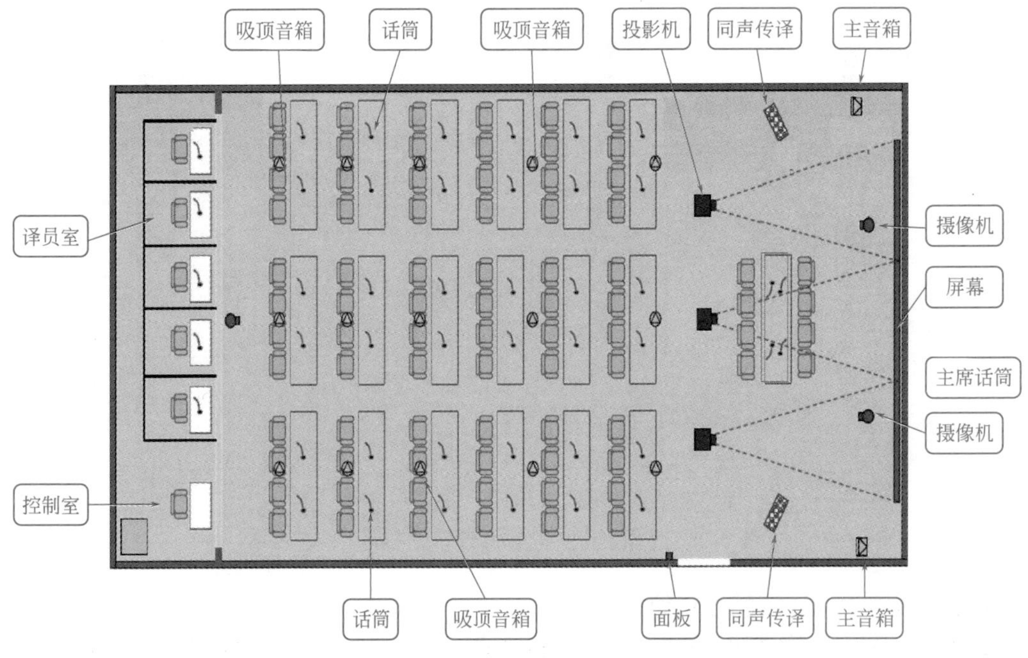

图 5-30　同声传译会议室分布图

5.2.9　LED 显示屏系统图的识读

LED 显示屏系统是基于 LED 显示屏设备的大型电子设备工程系统。LED 显示屏系统组成部分见表 5-7。

表 5–7　LED 显示屏系统组成部分

名称	解说
LED 显示屏安全防护系统	包括防高温、防噪声污染、防止雷击、防震等系统
LED 显示屏结构框架系统	包括钢架结构的箱体、单元 LED 模组、立柱、基础等
LED 显示屏控制系统	包括 LED 显示屏控制卡、发送卡、通信网线或光纤、转接器或无线传输模块等
LED 显示屏配电系统	包括显示屏配电箱、内置远程上电模块等
LED 显示屏设备	包括户外 LED 显示屏箱体、安装片，户内 LED 显示模组单元等
LED 显示屏信息处理系统	包括视频处理器、外接设备转换部分等

LED 显示屏系统图图例如图 5-31 所示。识读该图时，可以先简化图，从整体上掌握 3 大块（即节点）的联系：控制室节点—（光纤联系）—功率放大器与音箱节点；控制室节点—（光纤联系、供电电缆等）—设备间节点，图解如图 5-32 所示。

具体识读该图时，可以根据不同方框表示功能（节点）间的联系来掌握有关信息与处理流程。图中有关箭头表示信号流入方向。

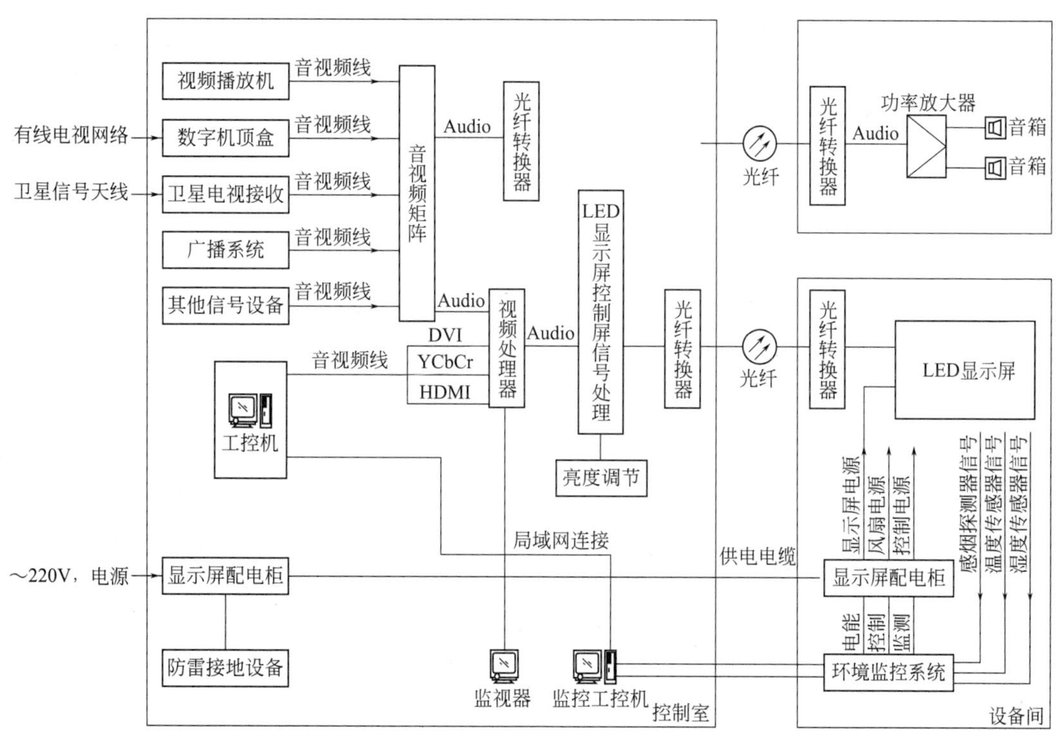

图 5-31　LED 显示屏系统图图例

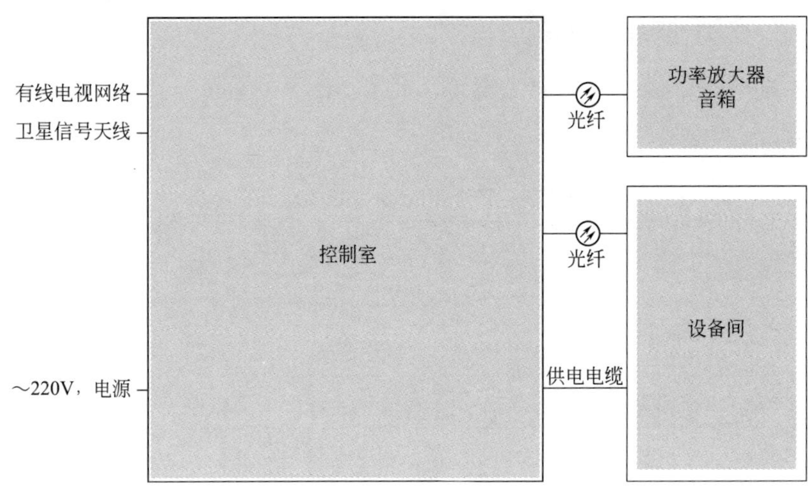

图 5-32　LED 显示屏系统图图解

第 6 章 综合布线系统的识图

6.1 综合布线系统的基础知识

6.1.1 综合布线系统有关术语解释

综合布线系统有关术语解释见表 6-1。

表 6-1 综合布线系统术语解释

名称	术语解释
CP 缆线	是连接集合点到工作区信息点的缆线
CP 链路	楼层配线设备与集合点间，包括两端的连接器件在内的永久性的链路
布线	能够支持电子信息设备相连的各种缆线、跳线、接插软线、连接器件组成的系统
电信间	放置电信设备、缆线终接的配线设备，以及进行缆线交接的空间
对（双）绞电缆	是由一个或多个金属导体线对组成的对称电缆
多用户信息插座	工作区内若干信息插座模块的组合装置
非屏蔽对绞电缆	是不带任何屏蔽物的对绞电缆
工作区	需要设置终端设备的独立区域
光缆	是由单芯或多芯光纤构成的缆线
光纤到用户单元通信设施	光纤到用户单元通信设施包括：建筑规划用地红线内的地下通信管道、建筑内管槽、通信光缆、光配线设备、用户单元信息配线箱、预留的设备间等
光纤适配器	是将光纤连接器实现光学连接的器件
户内缆线	用户单元信息配线箱到用户区域内信息插座模块间相连接的缆线
集合点	是楼层配线设备与工作区信息点间水平缆线路由中的连接点
建筑群配线设备	是终接建筑群主干缆线的配线设备
建筑群主干缆线	是用于在建筑群内连接建筑群配线设备与建筑物配线设备的缆线
建筑群子系统	由配线设备、建筑物间的干线缆线、设备缆线、跳线等组成
建筑物配线设备	是为建筑物主干缆线或建筑群主干缆线终接的配线设备

续表

名称	术语解释
建筑物主干缆线	是入口设施到建筑物配线设备、建筑物配线设备到楼层配线设备、建筑物内楼层配线设备间相连接的缆线
接插软线	一端或两端带有连接器件的软电缆
缆线	是电缆与光缆的统称
连接器件	是用于连接电缆线对和光缆光纤的一个器件或一组器件
链路	一个 CP 链路或是一个永久链路
楼层配线设备	是终接水平缆线和其他布线子系统缆线的配线设备
配线管网	是由建筑物外线引入管，建筑物内的竖井、管、桥架等组成的管网
配线光缆	用户接入点到园区或建筑群光缆的汇聚配线设备间，或用户接入点到建筑规划用地红线范围内与公用通信管道互通的人（手）孔间的互通光缆
配线区	根据建筑物的类型、规模、用户单元的密度，以单栋或若干栋建筑物的用户单元组成的配线区域
屏蔽对绞电缆	是含有总屏蔽层和（或）每线对屏蔽层的对绞电缆
桥架	是梯架、托盘、槽盒的统称
入口设施	提供符合相关规范的机械与电气特性的连接器件，使得外部网络缆线引入建筑物内
设备缆线	是通信设备连接到配线设备的缆线
水平缆线	是楼层配线设备到信息点间的连接缆线
跳线	是不带连接器件或带连接器件的电缆线对和带连接器件的光纤，用于配线设备间进行的连接
线对	是由两个相互绝缘的导体对绞组成，通常是一个对绞线对
信道	连接两个应用设备的端到端的传输通道
信息点	是缆线终接的信息插座模块
信息配线箱	安装于用户单元区域内的完成信息互通与通信业务接入的配线箱体
永久链路	信息点与楼层配线设备间的传输线路。永久链路不包括工作区缆线、连接楼层配线设备的设备缆线、跳线，但是可以包括一个 CP 链路
用户单元	建筑物内占有一定空间、使用者或使用业务会发生变化的、需要直接与公用电信网互联互通的用户区域
用户光缆	用户接入点配线设备到建筑物内用户单元信息配线箱间相连接的光缆
用户接入点	多家电信业务经营者的电信业务共同接入的部位，是电信业务经营者与建筑建设方的工程界面

6.1.2 综合布线系统各子系统的特点

综合布线系统是一种大类系统，识读具体综合布线系统图时，往往需要识读综合布线系统各子系统的相关图。

综合布线系统各子系统的分布如图 6-1 所示。常见综合布线系统各子系统的特点见表 6-2。

6.1.3 元器件图形符号、图例

综合布线系统图中往往采用图形符号、图例表示具体的元器件、设备。识图时，应能够掌握这些图形符号“背后”隐含的或者遵循的支持知识。其中，元器件图形、图例与名称的对照、对应是最基础的知识。综合布线系统图元器件图形与名称的对照见表 6-3。通信系统与综合布线系统常见的符号图例如图 6-2 所示。

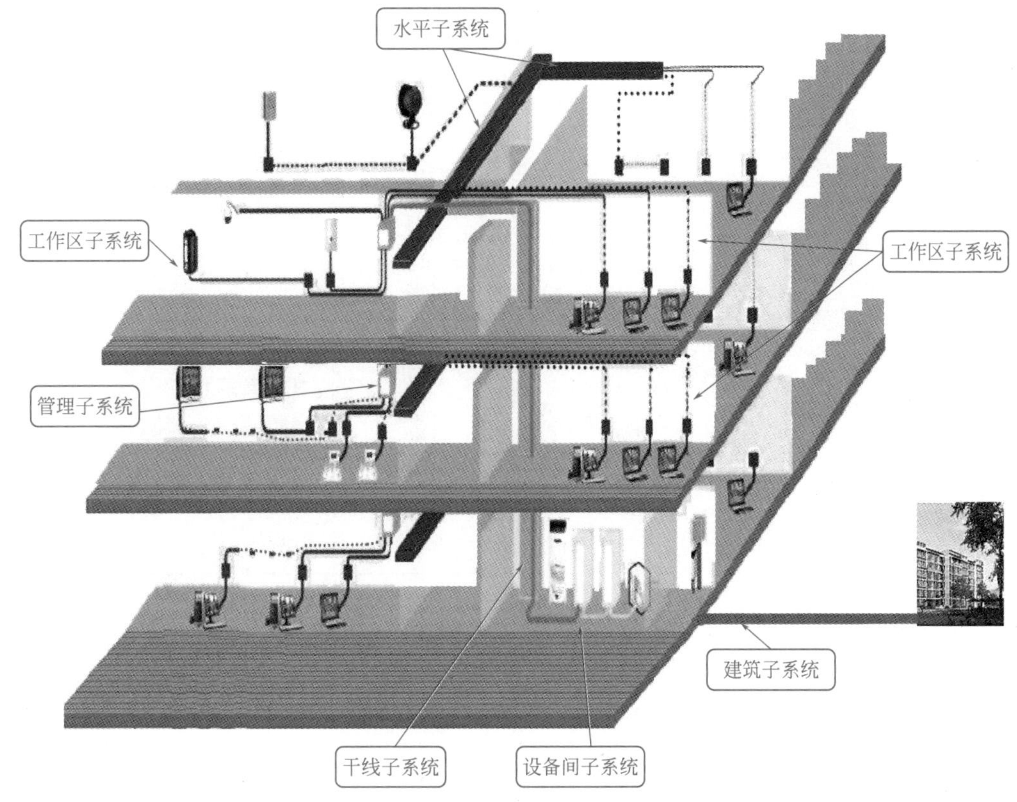

图 6-1　综合布线系统各子系统的分布

表 6–2　常见综合布线系统各子系统的特点

名称	特点
垂直干线子系统	（1）垂直干线子系统即骨干子系统。 （2）垂直干线子系统是提供建筑物的干线电缆，负责连接管理间子系统到设备间子系统的子系统。 （3）垂直干线子系统一般使用光缆或大对数的非屏蔽双绞线
工作区子系统	（1）工作区子系统即为服务区子系统。 （2）工作区子系统是由 RJ-45 跳线信息插座与所连接的设备组成。设备包括终端、工作站
管理子系统	（1）管理子系统是由交连、互连、I/O 等组成。 （2）管理子系统是连接垂直干线子系统、水平干线子系统的设备
楼宇（建筑群）子系统	（1）楼宇（建筑群）子系统将一个建筑物中的电缆延伸到另一个建筑物的通信设备和装置，通常是由光缆、相应设备组成。 （2）建筑群子系统是综合布线系统的一部分，它支持楼宇间通信所需的硬件，其中包括导线电缆、光缆、防止电缆上的脉冲电压进入建筑物的电气保护装置。 （3）楼宇（建筑群）子系统室外敷设电缆有架空电缆、直埋电缆、地下管道电缆，或者这三种任何组合的方式
设备间子系统	（1）设备间子系统即设备子系统。 （2）设备间子系统是由电缆、连接器、相关支撑硬件等组成
水平干线子系统	（1）水平干线子系统即为水平子系统。 （2）水平干线子系统从工作区的信息插座开始到管理子系统的配线架

表 6-3　综合布线系统图元器件图形与名称的对照

图例	名称	图例	名称
MDF	用户总配线架		光纤
LIU	光纤接线盒	CD CD	建筑群配线架
HUB	集线器	BD BD	建筑物配线架
SW	交换机	FD FD	楼层配线架
AP	无线接入点	nTN	内网信息插座
TO	信息插座	TP	电话插座
nTO	信息插座	FO	光纤插座
TN	内网信息插座	CP CP	集合点配线箱
DDF	数字配线架	MM	多模光纤
ODF	光纤总配线架	SM	单模光纤
FD	楼层配线架（无跳线连接）		电缆桥架
HD	家居配线箱		

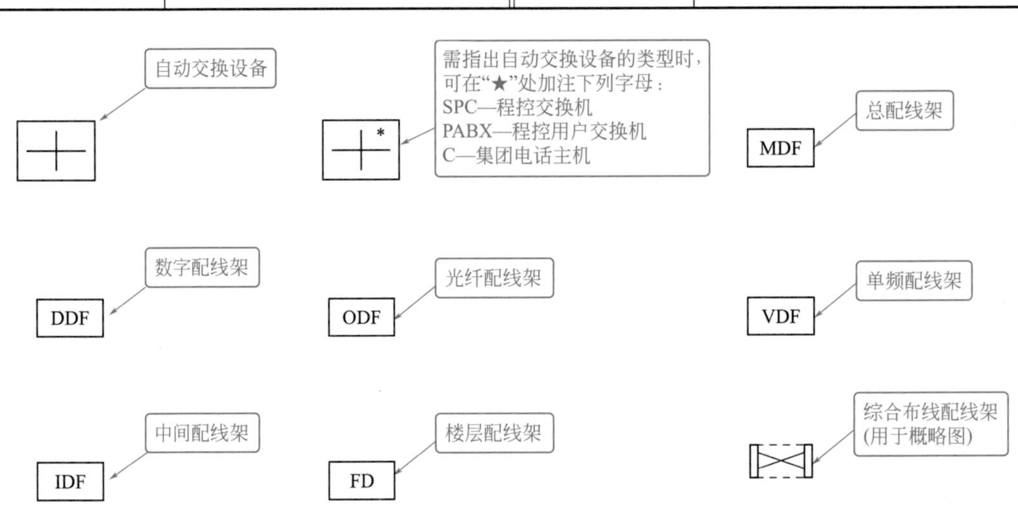

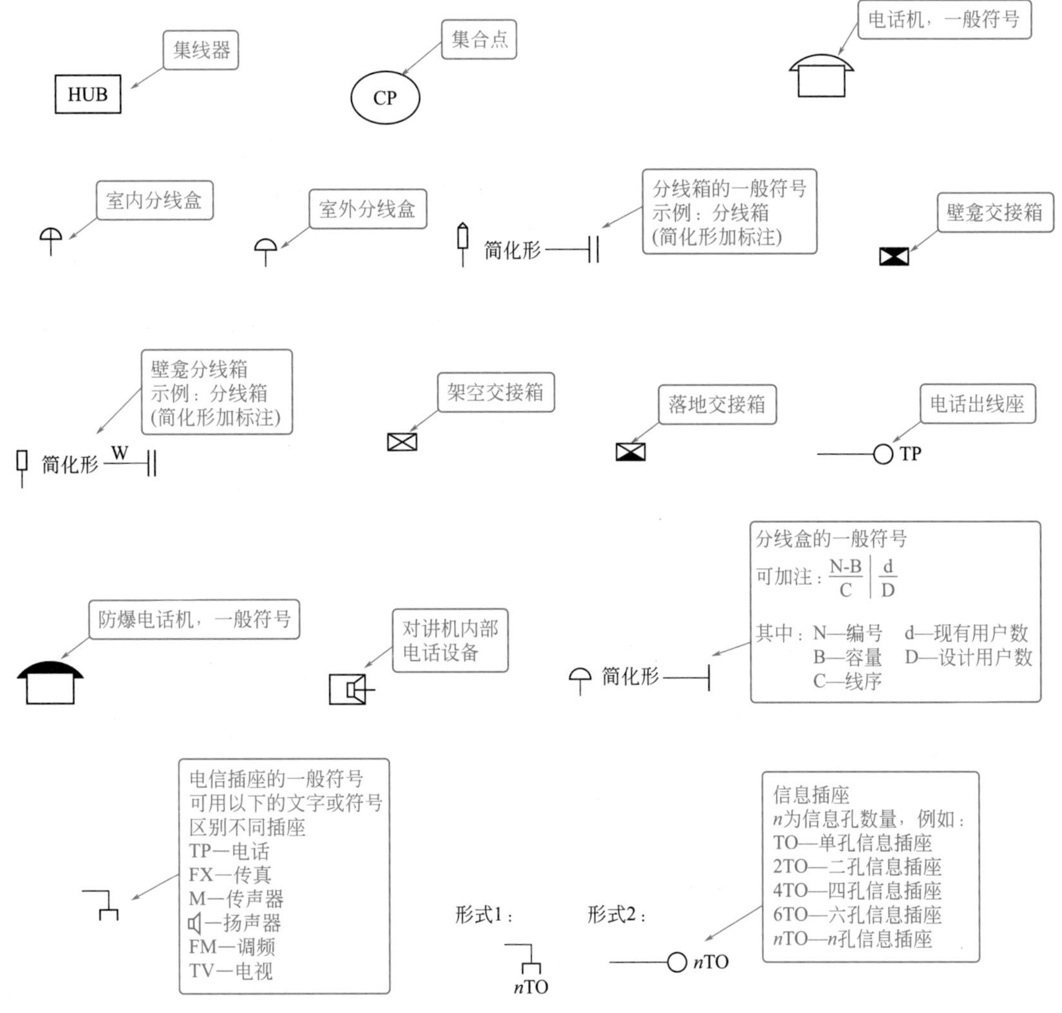

图 6-2　通信系统与综合布线系统常见的符号图例

6.1.4　英文缩写与中文名称对照

许多综合布线系统图中往往采用英文缩写。识图时，应能够掌握这些英文缩写“背后”隐含的或者遵循的支持知识，也就是英文缩写与中文对照。

综合布线系统有关英文缩写与中文名称对照见表 6-4。

表 6-4　综合布线系统有关英文缩写与中文名称对照

缩写	名称	缩写	名称
RC	穿水煤气钢管	CC	暗敷在屋面或顶板内
SC	穿焊接钢管	CE	沿天棚或顶板面敷设
PC	穿阻燃工程硬质塑料管	WC	暗敷在墙内
CT	穿电缆桥架敷设	WE	沿墙面敷设
SCE	吊顶内敷设	AC	沿柱或跨柱敷设

续表

缩写	名称	缩写	名称
FC	暗敷在地面或地板内	PDS	建筑物布线系统
FM	活动地板下敷设	RBS	干线（垂直）子系统
MUTO	多用户信息插座	MT-RJ	小型用户光纤连接器
RJ-11	模块化四导线连接器	STP	屏蔽对（双）绞电缆
RJ-45	模块化八导线连接器	FTP	金属箔屏蔽对（双）绞电缆
RUN	家居布线系统	SFTP	双总屏蔽层对（双）绞电缆
SCS	结构化布线系统	FTTB	光纤到楼
UTP	非屏蔽对（双）绞电缆	FTTH	光纤用户
TO	信息插座	WDM	波分复用系统
TC	电信间	SDH	同步数字传输体系
TP	转接点	NEXT	近端串扰
UPS	不间断电源系统	ACR	衰减 - 串音衰减比率
LAN	局域网	OC	信息插座电缆
ODN	光分配网络	VOD	视频点播
OLT	光线路终端	WA	工作区
ONU	光网络节点	WAN	广域网
OBD	光分路器	MAN	城域网
PABX	用户自动交换机	WLAN	无线局域网

6.1.5　导线实物

对于一些施工图，识图的目的主要在于指导操作、安装，而操作、安装基本上是在实物上进行的。因此，识图时，主张会图物互转互联。为此，需要掌握、了解综合布线系统导线实物特点，具体如图 6-3 所示。

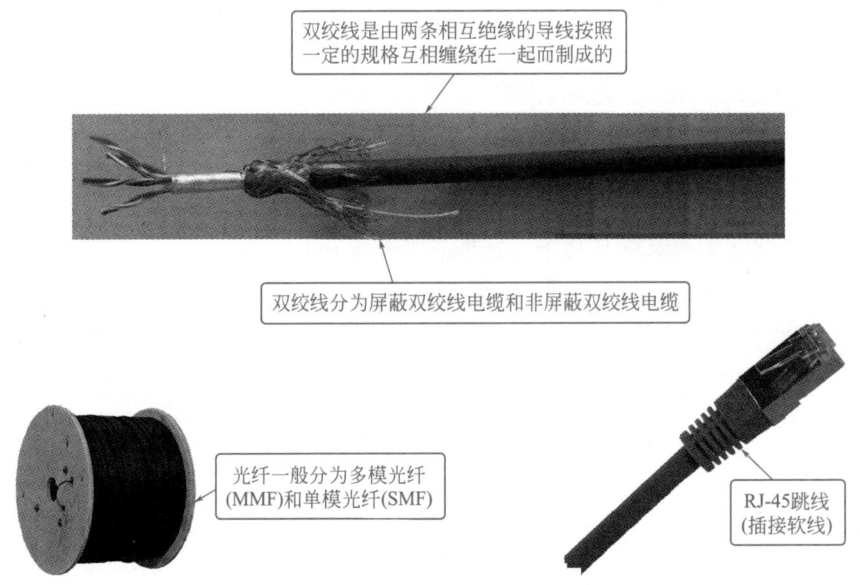

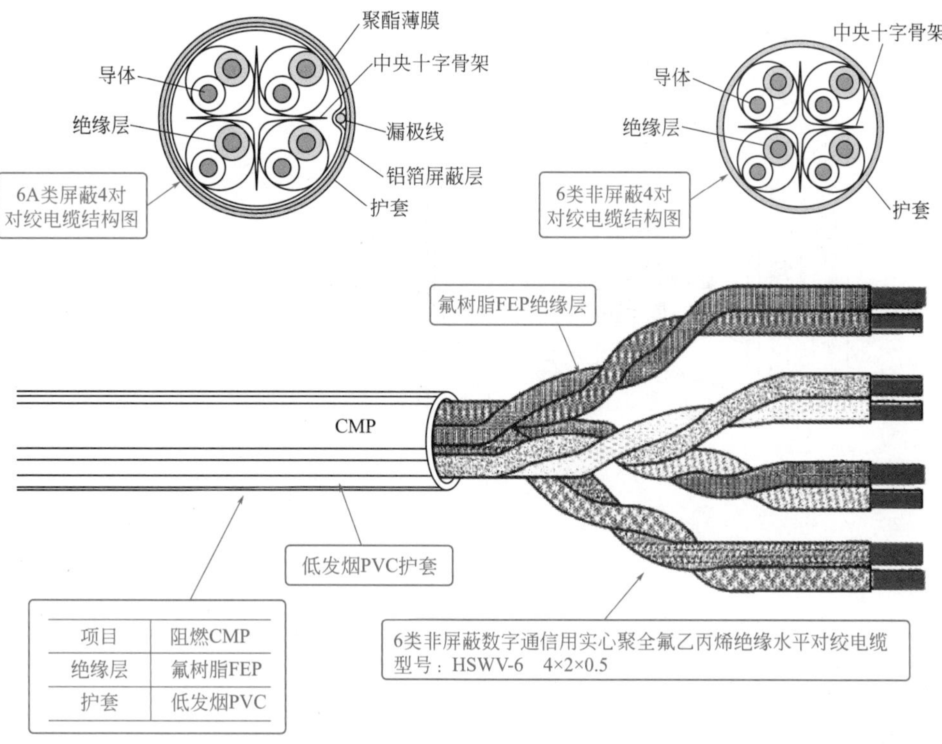

图 6-3　综合布线系统导线实物特点

6.1.6　配件设施实物

综合布线系统配件设施实物特点如图 6-4 所示。

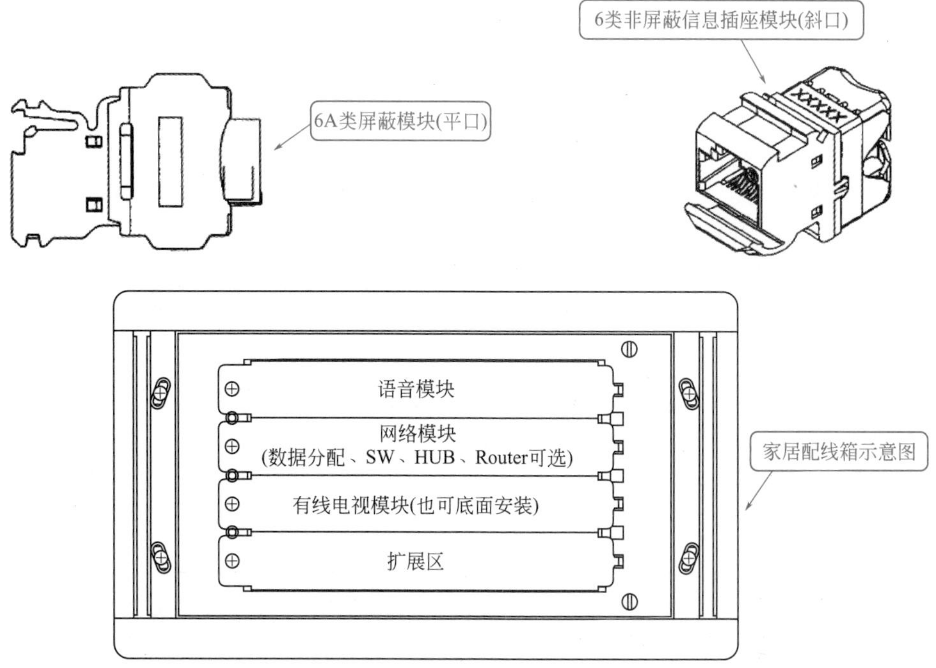

图 6-4

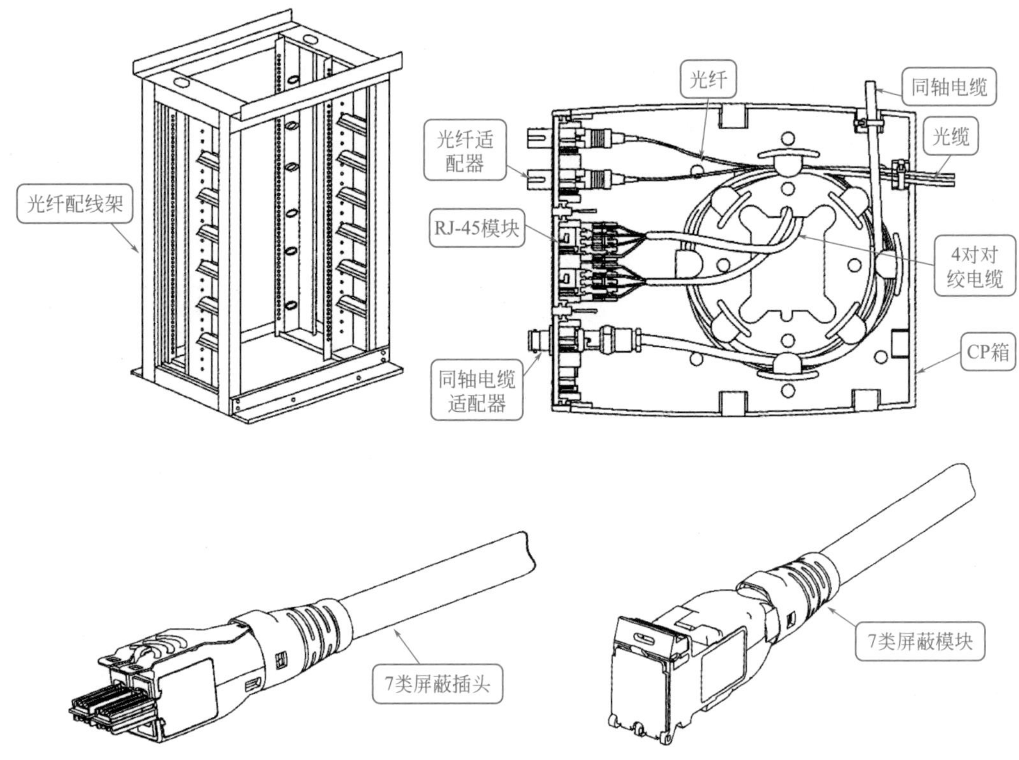

图 6-4　综合布线系统配件设施实物特点

6.1.7　光缆设备的特点

综合布线系统中也常用光缆设备。光缆设备的种类比较多，常见的有光纤耦合器、光模块、光纤网卡等。

光纤耦合器根据所采用的光纤类型，可以分为多模光纤耦合器、单模光纤耦合器、保偏光纤耦合器等。

按耦合的光纤的不同，其分类与应用如下。

① SC 光纤耦合器——应用于 SC 光纤接口，其与 RJ-45 接口看上去相似，不过 SC 接口显得更扁。另外，SC 光纤耦合器里面的触片是 8 条细的铜触片。

② LC 光纤耦合器——应用于 LC 光纤接口，连接 SFP 模块的连接器。

③ FC 光纤耦合器——应用于 FC 光纤接口，外部加强方式一般采用金属套，紧固方式一般为螺丝扣。

④ ST 光纤耦合器——应用于 ST 光纤接口，常用于光纤配线架，外壳呈圆形，紧固方式一般为螺丝扣。

光模块的类型见表 6-5。

表 6–5　光模块的类型

依据	类型
封装形式	SFP、GBIC、XFP、Xenpak、X2、1X9、SFF、200/3000pin、XPAK 等
功能	光接收模块、光发送模块、光收发一体模块、光转发模块等

续表

依据	类型
可插拔性	热插拔、非热插拔等
主要速率	低速率、百兆、千兆、2.5G、4.25G、4.9G、6G、8G、10G、40G（bp5）等

光纤网卡的类型见表 6-6。

表 6–6　光纤网卡的类型

依据	类型
传输速率	100Mbps、1Gbps、10Gbps 等
接口类型	LC、SC、FC、ST 等
主板插口类型	PCI、PCI-X、PCI-E（×1/×4/×8/×16）等

6.1.8　各种光纤接口的类型与标注

有的图纸光纤接口的类型标注采用缩写、简写等形式。为此，需要掌握这些标注“背后”隐含的或者遵循的支持知识，也就是缩写、简写的含义。

各种光纤接口的类型标注与含义如下。

APC——表示为呈 8° 角并做微球面研磨抛光型。

FC——表示为圆形带螺纹型。

MT-RJ——表示为方形。

PC——表示为微球面研磨抛光型。

SC——表示为卡接式方形。

ST——表示为卡接式圆形。

表示尾纤接头的标注中，常见诸如 FC/PC、SC/PC 等标注，其含义如下。

“/”前面部分——表示尾纤的连接器型号。

“/”后面部分——表示光纤接头截面工艺类型。

6.1.9　光缆设备实物

光缆设备实物的特点如图 6-5 所示。

光缆设备实物

6.1.10　光缆设备连接结构

光缆设备连接结构图解如图 6-6 所示。对于这样的安装结构图，主要是图物对照好，照图施工。

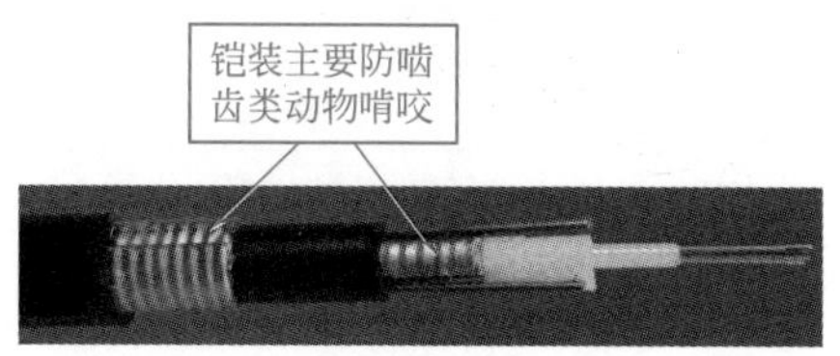

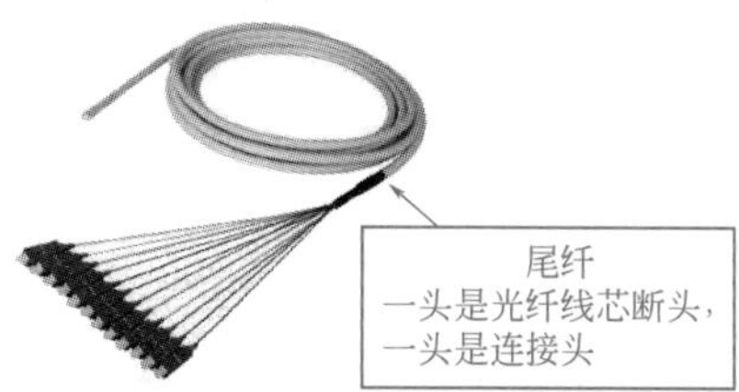

图 6-5

光缆终端盒是光纤传输通信网络中终端配线的辅助设备，适用于室内光缆的直接与分支接续，以及对光纤接头起保护作用。光缆终端盒主要用于光缆终端的固定、光缆与尾纤的熔接，以及余纤的收容、保护

光纤接头是将两根光纤永久地或者可分离地连接在一起，以及具有保护部件的接续部分。光纤接头一般是光纤的末端装置

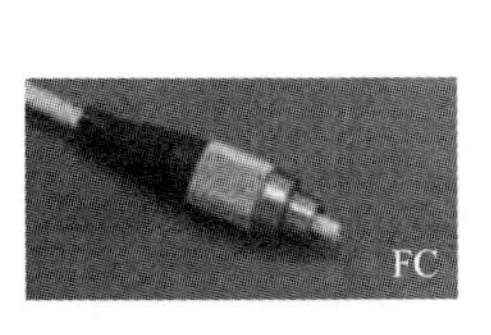

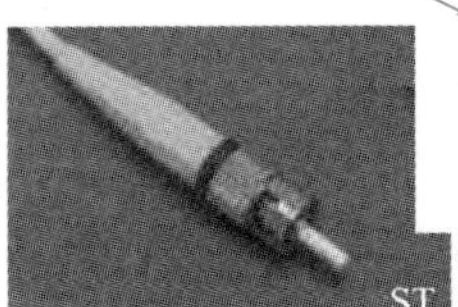

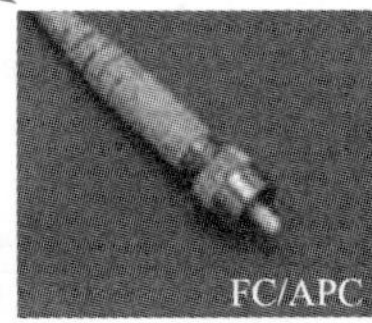

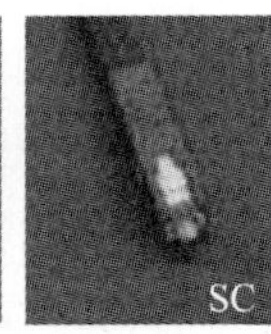

光纤耦合器是实现光信号功率在不同光纤间的分配或组合的光器件

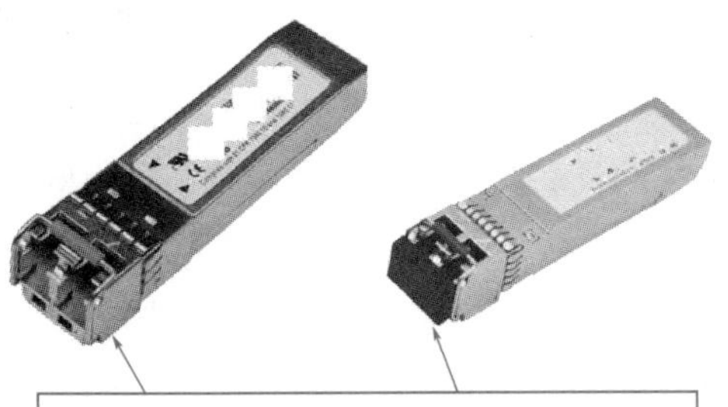

光模块是由光电子器件、功能电路、光接口等组成。光电子器件一般包括发射部分与接收部分。光模块的作用是光电转换，发送端把电信号转换成光信号，通过光纤传送后，接收端再把光信号转换成电信号

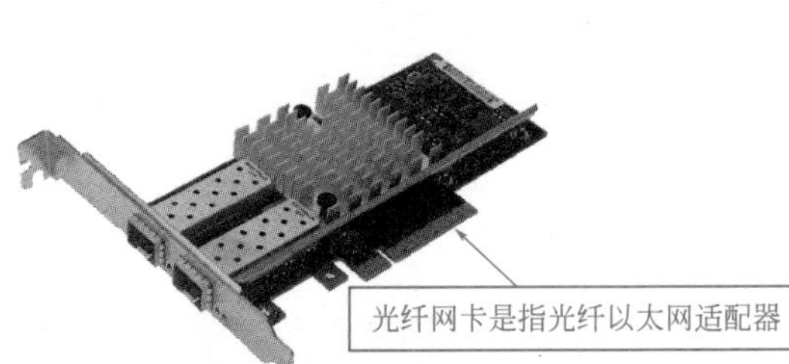

光纤网卡是指光纤以太网适配器

图 6-5　光缆设备实物特点

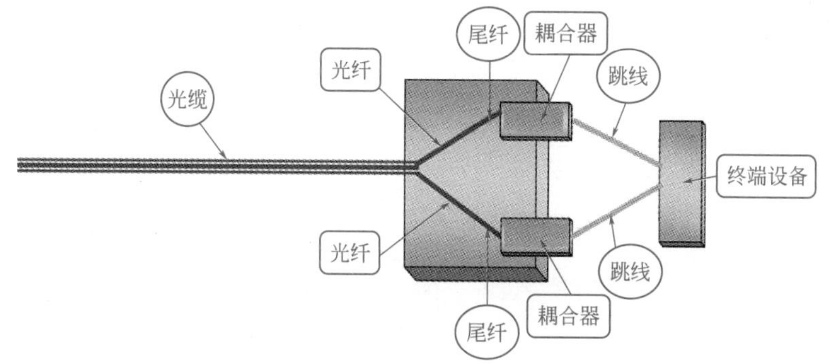

图 6-6　光缆设备连接结构图解

6.2 具体图的识读

6.2.1　某综合布线系统图的识读

某综合布线系统图如图 6-7 所示。识读时，首先把图上有关符号、标注的含义掌握好（看图上直接呈现的信息 + 想图上“背后”隐含的或者遵循的支持信息 + 会图物互转互联），然后采用节点法 + 节线法沿线进行识读，如图 6-8 所示。

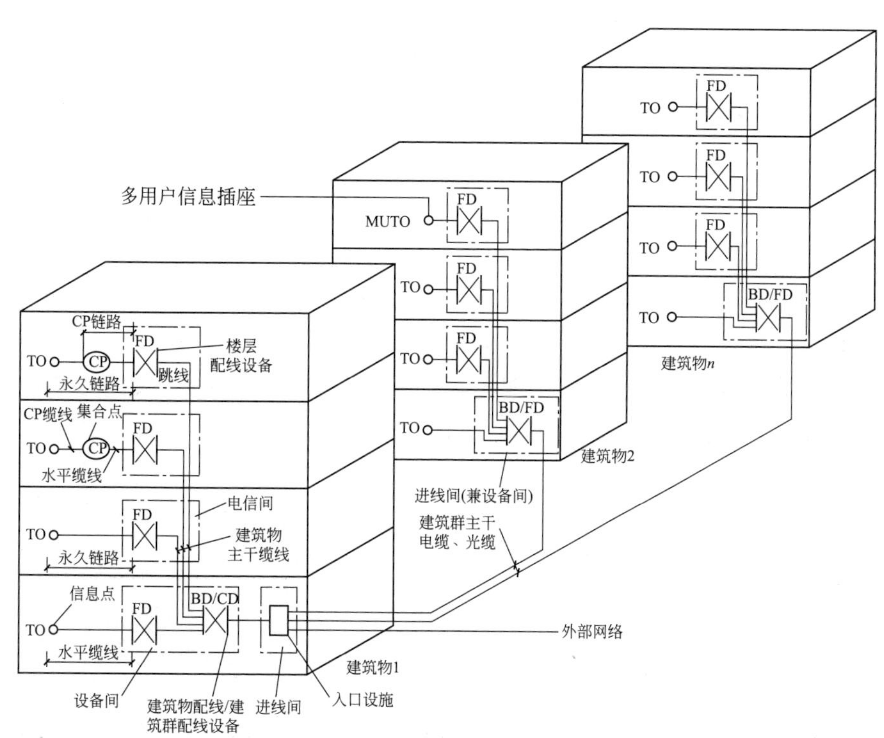

图 6-7　某综合布线系统图

建筑物 1 进线特点：外部网络节点—进线间入口设施节点 1。

建筑物 2 进线特点：外部网络节点—进线间入口设施节点 2。

建筑物 n 进线特点：外部网络节点—进线间入口设施节点 n。

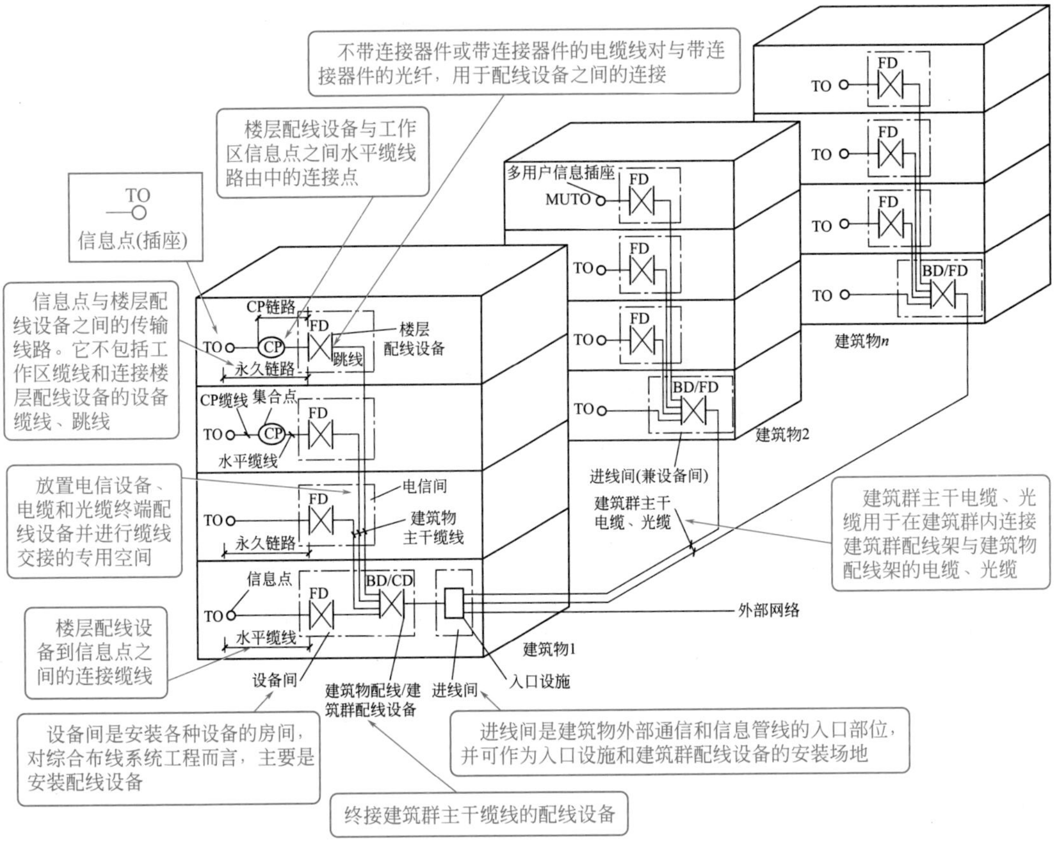

图 6-8　综合布线系统图符号、标注的含义与识读

建筑物 1 一层线路特点：外部网络节点—进线间入口设施输入端节点—进线间入口设施输出端节点—建筑物配线 / 建筑群配线设备节点—设备间节点—信息点节点。然后，掌握节点间的连接特点。

为了便于识读，可以把一些复杂的图上信息暂时隐蔽不看进行简化处理。某综合布线系统图简化图如图 6-9 所示。其他线路可以以此类推，灵活识读。

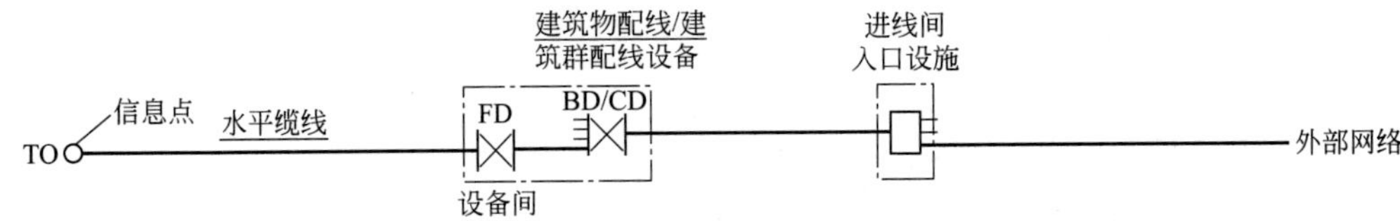

图 6-9　综合布线系统建筑物 1 一层线路简化图

另外，具体的综合布线系统图可以在掌握基础的综合布线系统图的特点上进行灵活变通识读。常见基础的综合布线系统图如图 6-10 所示。

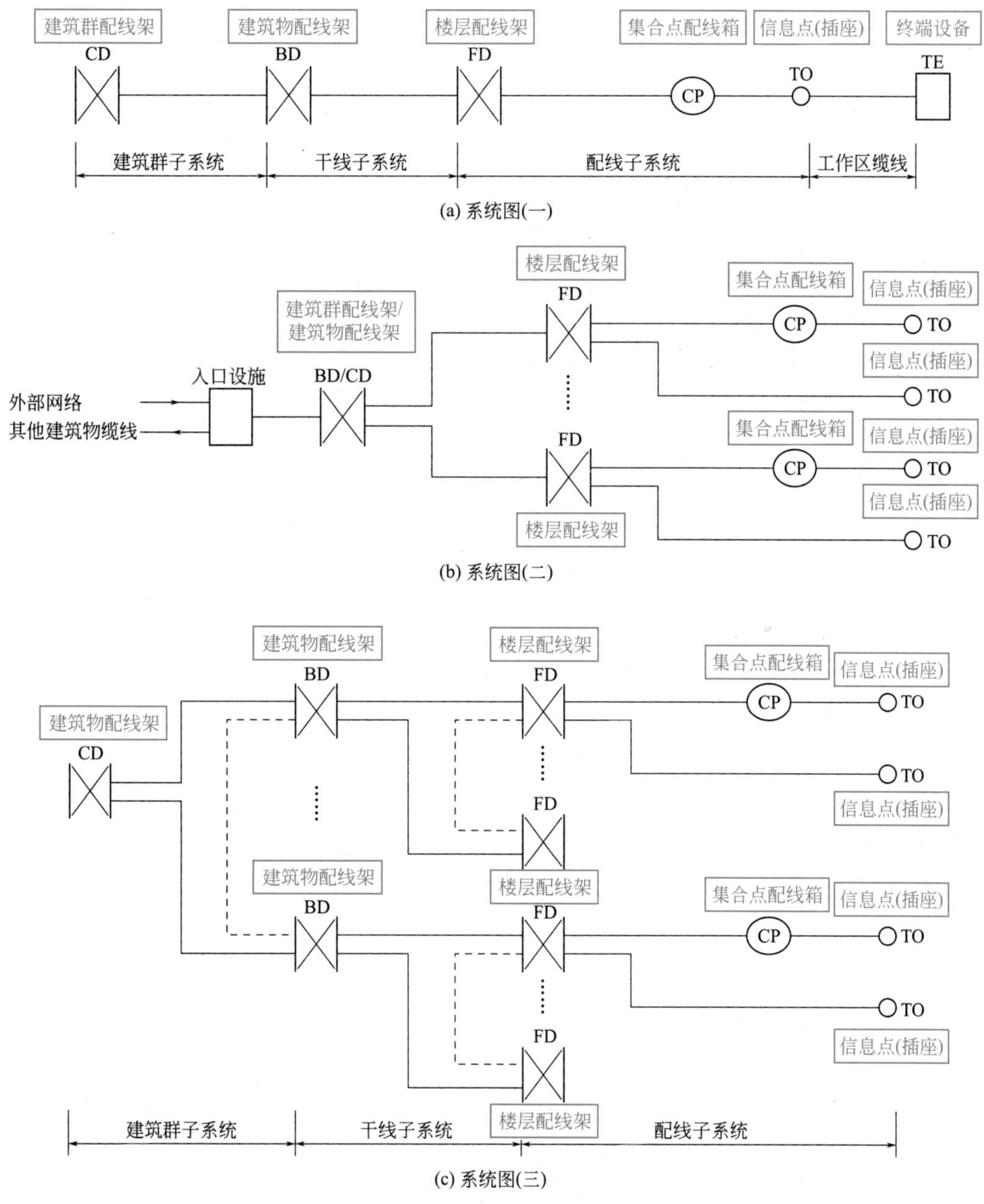

图 6-10　常见基础的综合布线系统图

6.2.2　某办公楼楼层综合布线平面图的识读

某办公楼楼层综合布线平面图图例如图 6-11 所示。识读该图时，首先应掌握图上载明的信息与图上隐蔽的信息（即看图上直接呈现的信息 + 想图上“背后”隐含的或者遵循的支持信息 + 会图物互转互联）。图上一些信息的图解如图 6-12 所示。

识读该图的目的，主要是掌握信息点插座、多用户信息插座的分布。有的信息点插座、多用户信息插座的定位，可以根据图上有关尺寸数据得知，图例如图 6-13 所示。插座节点与 FD 节点的联系，可以通过阅读注释说明来掌握，图例如图 6-14 所示。

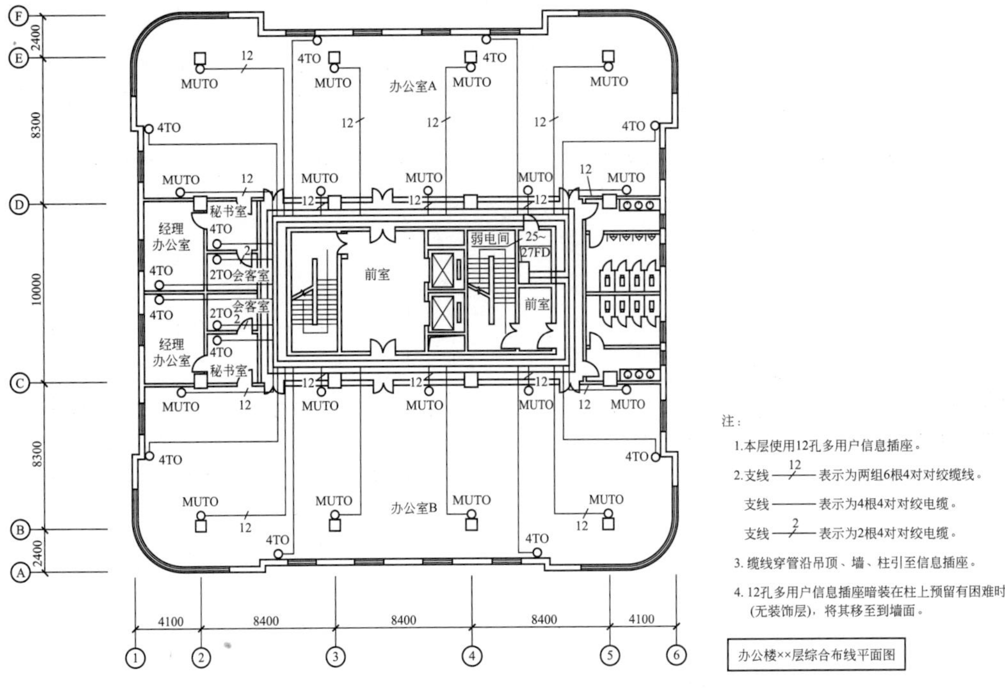

图 6-11　某办公楼楼层综合布线平面图图例

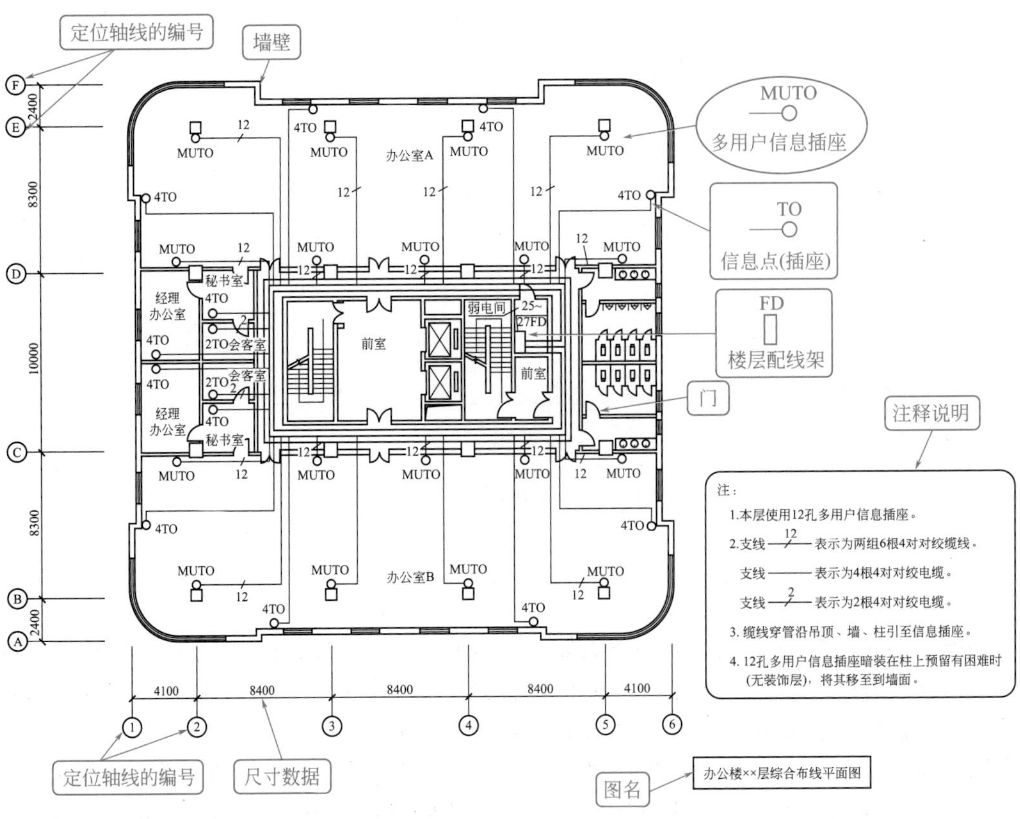

图 6-12　图上一些信息的图解

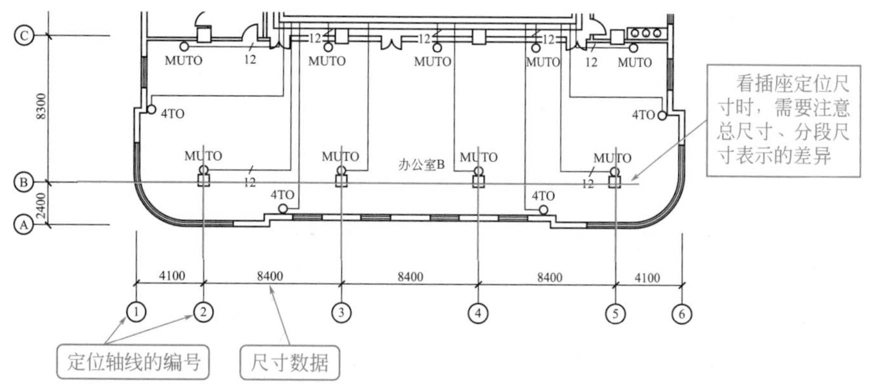

图 6-13　插座的定位信息

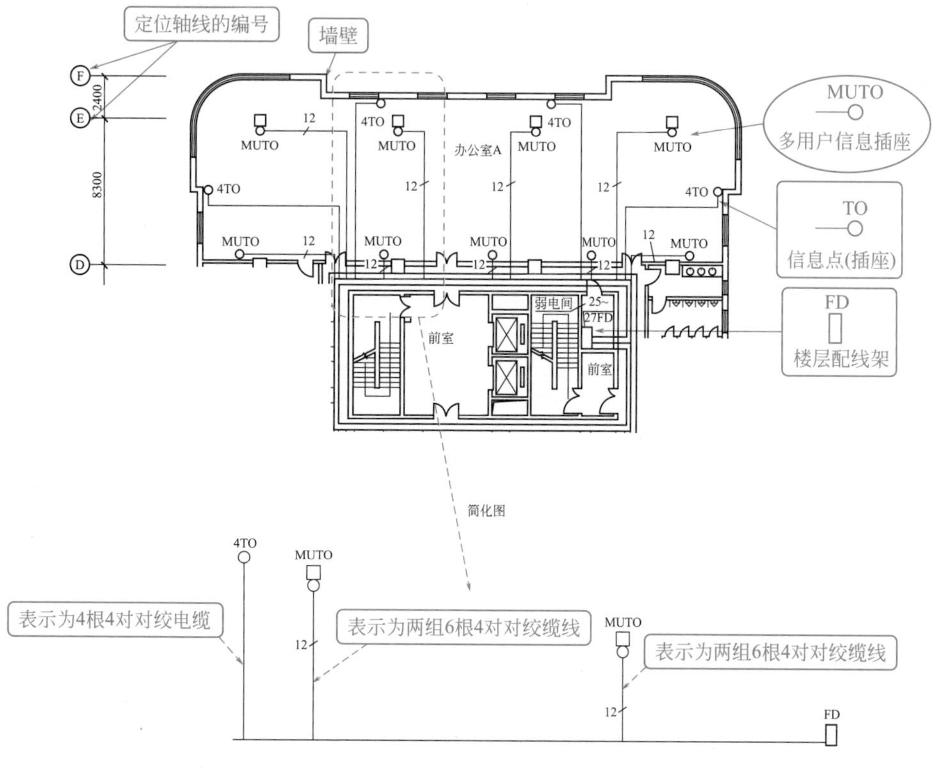

图 6-14　插座节点与 FD 节点的联系

6.2.3　某多层住宅建筑综合布线平面图的识读

某多层住宅建筑综合布线系统平面图有不同的类型，图例如图 6-15 所示。识别该种图时，首先掌握有关图形符号的含义，然后采用节点法分析具体线路联系特点。

采用节点法时，可以标注节点，也可以不标注节点，以有关要求、符合实际需要为准。设定节点后，就是看节点间的联系，以及结合具体的平面图掌握有关节点的具体空间布局与节点间的具体联系信息。

某多层住宅建筑综合布线平面图图例如图 6-16 所示。识别该图时，可以掌握进线节点的特点与连接电缆的类型，然后根据 1 单元、2 单元、3 单元分别进行识图。

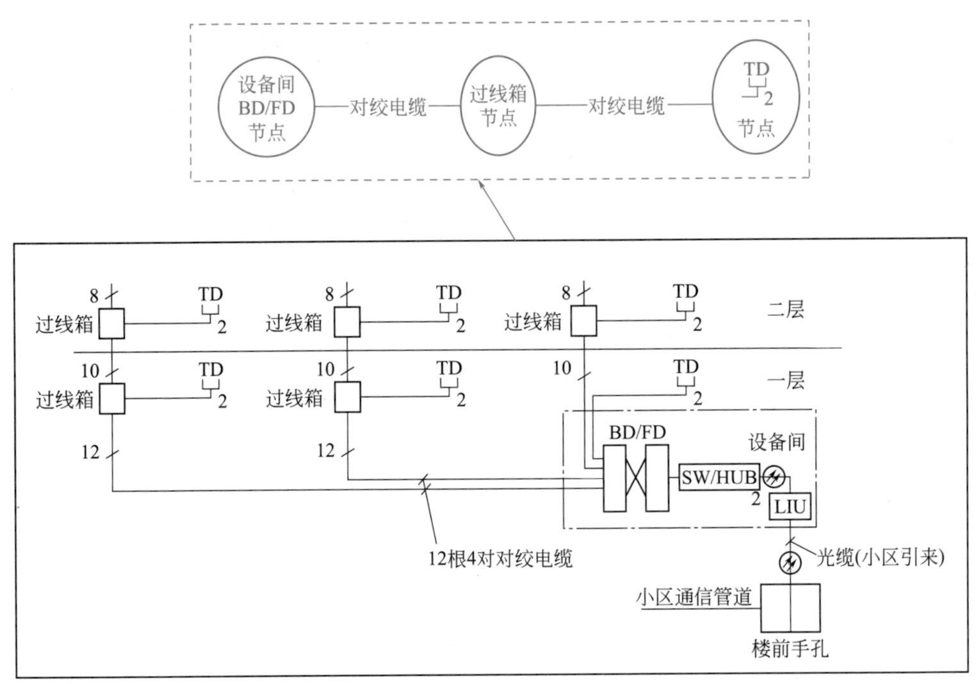

(a) 系统平面图(一)

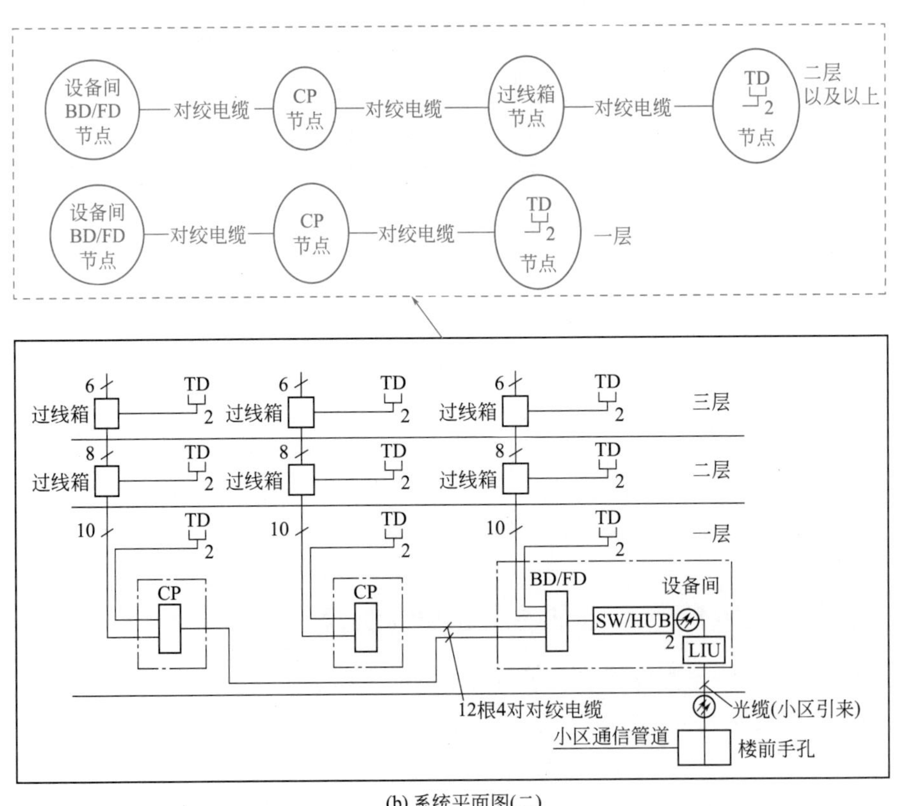

(b) 系统平面图(二)

图 6-15　某多层住宅建筑综合布线系统平面图图例及解读

例如识读 1 单元时，根据节点 + 线路来识读：

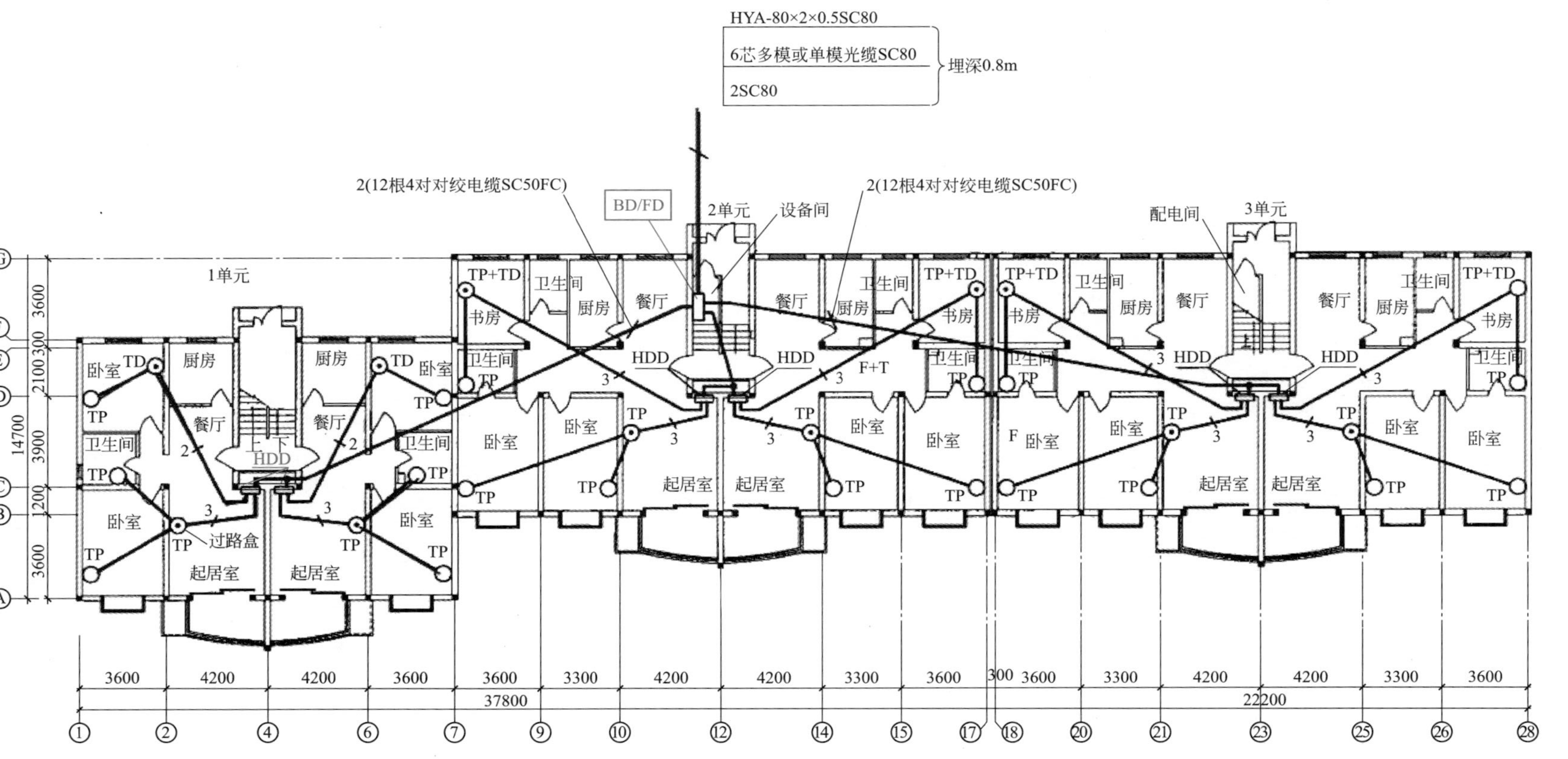

图 6-16　某多层住宅建筑综合布线平面图图例

2 单元中的 BD/FD 节点—（12 根 4 对对绞电缆 SC50FC）—1 单元中的 HDD 节点；

1 单元中的 HDD 节点—（2 根 5e 类 4 对对绞电缆）—卧室 TD 节点、卧室 TP 节点；

1 单元中的 HDD 节点—（3 根 5e 类 4 对对绞电缆）—起居室 TP 过路盒节点—卫生间 TP 节点；

1 单元中的 HDD 节点—（3 根 5e 类 4 对对绞电缆）—起居室 TP 过路盒节点——卧室 TP 节点。

分析线路时，有的节点名称能够从图上直接读出有关信息。有的节点间的联系，可以从图上直接读出有关信息或者从注释、说明中得出有关信息。但是，一些节点间的联系表示法，则可能需要读图的支持知识来支撑才能够掌握。

6.2.4 某别墅综合布线系统平面图的识读

某别墅综合布线系统平面图图例如图 6-17 所示。识读该图时，首先掌握有关图形符号的含义，如图 6-18 所示，然后采用节点法分析第 3 层线路的联系特点：

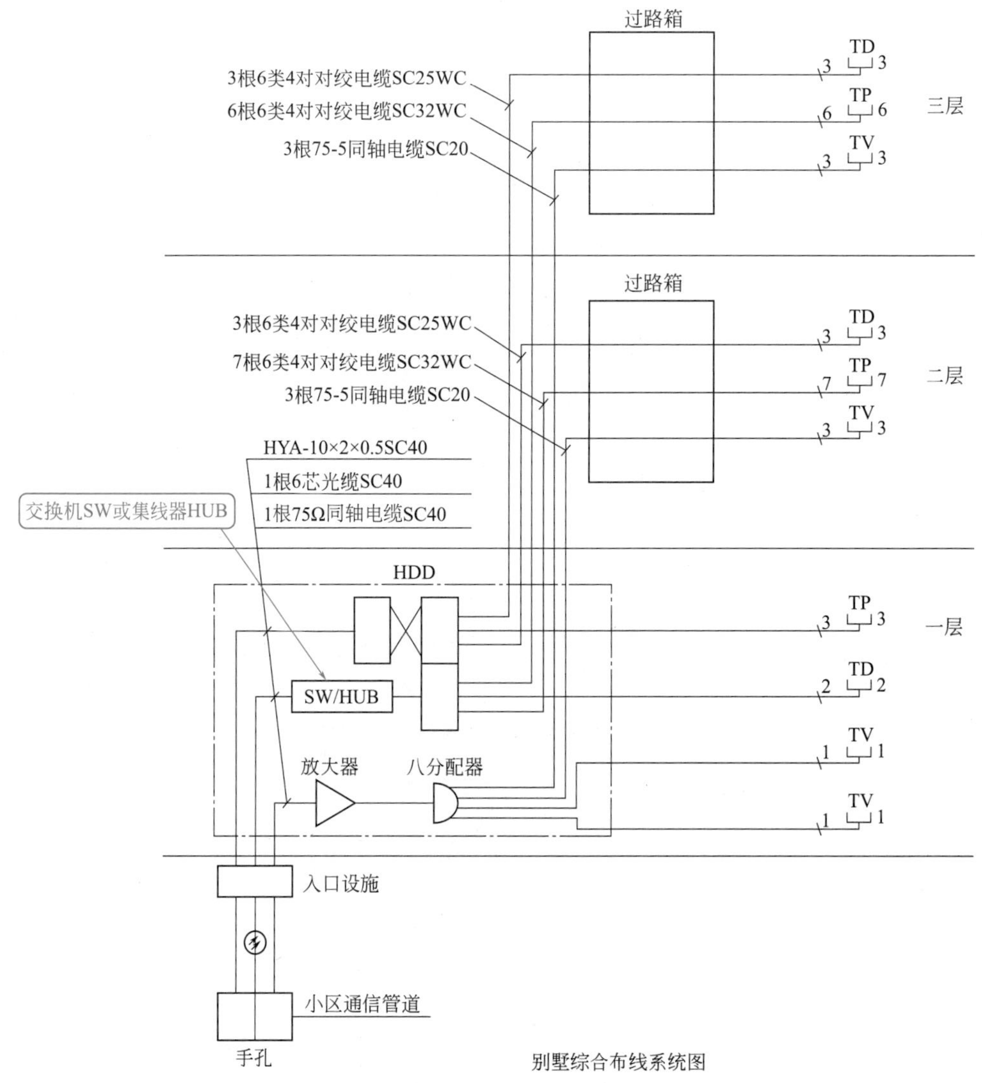

图 6-17　某别墅综合布线系统平面图图例

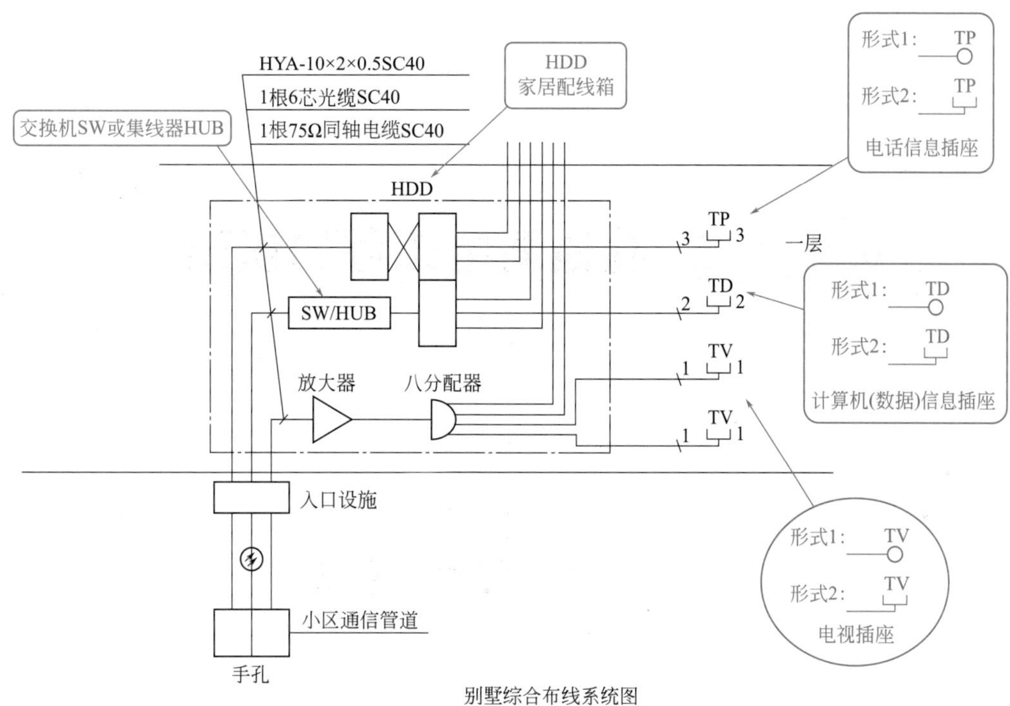

图 6-18　某别墅综合布线系统有关图形符号的含义

入口设施节点—HDD 节点—TP 节点；

入口设施节点—HDD 节点—TD 节点；

入口设施节点—HDD 节点—TV 节点。

各节点间的电缆连接信息，图上均直接给出了，直接读出即可，图解如图 6-19 所示。

第 2 层、第 1 层线路联系特点与上述基本一样，变通识读即可。

另外，有时看别墅综合布线系统平面图时，应结合别墅具体层数的综合布线平面图，这样可以更进一步掌握、了解具体空间布局的有关信息。

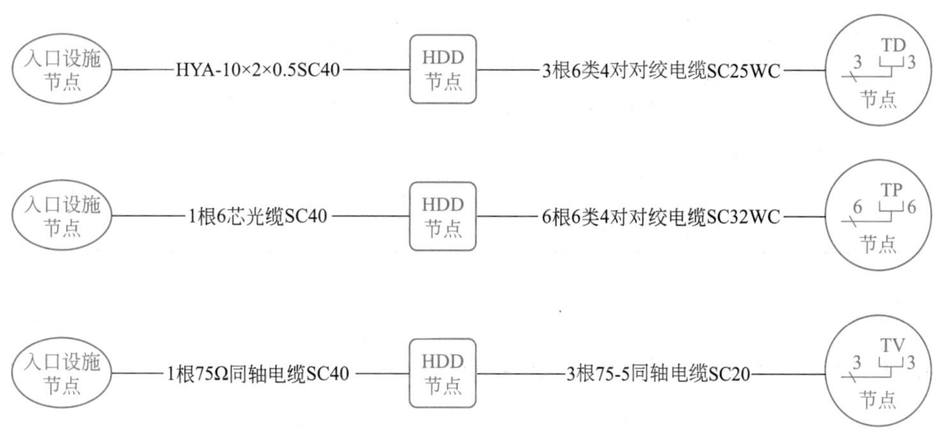

图 6-19　线路节点图解

第 7 章 其他弱电工程的识图

7.1 电话与通信系统

7.1.1 用户电话交换系统工程有关术语解释

用户电话交换系统工程有关术语解释见表 7-1。

表 7–1 用户电话交换系统工程有关术语解释

名称	术语解释
调度系统	是供用户指挥调度使用的调度交换机、调度台、调度终端、辅助设备
端局	是在本地网区域范围内设置的电话交换局
公网	（1）是公用网的简称。 （2）是由国家授权电信业务经营者建设经营，为整个社会服务的电信网
公用电话网	是电信业务经营者向公众提供的以电话业务为主的双向语音通信网
公用数据网	是电信业务经营者向公众提供数据通信业务的通信网
呼叫中心	是供用户通过多种接入方式实现客户服务的电话交换机、服务器、座席、网络设备、辅助设备
用户电话交换系统	是供用户自建专用通信网、建筑智能化通信系统中所使用的，以及与公网连接的用户电话交换机、话务台、终端、辅助设备
专网	（1）是专用通信网的简称。 （2）是铁道、石油、电力、石化、煤炭等部门向电信业务经营者租用线路或自行建设专供内部业务使用的本地或跨地域的通信网

7.1.2 电话交换系统工程要求

（1）住宅区、住宅建筑室外管道通信线缆的敷设要求

电话交换系统工程的一些要求，无论是制图、识图，还是设计、施工，均需要掌握与遵守。有的在制图时没有在图上直接呈现的信息，在识图时还是需要掌握与遵守。

住宅区、住宅建筑室外管道通信线缆的敷设要求如下。

① 电缆在人（手）孔内固定后的曲率半径应大于电缆直径的 15 倍。

② 敷设管道光缆时，在管道出口处一般需要采取保护措施，以免损伤光缆外护层。

③ 管道线缆布放后，管孔管径利用率不得大于 80%。

④ 管道线缆在人（手）孔内，需要紧靠孔壁，排列整齐，以及采取适当的保护措施。

⑤ 光缆接头盒在人（手）孔内，接续后的光缆余长要在人（手）孔内盘留固定。

⑥ 光缆接头盒在人（手）孔内，接续后的光缆预留长度需要符合有关要求。

⑦ 光缆接头盒在人（手）孔内，需要采取保护措施、固定措施。

⑧ 光缆在人（手）孔内固定后的曲率半径需要大于光缆直径的 10 倍。

⑨ 人（手）孔内的线缆，需要设置醒目的识别标志。

⑩ 同一条线缆在管道段所占孔位需要一致，不得交叉占位。

⑪ 线缆在管道管孔内的敷设顺序，一般原则排列为：先下排后上排，先两侧后中间。

⑫ 线缆在管道管孔内的敷设位置、顺序需要符合有关要求。

⑬ 在管道管孔内敷设子管时，多根子管的等效外径不得大于管道孔内径的 90%。

⑭ 子管不得跨人（手）孔敷设。

⑮ 子管在管孔内不得有接头。

⑯ 子管在人（手）孔内伸出长度宜为 50 ～ 200mm。

（2）通信线缆引入线缆的要求

通信线缆引入线缆的要求如下。

① 外部电缆引入建筑物内，终接的配线模块处需要加装符合要求的线路浪涌保护器。

② 线缆引入建筑物时，需要设置标识，需要加装引入保护管。

③ 沿建筑物外墙敷设的线缆，需要采用钢管保护，并且钢管出土部分不得小于 2m。

④ 引入线缆布放后，引入保护管管径利用率不得大于 50%。

⑤ 引入线缆的金属构件，需要就近接地。

⑥ 引入线缆敷设完成后，在引入管两端需要采取防水、防火封堵措施。

⑦ 引入线缆敷设完成后，在引入管两端需要采取防有毒气体的封堵措施。

（3）机柜式、机架式或落地式交接箱等交接设备与配线设备的要求

机柜式、机架式或落地式交接箱等交接设备与配线设备的要求如下。

① 交接设备与配线设备安装完成后，需要根据有关规定设置标识。

② 机架或机柜的主要维护操作侧的净空不得小于 0.8m。

③ 光（电）设备线缆、跳线在机柜（架）、交接箱内，需要采用理线架进行布放，以及采用软管对尾纤等线缆进行保护。

④ 有架空活动地板时，架空地板不得承受机柜重量，需要根据设备机柜的底平面尺寸制作底座。

（4）电话交换系统工程其他要求

电话交换系统工程其他要求如下。

① 信息插座模块的安装检验，需要符合有关现行国家标准的有关规定。

② 配线箱、过路箱（盒）、家居配线箱、出线盒等设施的安装高度符合要求，底边离地面宜为 0.3 ～ 0.5m。

③ 壁嵌式配线箱（分线箱）的安装高度，箱底边离地面不得小于 0.5m。

④ 明装挂壁式配线箱（分线箱），箱底边离地面不得小于 1.5m。

⑤ 交接设备、配线箱，需要安装在住宅区与住宅建筑内的公共部位，并且安装位置需要符合有关要求，垂直偏差不得大于 3mm。

⑥ 通信业务接入点（设备间、电信间等部位）设置的配线模块类型与容量需要符合有关要求。

⑦ 住宅建筑内电信间配线设备到楼层配线箱的线缆需要一次布放到位。

⑧ 住宅建筑内楼层配线箱到住户家居配线箱的线缆需要一次布放到位。

⑨ 家居配线箱到户内各信息插座的线缆布放需要符合有关要求。

7.1.3 设备、线路实物

对于一些施工图，识图的目的主要在于指导操作、安装，而操作、安装基本上是在实物上进行的。因此，识图时，主张会图物互转互联。为此，需要掌握、了解电话系统实物、线路的特点，具体如图 7-1 所示。

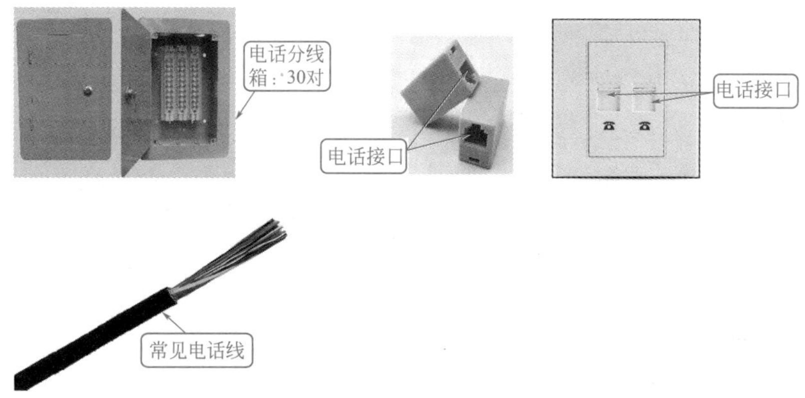

图 7-1 电话系统实物、线路的特点

7.1.4 电话系统图的识读

某电话系统图原图如图 7-2 所示，电话系统图图例图解如图 7-3 所示。

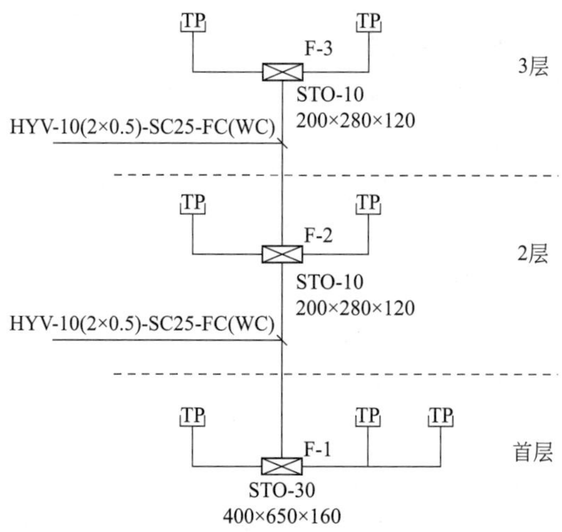

图 7-2 某电话系统图原图

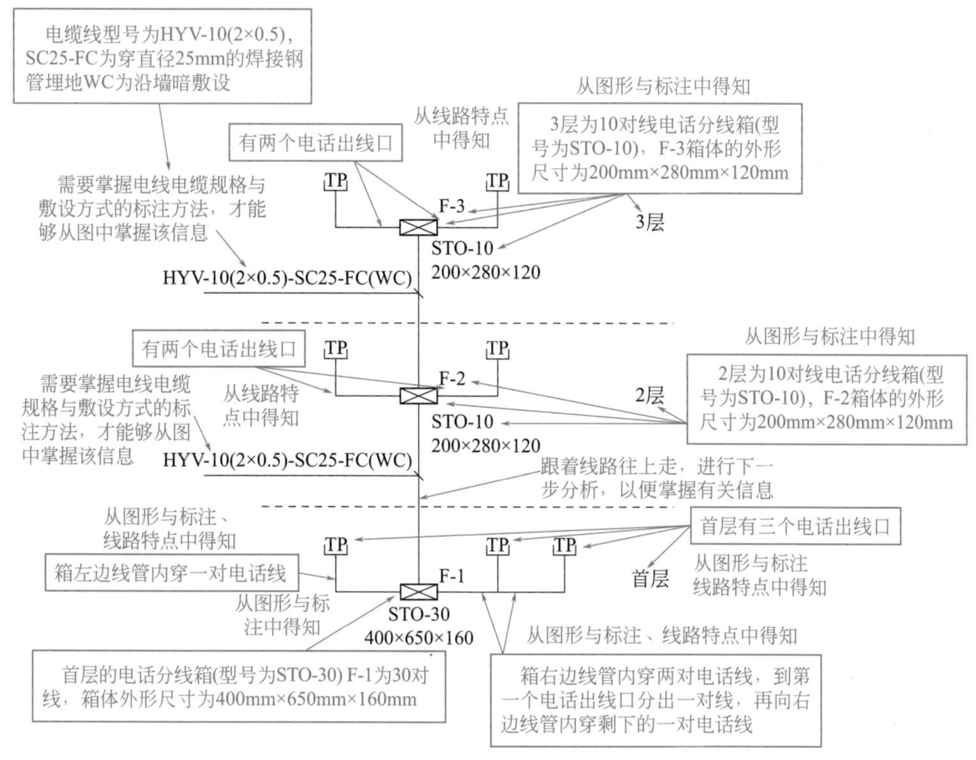

图 7-3　电话系统图图例图解

7.2 智能家居工程

7.2.1 智能家居工程有关术语解释

智能家居工程图有关术语解释是其最基础的知识，有关术语解释如图 7-4 所示。

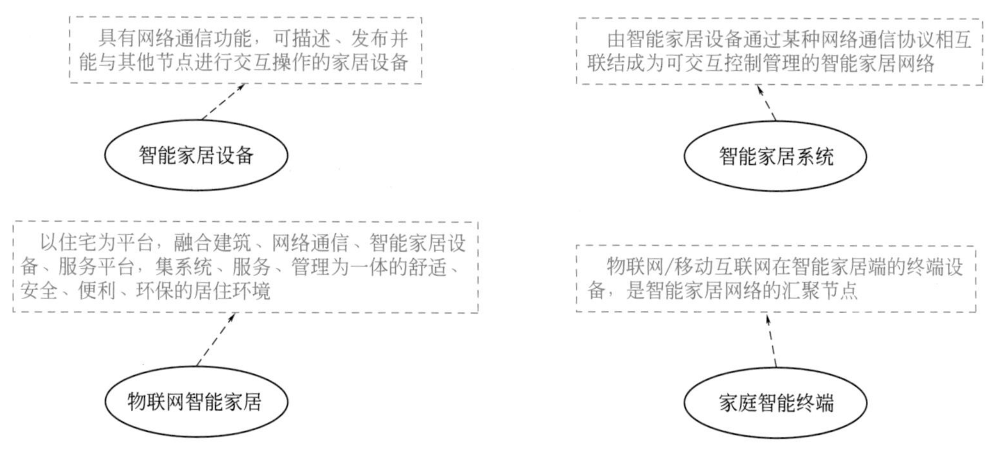

图 7-4　智能家居工程图常见的有关术语解释

7.2.2 图形符号、图例

智能家居工程图有不同的方案系统图，识读该类图，主要是抓住主控设备 + 周边设备，然后采用节点法掌握不同设备间（节点间）的联系。不同的系统图，所采用的设备不同。

智能家居工程图上往往通过图形符号（图例）来表示设备实物。识图时，看到图上的图形符号（图例）就能够想到其代表的设备。

智能家居系统图常见的图形含义如图 7-5 所示。智能家居工程图常见设备分类与其图形符号（图例）含义见表 7-2。

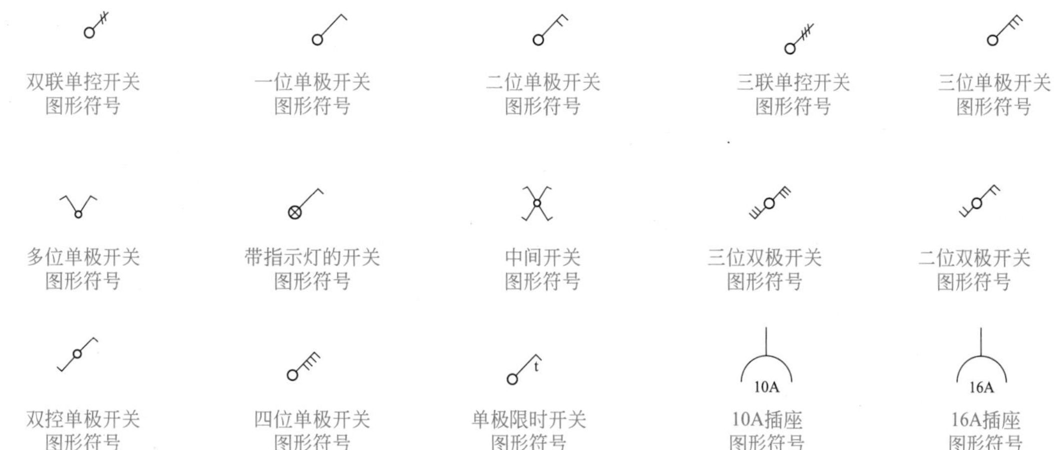

图 7-5　智能家居系统图常见的图形含义

表 7–2　智能家居工程图常见设备分类与其图形符号（图例）含义

报警类探测器类图形符号			
名称	图形符号	名称	图形符号
报警类探测器		无线感温探测器	
感温火灾探测器（点型）		感烟火灾探测器（点型）	
感温火灾探测器（点型、非地址码型）	N	感烟火灾探测器（点型、非地址码型）	N
感温火灾探测器（点型、防爆型）	EX	感烟火灾探测器（点型、防爆型）	EX
复合式感光感烟火灾探测器（点型）		复合式感光感温火灾探测器（点型）	
光束感烟感温火灾探测器（线型、发射部分）		复合式感温感烟火灾探测器（点型）	
光束感烟感温火灾探测器（线型、接收部分）		可燃气体探测器	
无线感烟探测器		无线可燃气体探测器	
感温火灾探测器（线型）			
智能家用电器类图形符号			
名称	图形符号	名称	图形符号
电视机		电冰箱	
微波炉		洗衣机	

续表

智能家用电器类图形符号

名称	图形符号	名称	图形符号
电热水器		集中式空调机组	
电水壶		中央吸尘装置	
电饭锅		清洁机器人	
咖啡机		吸油烟机	
加湿器		空气净化器	
干衣机		洗碗机	
窗式空调器		室内加热器	
分体空调器	室内机 室外机		

声、光报警器图形符号

名称	图形符号	名称	图形符号
报警器		无线声、光报警器	
警报发声器		报警灯箱	
无线警报发声器		警铃箱	
声、光报警器		警号箱	

报警控制设备类图形符号

名称	图形符号	名称	图形符号
报警控制设备		周界报警控制器	
报警控制主机	继电器触点 报警信号输入 D R (报警输出) KP K 控制键盘 S 串行接口	防区扩展模块	D 探测器 KP P 巡查点 A 报警主机

续表

报警传输设备类图形符号			
名称	图形符号	名称	图形符号
报警传输设备	X X代表传输设备	传输接收器	Rx
报警中继数据处理机	P	传输发送、接收器	Tx/Rx
传输发送器	Tx		

报警开关类图形符号			
名称	图形符号	名称	图形符号
报警开关		压力垫开关	
紧急脚挑开关		磁开关入侵探测器	
紧急按钮开关		无线磁开关入侵探测器	
无线紧急按钮开关			

振动、接近式探测器类图形符号			
名称	图形符号	名称	图形符号
声波探测器		分布电容探测器	
振动、接近式探测器		压敏探测器	P
被动式玻璃破碎探测器	B	振动入侵探测器	A
无线被动式玻璃破碎探测器	B	振动声波复合探测器	A/

控制阀类图形符号			
名称	图形符号	名称	图形符号
控制阀		电动阀	M
电磁阀	M	信号阀	

续表

空间移动探测器类图形符号			
名称	图形符号	名称	图形符号
空间移动探测器	◁	无线被动红外入侵探测器	IR（带天线）
微波和被动红外复合入侵探测器	IR/M	微波多普勒探测器	M
无线被动红外 / 微波双技术探测器	IR/M（带天线）	超声波多普勒探测器	U
三复合探测器	X/Y/Z	被动红外 / 超声波双技术探测器	IR/U
被动红外入侵探测器	IR		

7.2.3 智能家居控制器与设备连接图的识读

不同的智能家居控制器，其与家居设备的连接有所差异。因此，识读智能家居控制器与设备的连接图时应以智能家居控制器为中心点进行识读。

一般智能家居控制器均有输入端节点、输出端节点、电源端节点等。有的智能家居控制器节点与家居设备节点间，会存在相关的模块。识读这样的智能家居控制器与设备的连接图，节点法识读变为：智能家居控制器节点—模块节点—家居设备节点。

不同的节点间采用不同的导线，对应的导线具有相应的功能。有的智能家居控制器与设备的连接图上的导线会标注出来。因此，会识读标注，也就掌握了导线的名称等信息。

典型的智能家居控制器与设备的连接图识读图解如图 7-6 所示。

智能家居控制器与设备的连接图原图如图 7-7 所示。

识读图时，应能看懂智能家居控制器与设备的连接图原图上各图形符号、文字表示的含义。识读标注图解如图 7-8 所示。

如图 7-9 所示标注节点（实际识读时，并不在图纸上标注，而是在心里、大脑中设定，其他的情况也相同），然后根据不同节点间的连接情况，识读出该节点间信息。

例如如图 7-10 所示智能家居家庭控制器节点与无线模块节点，该节点间的信息如下。

① 智能家居家庭控制器 DC 12V 电源节点与无线模块电源节点间采用 RVV-2×1.0 导线连接。

② 智能家居家庭控制器信号节点与无线模块信号节点间采用 RVS-2×1.0（RS-485 总线）导线连接。

其他节点间的识读可以参考上述节点间识读方法。

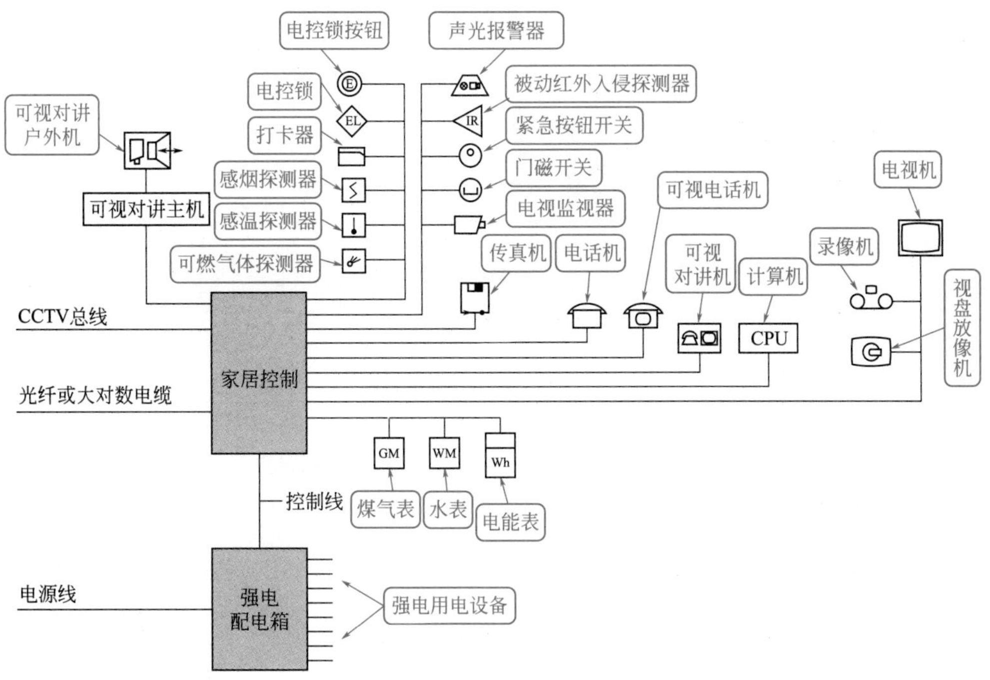

图 7-6　典型的智能家居控制器与设备的连接图识读图解

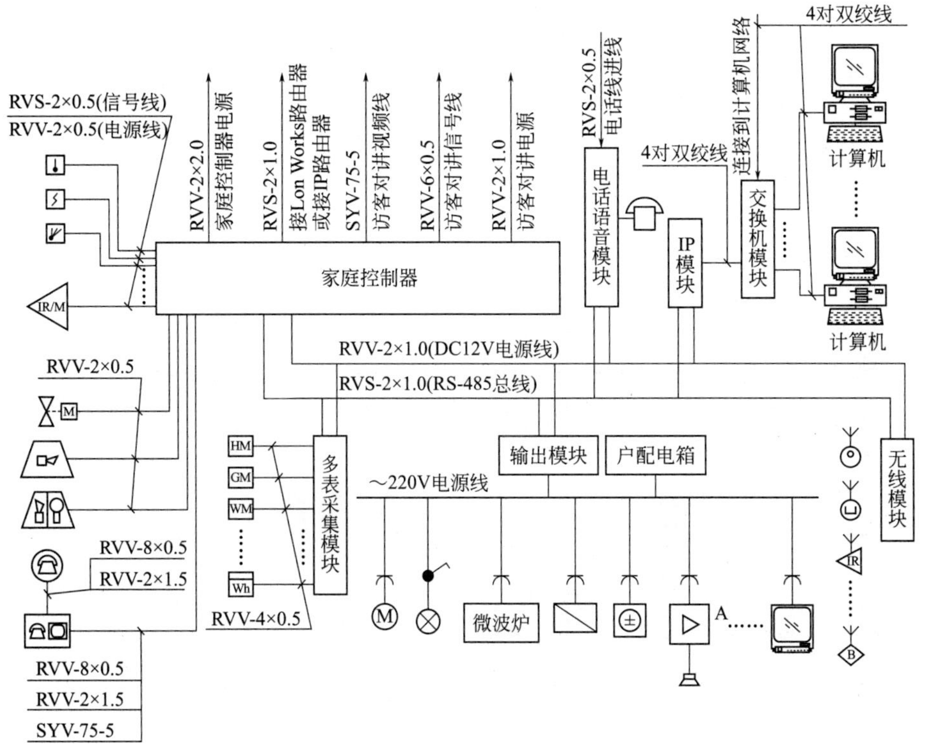

图 7-7　智能家居控制器与设备的连接图原图

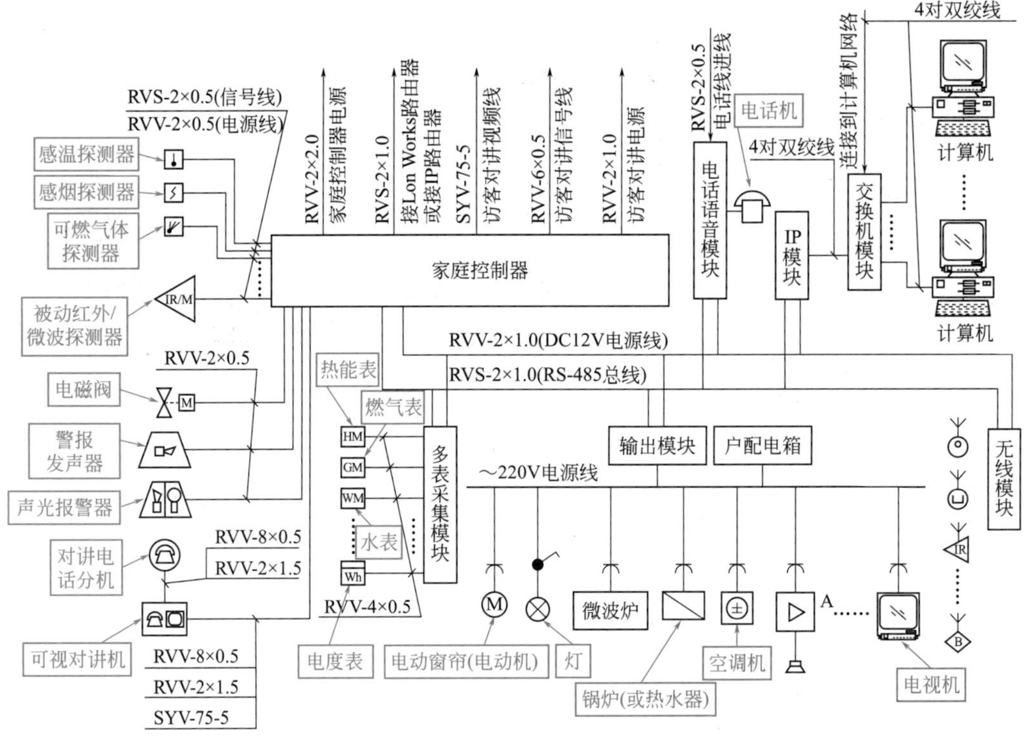

图 7-8　识读标注图解

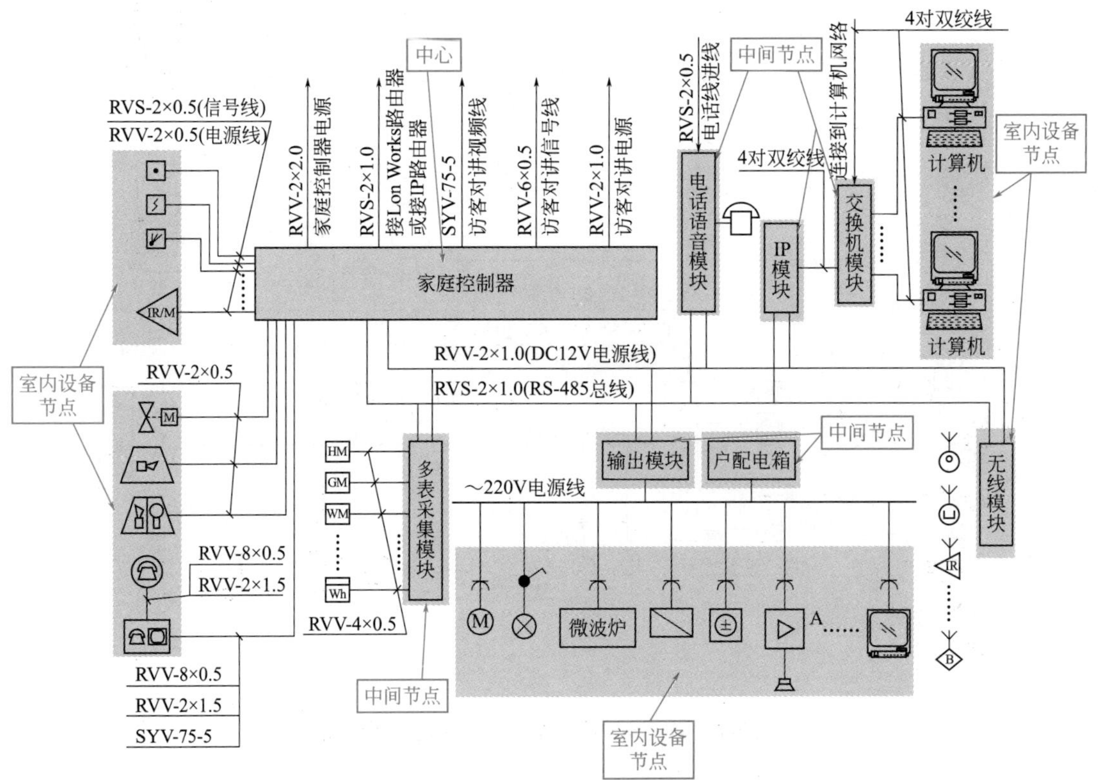

图 7-9　标注节点

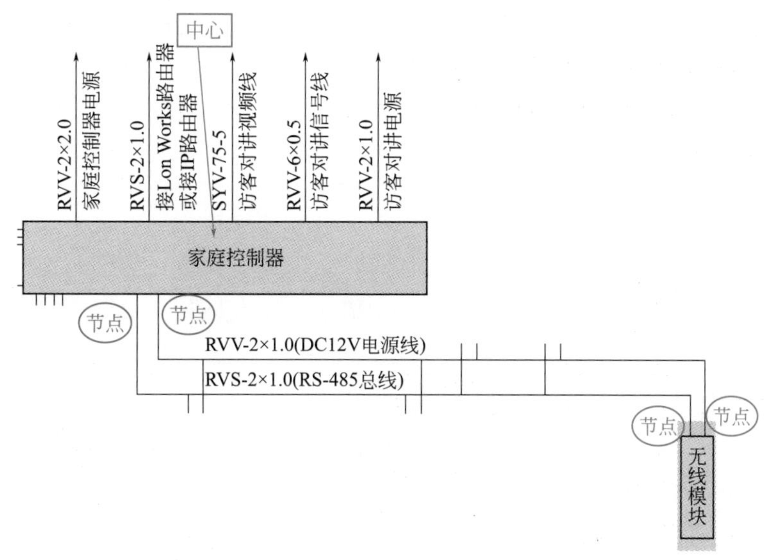

图 7-10　智能家居家庭控制器节点与无线模块节点间

7.2.4　智能家居室内平面控制图的识读

不同智能家居室内平面控制图呈现的信息不同。可以根据节点的功能、特点，以及节点间的连接方式识读，以便掌握有关信息。

例如，图 7-11 所示的智能家居室内平面控制图，该图主要涉及 HC 节点、TD 节点、TP

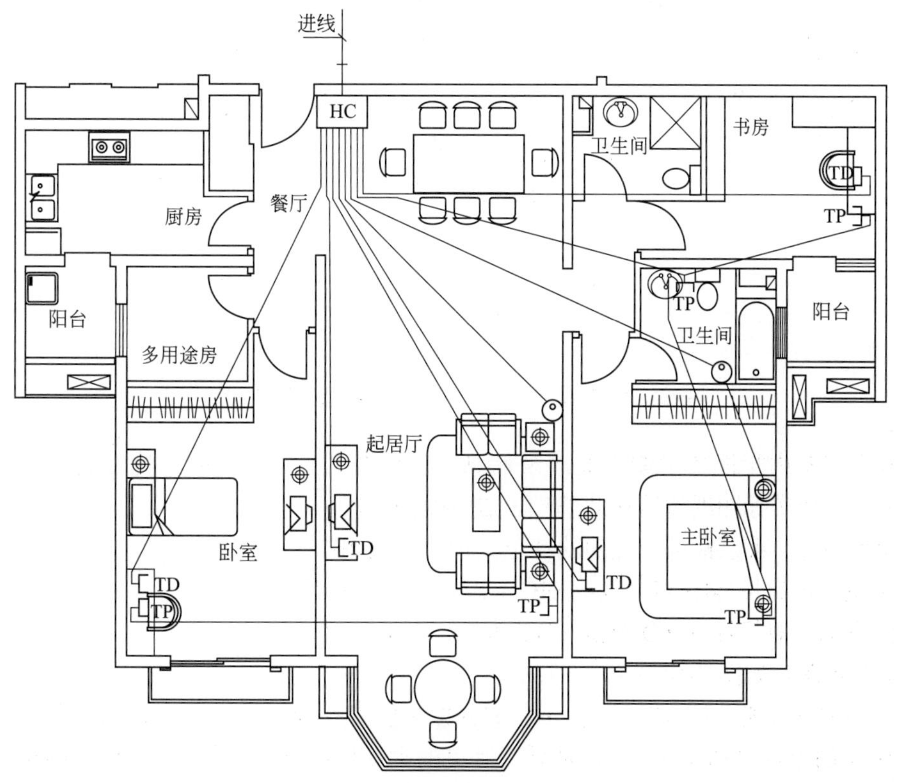

图 7-11　智能家居室内平面控制图

节点、紧急开关按钮节点。节点间的连接主要涉及：HC 节点—TD 节点；HC 节点—TP 节点；TP 节点—TP 节点；HC 节点—紧急开关按钮节点；紧急开关按钮节点—紧急开关按钮节点。

识读时，首先掌握智能家居室内平面控制图上涉及 HC、TD、TP、紧急开关按钮等符号、标注的含义。智能家居室内平面控制图识读标注图解如图 7-12 所示。

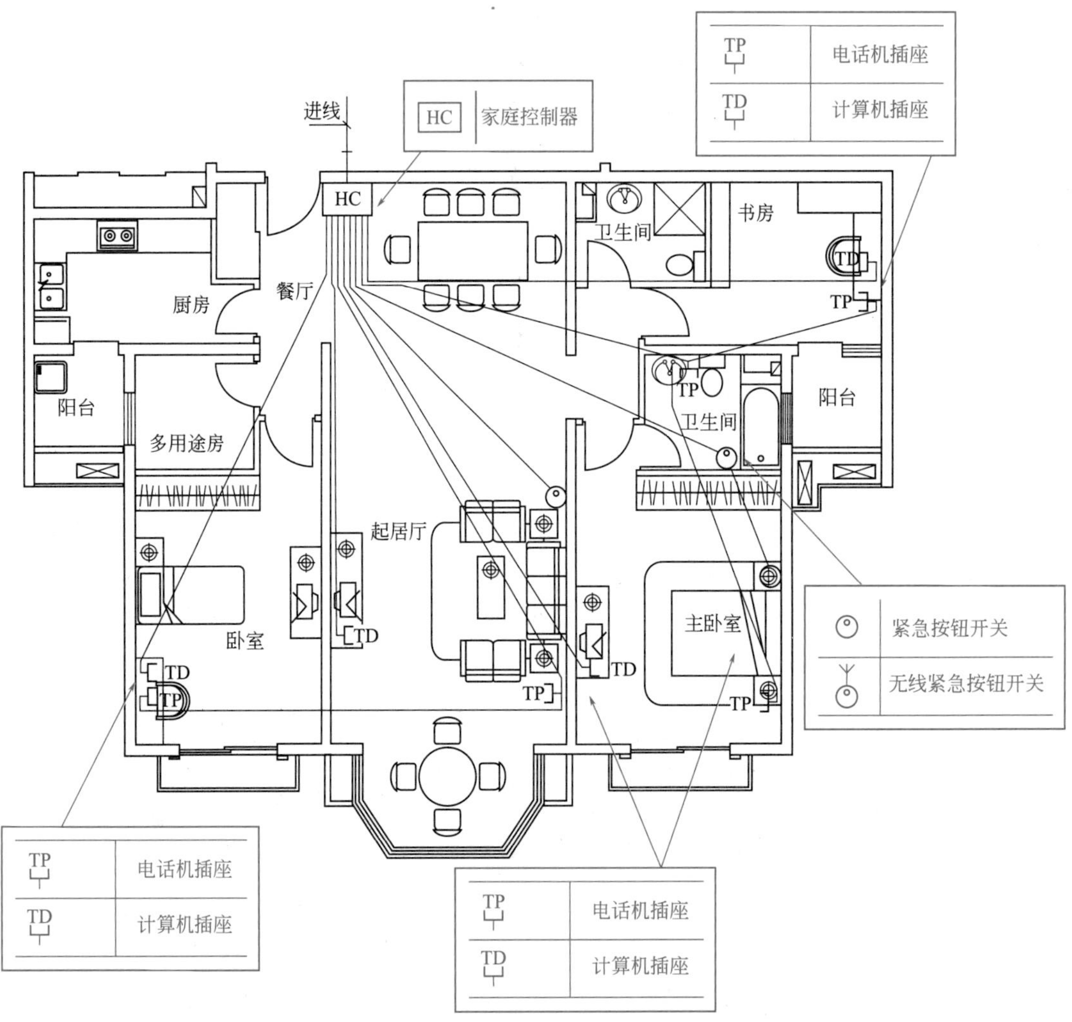

图 7-12　智能家居室内平面控制图识读标注图解

智能家居室内平面控制图主要涉及信息插座板的布局，基本的结构布局特点图解如图 7-13 所示，其他实际图纸可以在此基础上进行变通识读。

识读线路时，可以根据节点间的特点来识读。例如：

① 卧室的电话机插座 TP 节点—HC 家庭控制器节点；

② 卧室的计算机插座 TD 节点—HC 家庭控制器节点。

卧室节点图解如图 7-14 所示。

① 卧室的计算机插座 TD 节点—HC 家庭控制器节点是直接采用网络线连接的。

② 卧室的电话机插座 TP 节点是采用卧室的电话机插座 TP 节点—起居室的电话机插座 TP 节点—HC 家庭控制器节点的形式连接的。

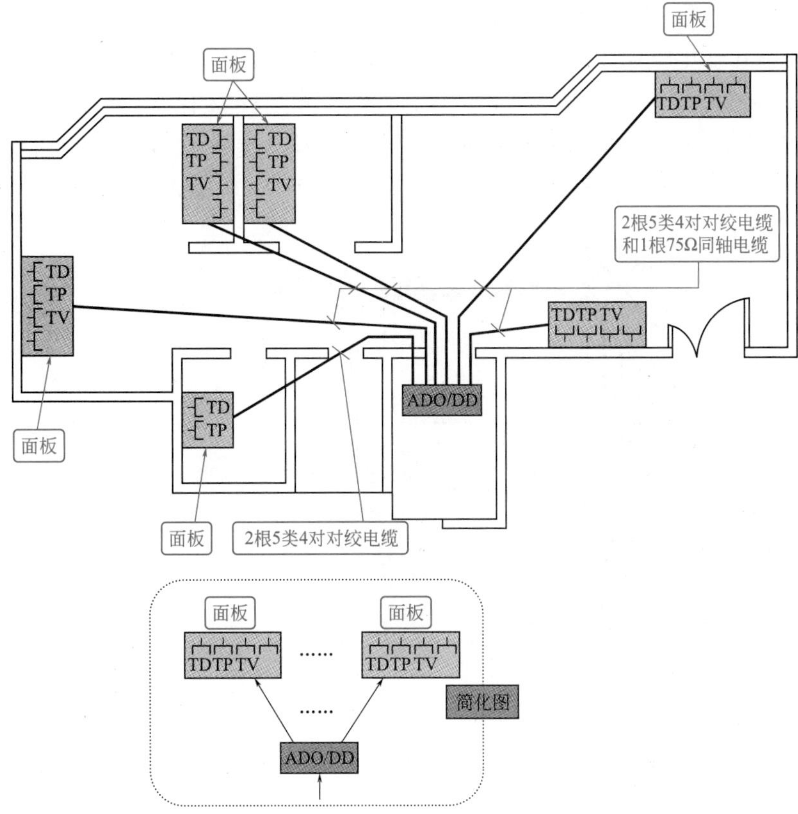

图 7-13 智能家居室内平面控制图基本的结构布局特点图解

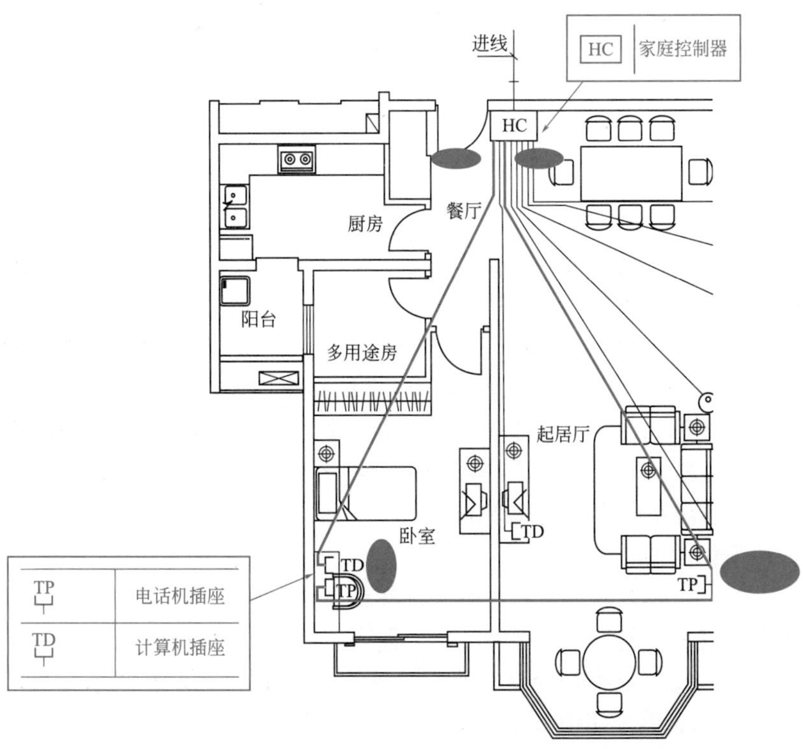

图 7-14 卧室节点图解

其他节点间可以参考上述方法识读。

另一智能家居弱电平面图图例如图 7-15 所示。识读时的技巧如下。

① 看图名掌握该图主要呈现的信息是什么——三室户弱电平面图。

② 看说明掌握该图文字补充什么信息——出线口要避开暖气管道，对讲手机为挂墙壁安装，探测器采用吸顶安装，弱电系统进户线采用弱电井引入，有关线路的名称与安装特点。

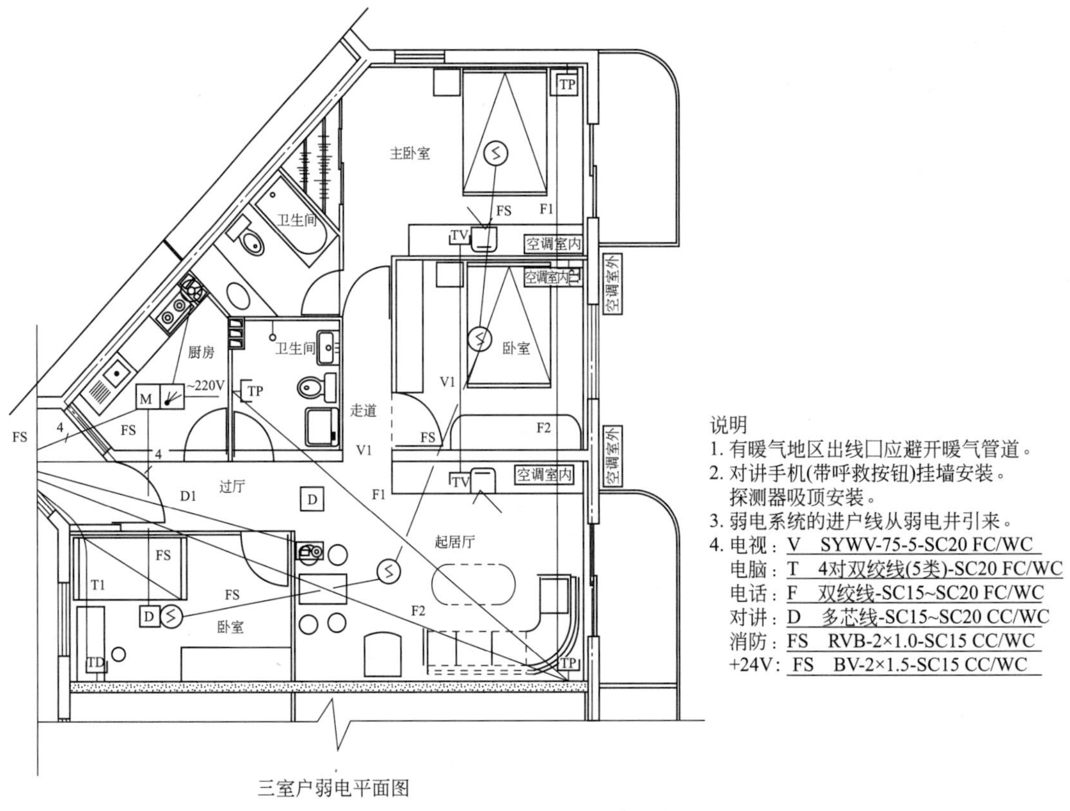

图 7-15　智能家居弱电平面图图例

识读时，还应掌握智能家居弱电平面图上有关符号、标注的含义。智能家居弱电平面图图例识读标注图解如图 7-16 所示。

识读具体线路时，可以跟着（沿着）线路，并且采用节点 + 线路形式来掌握有关信息。例如电视线路的识读，就可以跟着（沿着）电视线路来识读，并且采用节点 + 线路形式来掌握有关信息（图 7-17）：电视线路从进线节点（弱电井引入）进入—（采用 SYWV-75-5-SC20 FC/WC 形式经过过厅）—起居厅电视面板插座节点—（采用 SYWV-75-5-SC20 FC/WC 形式经过卧室）—主卧室电视面板插座节点。

节点 + 线路简化图如图 7-18 所示。

识读实际图时，应先整体看图，然后分部仔细看图。有的需要几张图互补看。智能家居平面图，往往有电气平面图与弱电平面图。家居电气平面图与弱电平面图是在同一空间中布局的，实际工况中，还可能存在交叉、平行、间距等要求。图 7-19 所示为智能家居电气平面图。图 7-20 所示为智能家居电气平面图有关符号、标注的含义。

掌握了智能家居电气平面图有关符号、标注的含义，有利于节点名称或者节点功能的定义，进而为掌握节点间的联系打下基础。

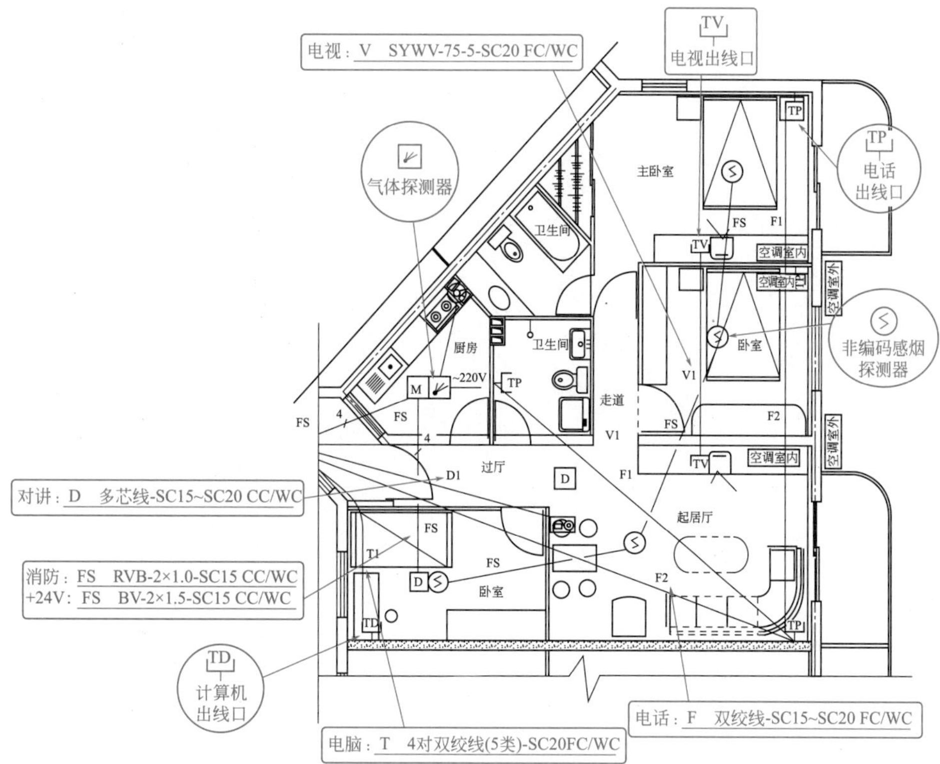

图 7-16　智能家居弱电平面图图例识读标注图解

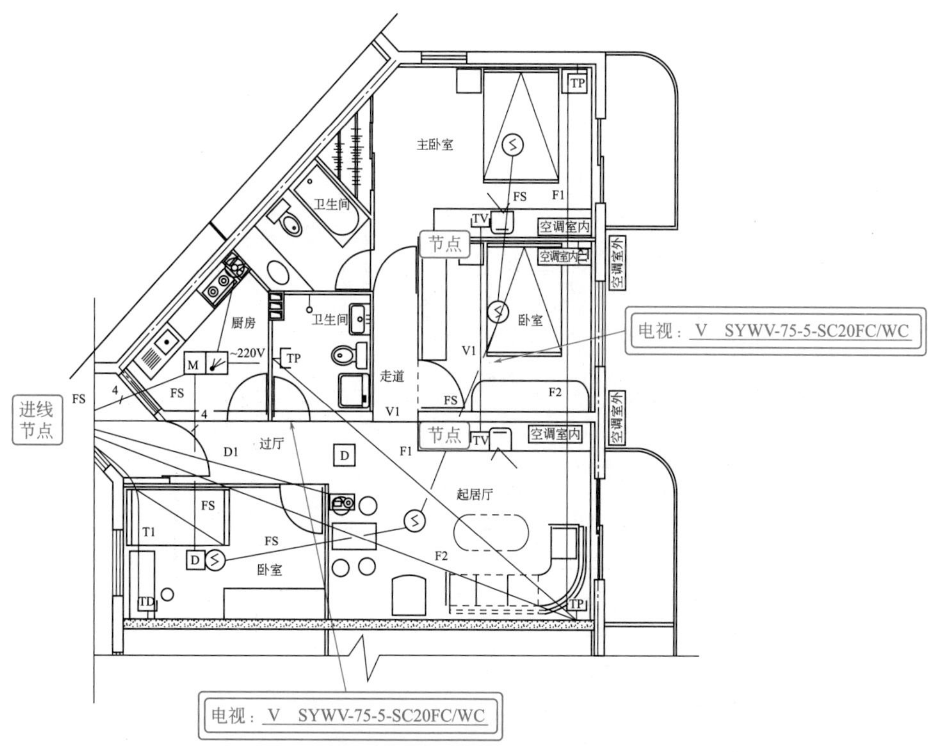

图 7-17　识读电视线路

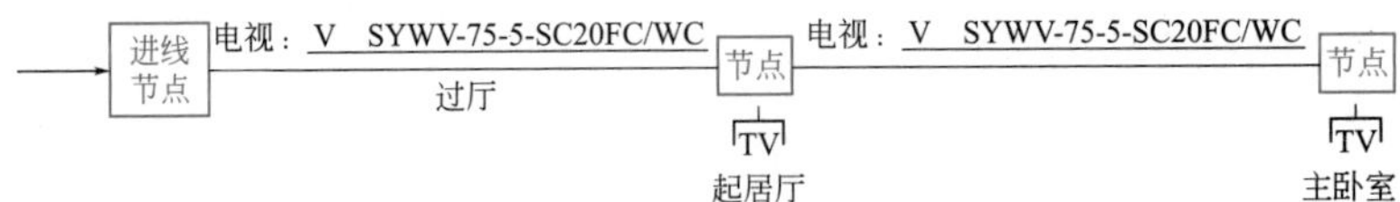

图 7-18 节点 + 线路简化图

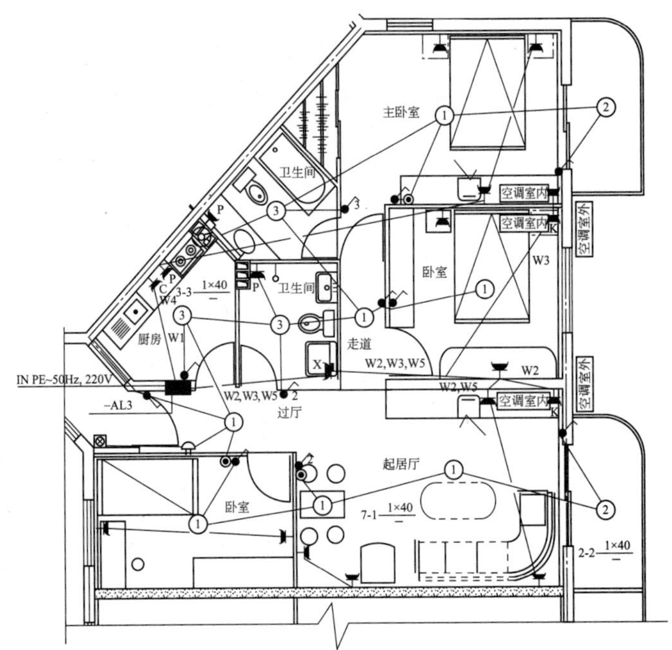

图 7-19 智能家居电气平面图

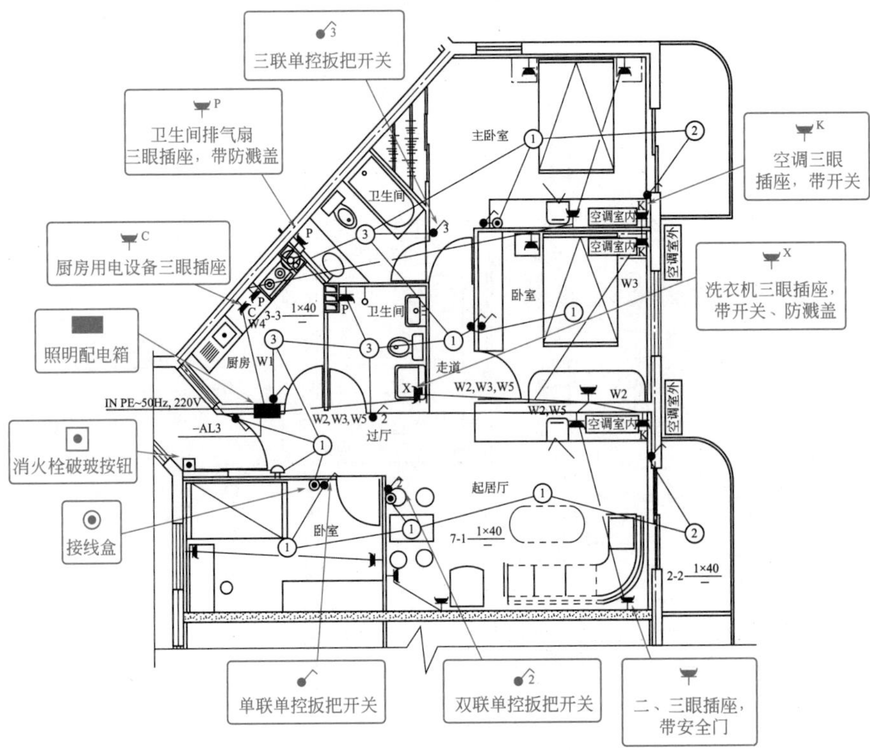

图 7-20 智能家居电气平面图有关符号、标注的含义

7.2.5　温度传感器安装图的识读

温度传感器的安装图的识读图解如图 7-21 所示。识读安装图，重点落实到怎样安装、安装要求、安装节点、安装连线等细节上。图上有明确的要求，则安装时需要按图施工。另外，图上的说明与图应同等重视。

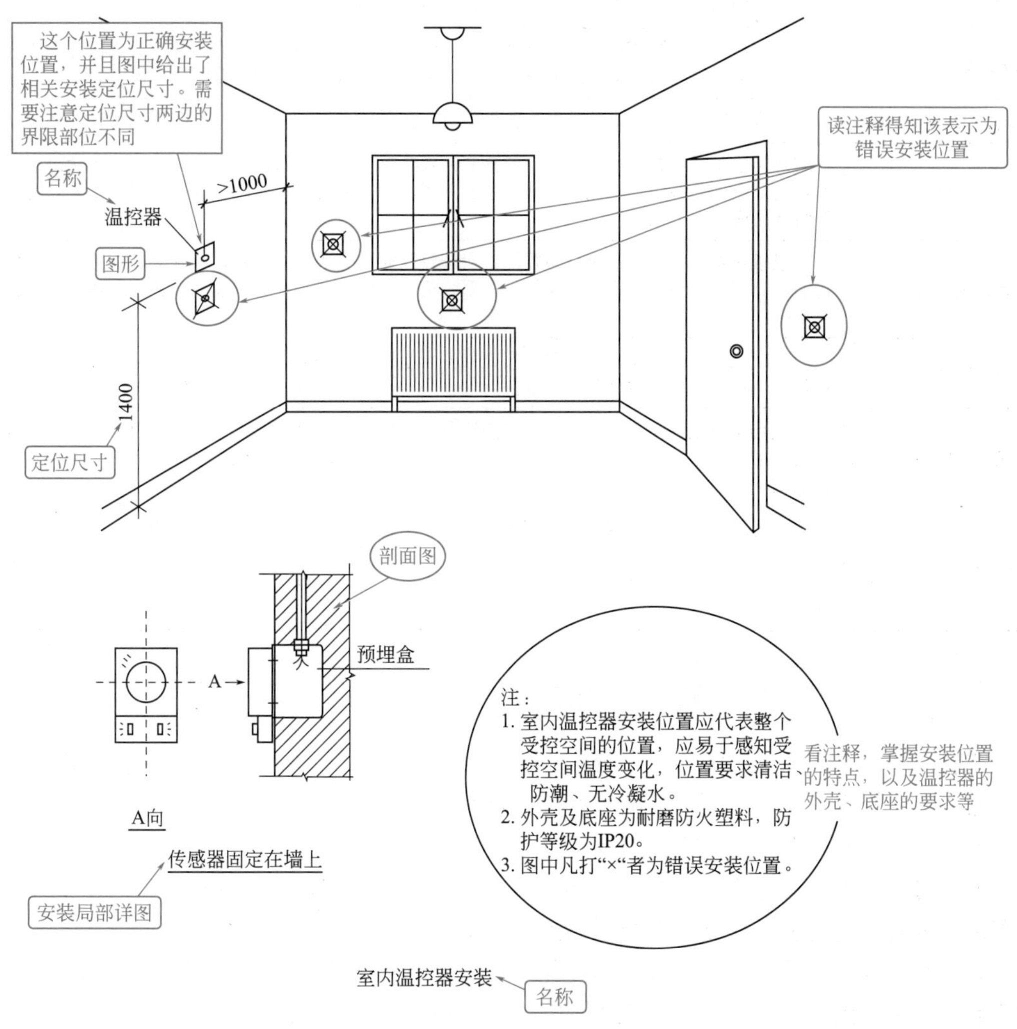

图 7-21　温度传感器的安装图的识读图解

7.3　智能化系统

7.3.1　智能建筑有关术语解释

智能建筑有关术语是其最基础的知识，具体有关术语的解释见表 7-3。

表 7-3　智能建筑有关术语解释

名称	解释
工程架构	工程架构是以建筑物的应用需求为依据，通过对智能化系统工程的设施、业务、管理等应用功能作层次化结构规划，从而构成由若干智能化设施组合而成的一种架构形式
公共安全系统	公共安全系统是为了维护公共安全，运用现代科学技术，具有以应对危害社会安全的各类突发事件而构建的综合技术防范或安全保障体系综合功能的一种系统
机房工程	机房工程是为了提供机房内各智能化系统设备、装置的安置与运行条件，以确保各智能化系统安全、可靠、高效地运行与便于维护的建筑功能环境而实施的一种综合工程
建筑设备管理系统	建筑设备管理系统是对建筑设备监控系统、公共安全系统等实施综合管理的一种系统
信息化应用系统	信息化应用系统是以信息设施系统和建筑设备管理系统等智能化系统为基础，为满足建筑物的各类专业化业务、规范化运营与管理的需要，由多种类信息设施、操作程序、相关应用设备等组合而成的一种系统
信息设施系统	信息设施系统是为了满足建筑物的应用与管理对信息通信的需求，将各类具有接收、交换、传输、处理、存储、显示等功能的信息系统整合，形成建筑物公共通信服务综合基础条件的一种系统
应急响应系统	应急响应系统是为了应对各类突发公共安全事件，提高应急响应速度、决策指挥能力，有效预防、控制、消除突发公共安全事件的危害，具有应急技术体系与响应处置功能的一种系统
智能化集成系统	智能化集成系统是为了实现建筑物的运营、管理目标，基于统一的信息平台，以多种类智能化信息集成方式，形成的具有信息汇聚、资源共享、协同运行、优化管理等综合应用功能的一种系统
智能建筑	智能建筑是以建筑物为平台，基于对各类智能化信息的综合应用，集架构、系统、应用、管理及优化组合为一体，具有感知、传输、记忆、推理、判断、决策的综合智慧能力，形成以人、建筑、环境互为协调的整合体，为人们提供安全、高效、便利、可持续发展功能环境的一种建筑

7.3.2　住宅小区智能化系统图的识读

智能家居作为住宅小区智能化系统的一部分，在识读具体智能家居线路时，可能需要了解住宅小区智能化系统。另外，住宅小区智能化系统也包括了其他公设、室外智能化系统等子系统，也是建筑弱电系统的重要组成部分。

不同的住宅小区智能化系统有所差异，但是其基本的结构特点大同小异，具体识读时可以变通。典型的住宅小区智能化系统图如图 7-22 所示。

对于比较复杂的系统图，可以采用简化图看整体、去干扰看具体、节点法看联系。典型的住宅小区智能化系统图简化图看整体图解如图 7-23 所示。

① 小区管理中心为核心节点，其与小区室外节点有联系。

② 小区管理中心节点与小区 BAS 有联系。

③ 小区管理中心节点与公设有联系。

④ 小区管理中心节点与家居节点有联系。

⑤ 小区管理中心节点与相关单位有联系。

去干扰看具体，如图 7-24 所示，以小区管理中心节点再分节点—物业管理节点为例进行介绍。

以物业管理节点与家居节点联系与等效为例进行解说（图 7-25）：

① 自来水公司节点—物业管理节点—水表节点；

② 供电公司节点—物业管理节点—电能表节点；

③ 煤气公司节点—物业管理节点—燃气表节点。

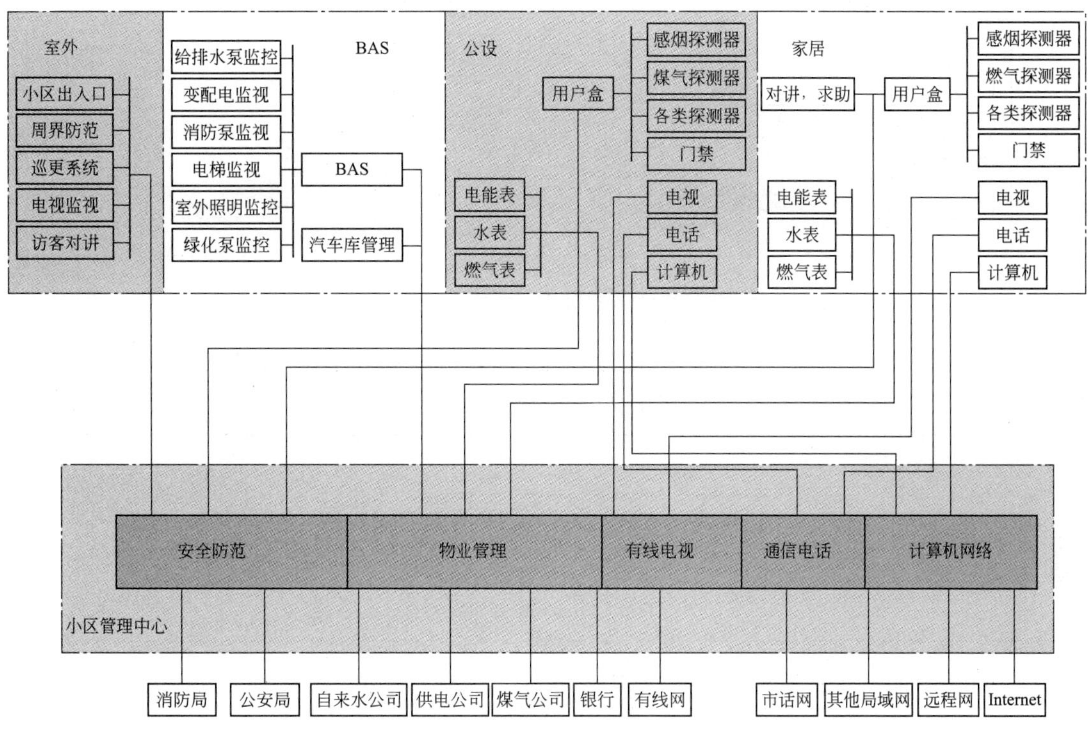

图 7-22　典型的住宅小区智能化系统图

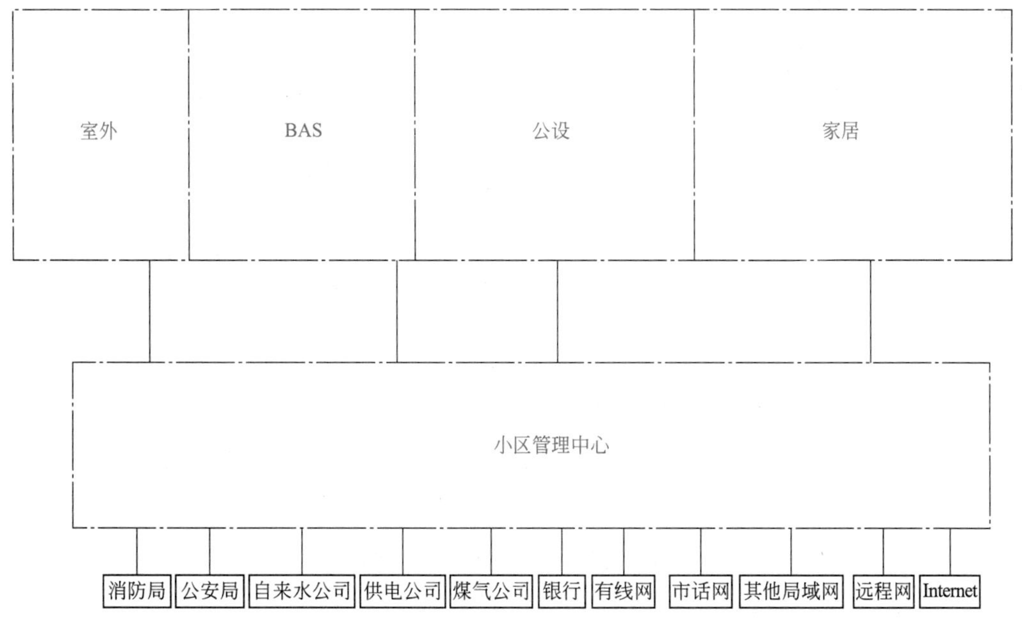

图 7-23　典型的住宅小区智能化系统图简化图看整体图解

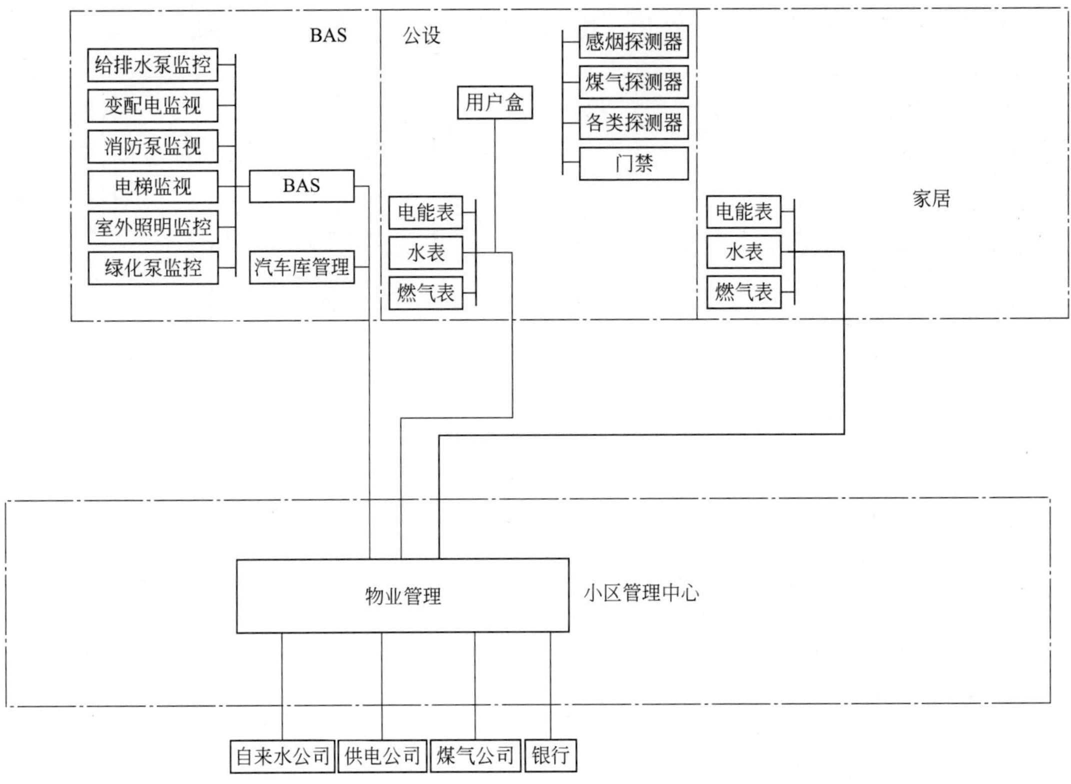

图 7-24　以物业管理节点为例进行介绍

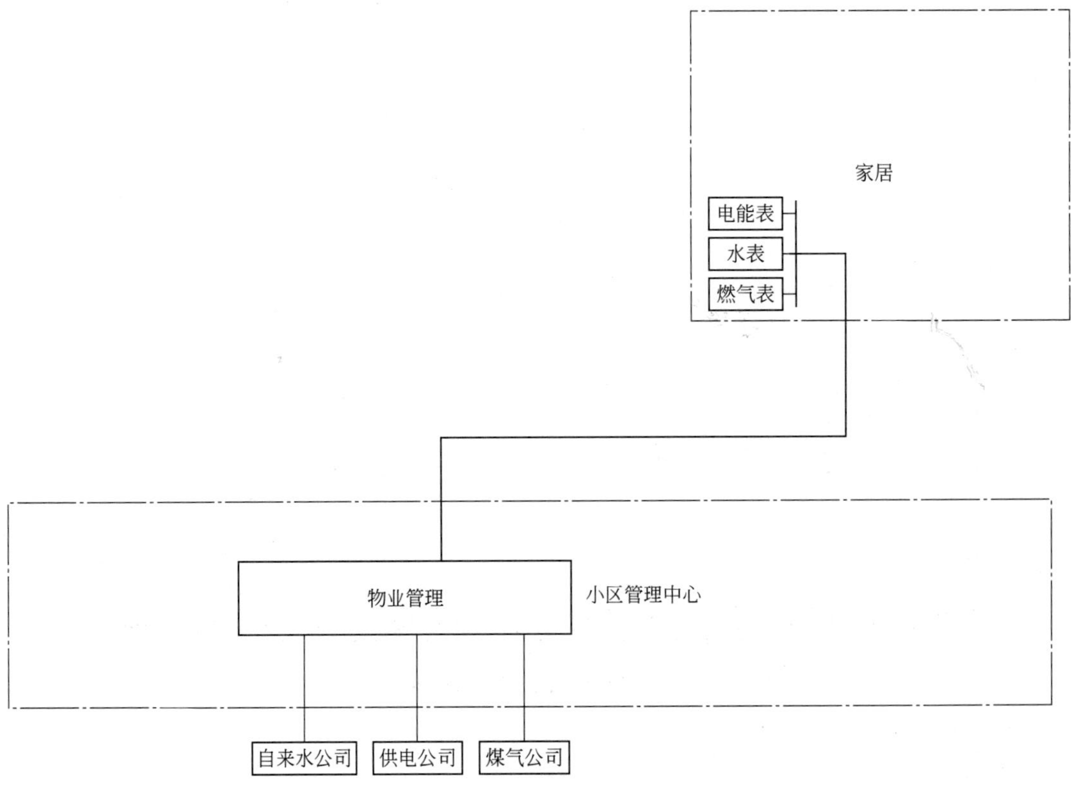

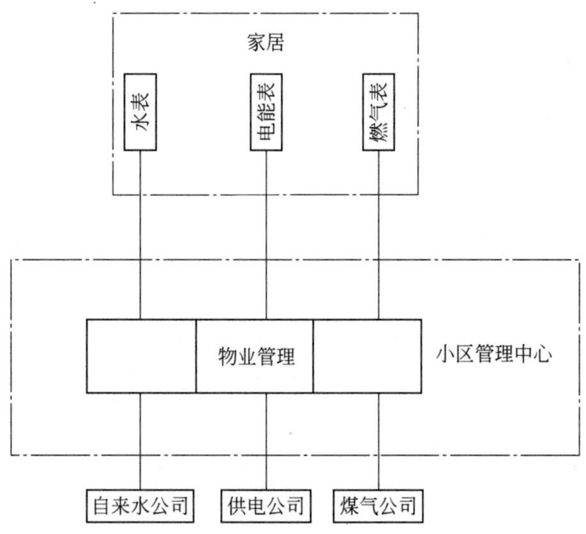

图 7-25　物业管理节点与家居节点的联系与等效

7.4 建筑防雷接地

7.4.1 防雷接地图的类型

防雷接地包括防雷与接地。防雷就是防止因雷击而造成损害而设计的接地。接地分为静电接地与防雷用的接地。静电接地是防止静电产生危害而设计的接地。

防雷接地图的类型如图 7-26 所示。

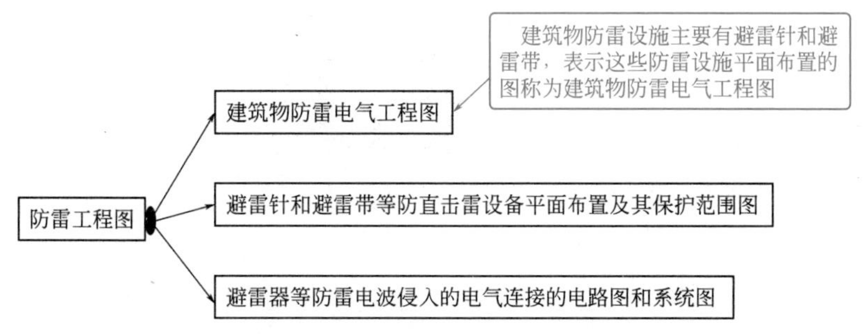

图 7-26　防雷接地图的类型

防雷装置的特点图解如图 7-27 所示。避雷针一般使用镀锌圆钢或使用镀锌钢管加工制成。避雷针圆钢的直径一般不小于 8mm，钢管的直径一般不小于 25mm。避雷针引下线安装一般采用圆钢或扁钢，规格一般为圆钢直径不小于 8mm，扁钢厚度为 4mm、截面积不小于 48mm^2。避雷针引下线一般要镀锌或涂漆。避雷针引下线的固定支持点间隔不得大于 1.5 ～ 2m，引下线的敷设需要一定的松紧度。

防雷装置（避雷线）常见用途有两种：一种用于架空电力线路的防雷；另一种是用于建

筑物的防雷。其中，建筑防雷需要基础打接地极、接地带，形成一个接地网，接地电阻一般要求小于 10Ω。接地网往往需要与建筑的钢筋或钢构的主体连接，水泥混凝土屋顶需要接避雷带或避雷针，墙外地面留有接地测试点。

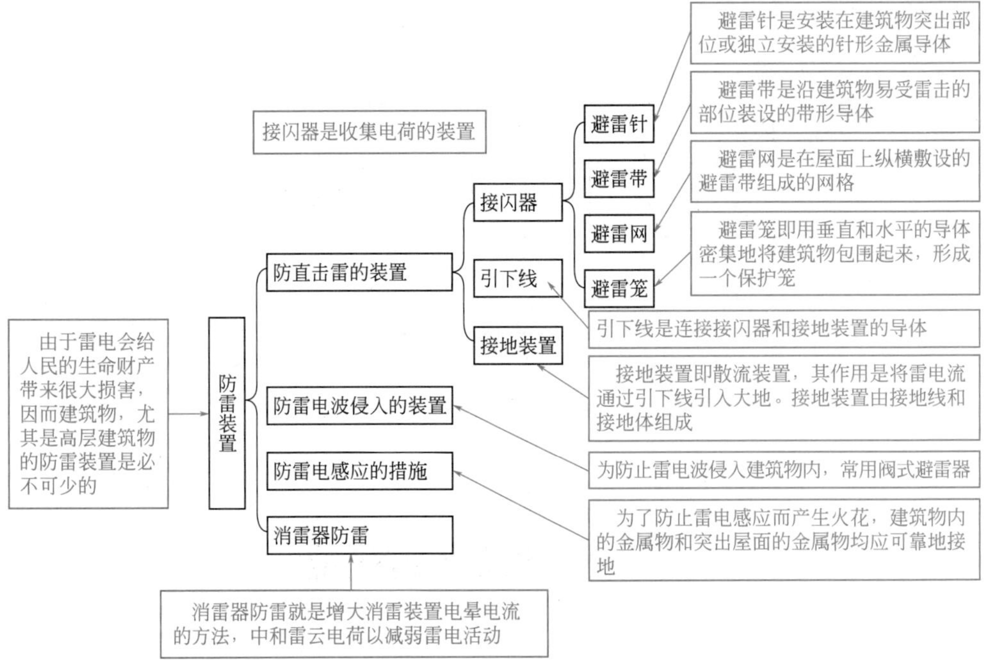

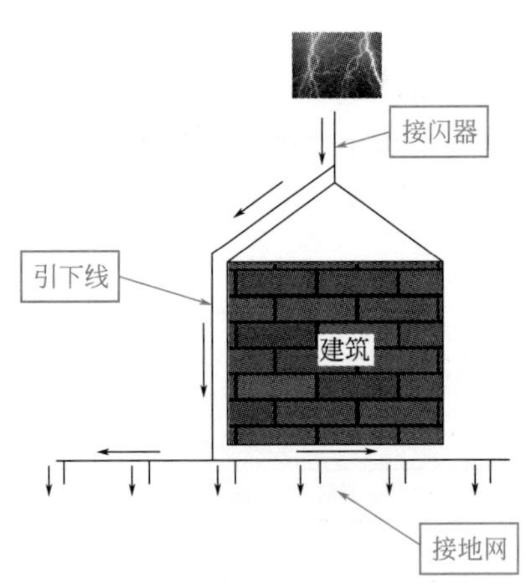

图 7-27　防雷装置的特点图解

建筑物易受雷击的部位图解如图 7-28 所示。

供电系统接地可以分为保护接地、工作点接地。保护接地是带电设备外壳的接地。工作点接地是零线接地。

仪器仪表接地系统接地电阻需要小于 1Ω，且不能与防雷接地连接。

防雷装置连接示意图解如图 7-29 所示。

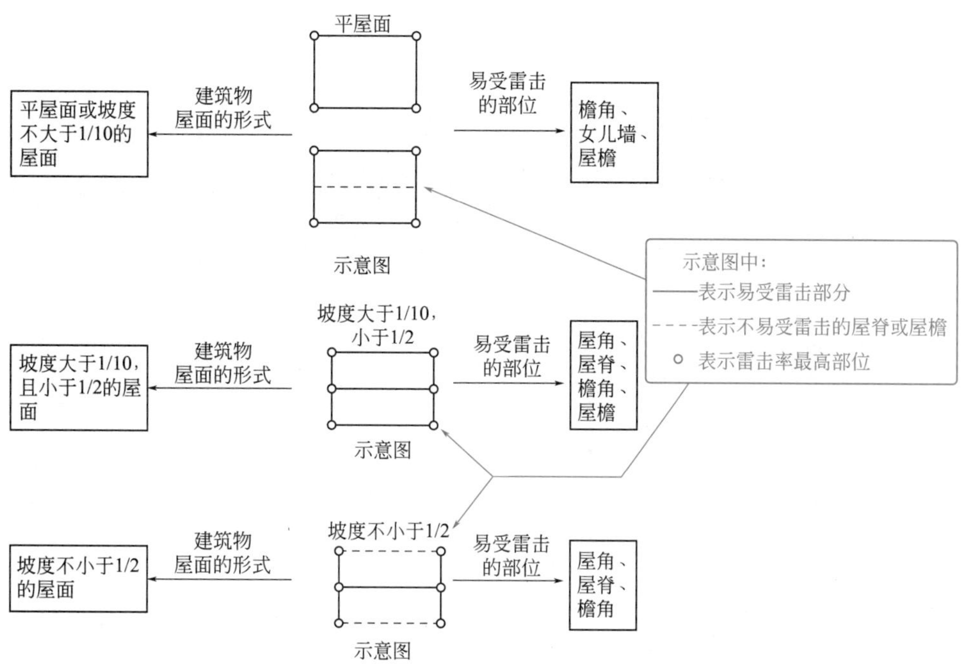

图 7-28　建筑物易受雷击的部位图解

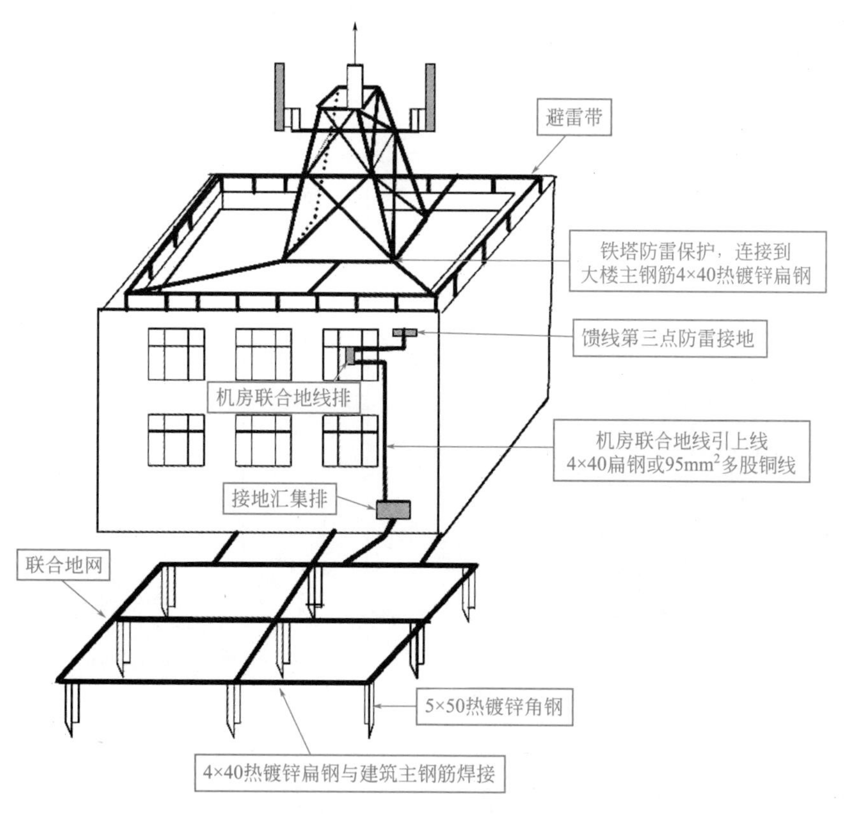

图 7-29　防雷装置连接示意图解

建筑物防雷分类的特点及一般要求见表 7-4。

表 7-4　建筑物防雷分类的特点及一般要求

防雷分类	建筑物分类	接闪器布置		引下线布置	
		滚球半径 h_r/m	接闪网网格尺寸 /m	引下线数量	引下线间距
第三类防雷建筑物	省级重点文物保护的建筑物及省级档案馆。 预计雷击次数大于或等于 0.01 次 /a，且小于或等于 0.05 次 /a 的部、省级办公建筑物和其他重要或人员密集的公共建筑物，以及火灾危险场所。预计雷击次数大于或等于 0.05 次 /a，且小于或等于 0.25 次 /a 的住宅、办公楼等一般性民用建筑物或一般性工业建筑物。 在平均雷暴日大于 15d/a 的地区，高度在 15m 及以上的烟囱、水塔等孤立的高耸建筑物；在平均雷暴日小于或等于 15d/a 的地区，高度在 20m 及以上的烟囱、水塔等孤立的高耸建筑物	60	≤ 20×20 或≤ 24×16	不应少于两根	沿建筑物四周和内庭院四周均匀对称布置，其间距沿周长计算不应大于 25m
第二类防雷建筑物	国家级重点文物保护的建筑物。 国家级的会堂、办公建筑物、大型展览和博览建筑物、大型火车站和飞机场（不含停放飞机的露天场所和跑道）、国宾馆、国家级档案馆、大型城市的重要给水泵房等特别重要的建筑物。 国家级计算中心、国家通信枢纽等对国民经济有重要意义的建筑物。 国家特级和甲级大型体育馆。 制造、使用或储存爆炸物质的建筑物，且电火花不易引起爆炸或不致造成巨大破坏和人身伤亡者。 具有 1 区或 21 区爆炸危险场所的建筑物，且电火花不易引起爆炸或不致造成巨大破坏和人身伤亡者。 具有 2 区或 22 区爆炸危险场所的建筑物。 有爆炸危险的露天钢质封闭气罐。 预计雷击次数大于 0.05 次 /a 的部、省级办公建筑物和其他重要或人员密集的公共建筑物以及火灾危险场所。 预计雷击次数大于 0.25 次 /a 的住宅、办公楼等一般性民用建筑物或一般性工业建筑物	45	≤ 10×10 或≤ 12×8	不应少于两根	沿建筑物四周和内庭院四周均匀对称布置，其间距沿周长计算不应大于 18m
第一类防雷建筑物	凡制造、使用或储存火药、炸药及其制品的危险建筑物，因电火花而引起爆炸、爆轰，会造成巨大破坏和人身伤亡者。 具有 0 区或 20 区爆炸危险场所的建筑物。 具有 1 区或 21 区爆炸危险场所的建筑物，因电火花而引起爆炸，会造成巨大破坏和人身伤亡者	30	≤ 5×5 或≤ 6×4	不应少于两根。 独立接闪杆的杆塔、架空接闪线的端部和架空接闪网的每根支柱处应至少设一根	沿建筑物四周和内庭院四周均匀或对称布置，其间距沿周长计算不宜大于 12m

注：当利用钢筋作为防雷装置时，构件内有箍筋连接的钢筋或成网状的钢筋，其箍筋与钢筋、钢筋与钢筋应采用土建施工的绑扎法、螺丝、对焊或搭焊连接。单根钢筋、圆钢或外引预埋连接板、线与构件钢筋应焊接或采用螺栓紧固的卡夹器连接。构件之间必须连接成电气通路。

防雷接地图常见的符号图解如图 7-30 所示。

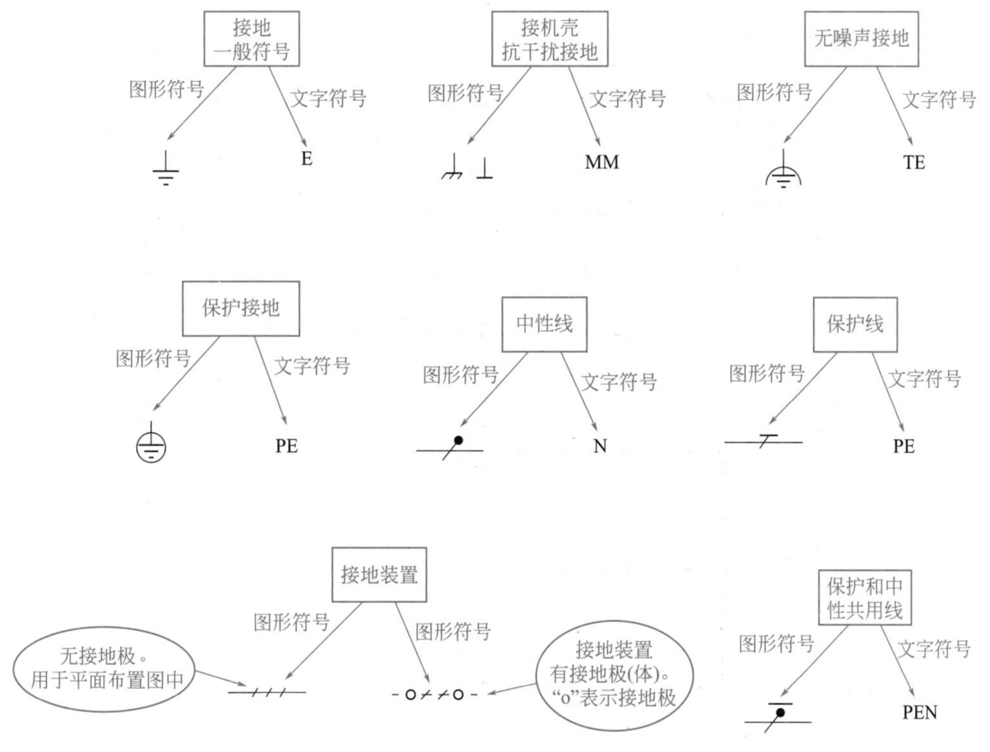

图 7-30　防雷接地图常见的符号图解

7.4.2　建筑物的防雷接地平面图的识读

建筑物的防雷接地平面图一般是表示该建筑防雷接地系统的构成情况、安装要求等。建筑物的防雷接地平面图一般由屋顶防雷平面图、基础接地平面图等组成。其中，识读屋顶防雷平面图主要从图文中掌握采用的是避雷针或是避雷带，材料采用的是圆钢或扁钢、引下线采用的材料与安装焊接要求、避雷网格大小、防雷类别、敷设方式、支架间距、支架转弯处间距、与建筑主筋箍筋等连接要求、建筑物外墙金属构件与建筑物接闪器、引下线连接为一个等电位体要求等信息。

屋顶防雷平面图图例图解如图 7-31 所示。

屋顶防雷平面图结合一些屋顶安装图，则能更清楚掌握屋顶防雷的施工特点、要求。某屋顶防雷安装图图解如图 7-32 所示。

接地网立面图识读图解如图 7-33 所示。

屋顶防雷平面图
图例图解

某屋顶防雷
安装图图解

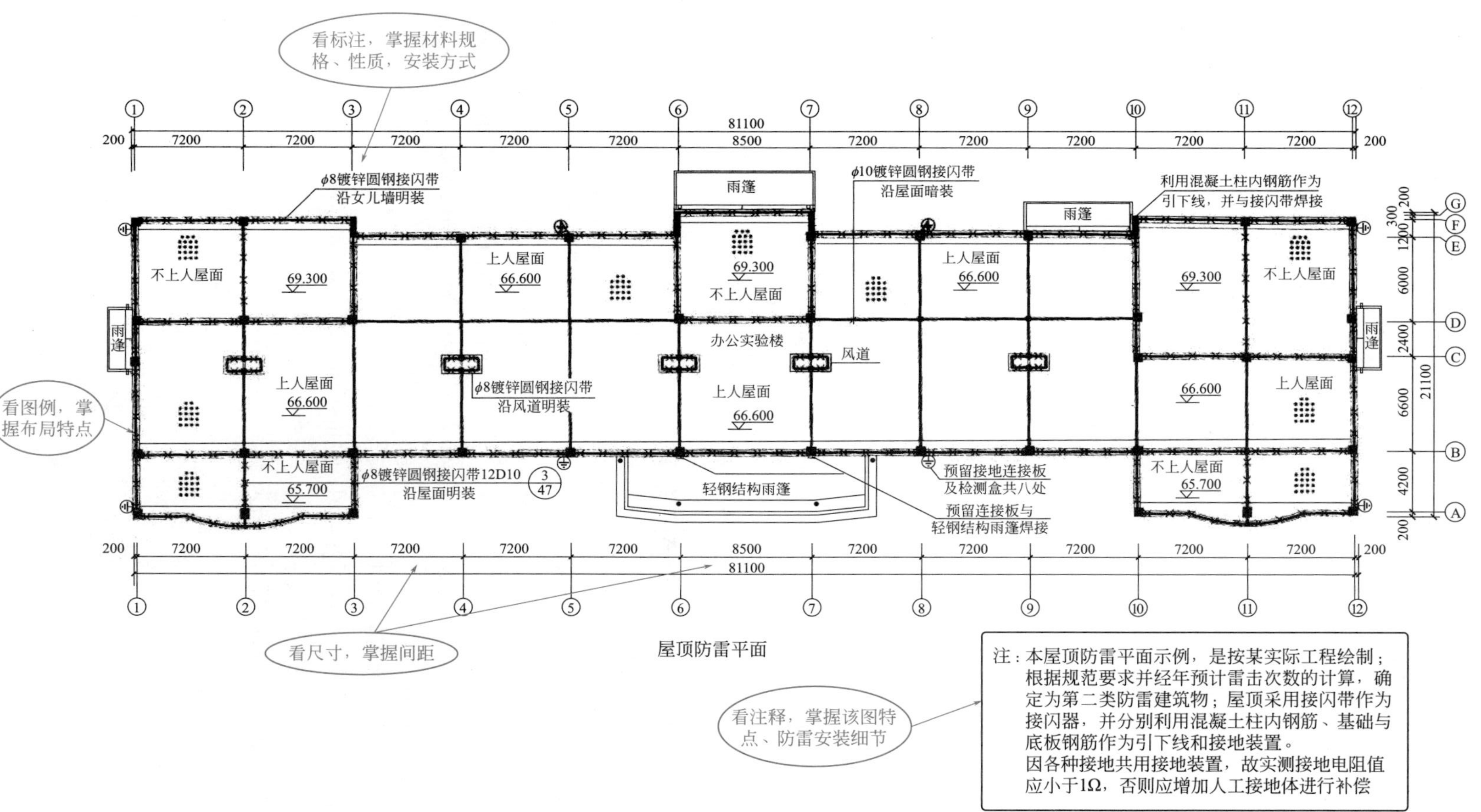

图 7-31　屋顶防雷平面图图例图解

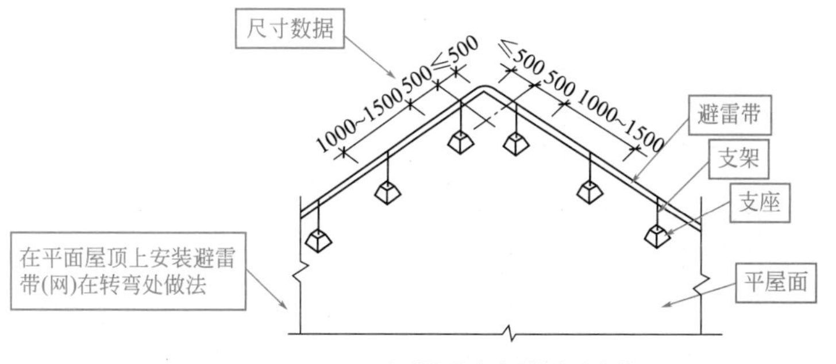

(a) 平面屋顶避雷网转弯处安装

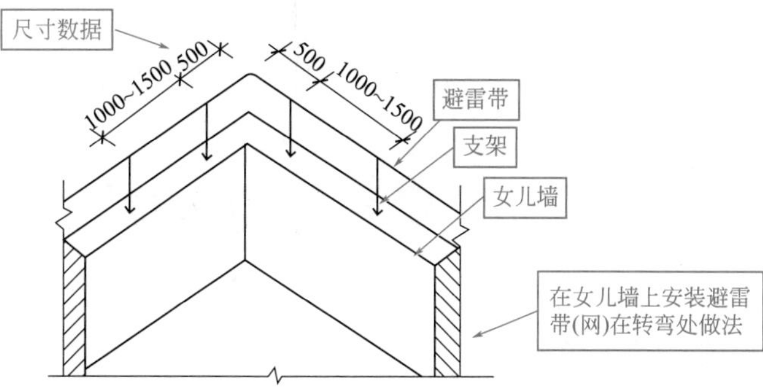

(b) 女儿墙上避雷网转弯处安装

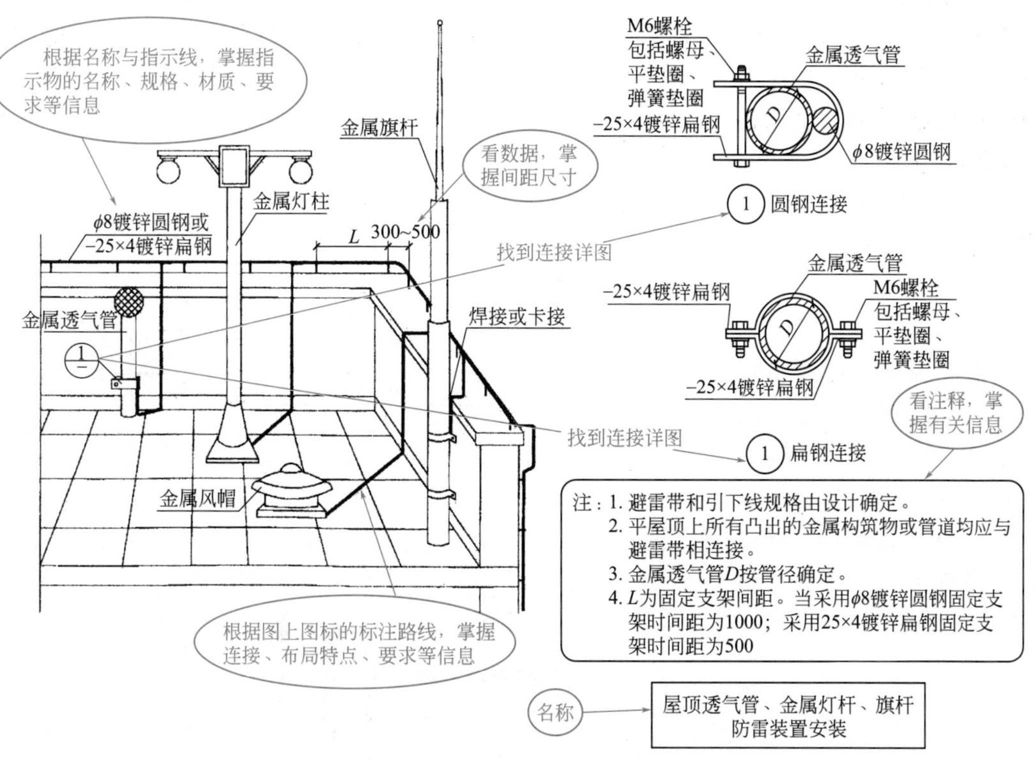

(c) 屋顶金属杆防雷装置安装

图 7-32 某屋顶防雷安装图图解

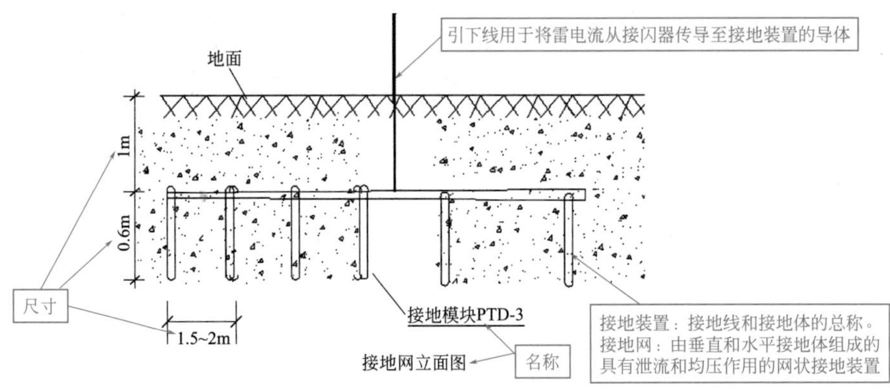

图 7-33　接地网立面图识读图解

7.5 等电位

等电位连接系统图识读图解

7.5.1 等电位连接图概述

等电位连接是把建筑物内、附近的所有金属物统一用电气连接的方法连接起来（包括焊接或者可靠的导电连接），从而使整座建筑物成为一个良好的等电位体。连接的金属物包括自来水管、煤气管、其他金属管道、电缆金属屏蔽层、电力系统的零线、混凝土内的钢筋、机器基础金属物及其他大型的埋地金属物、建筑物的接地线等。

等电位图包括等电位连接系统图、等电位连接平面图、等电位连接局部图等。

识读等电位连接系统图，应掌握建筑等电位连接整体特点、电位连接的节点、电位连接线路的分布特点与安装要求、等电位连接所采用的设备与材料等信息。

7.5.2 等电位连接系统图识读图解

等电位连接系统图识读图解如图 7-34 所示。

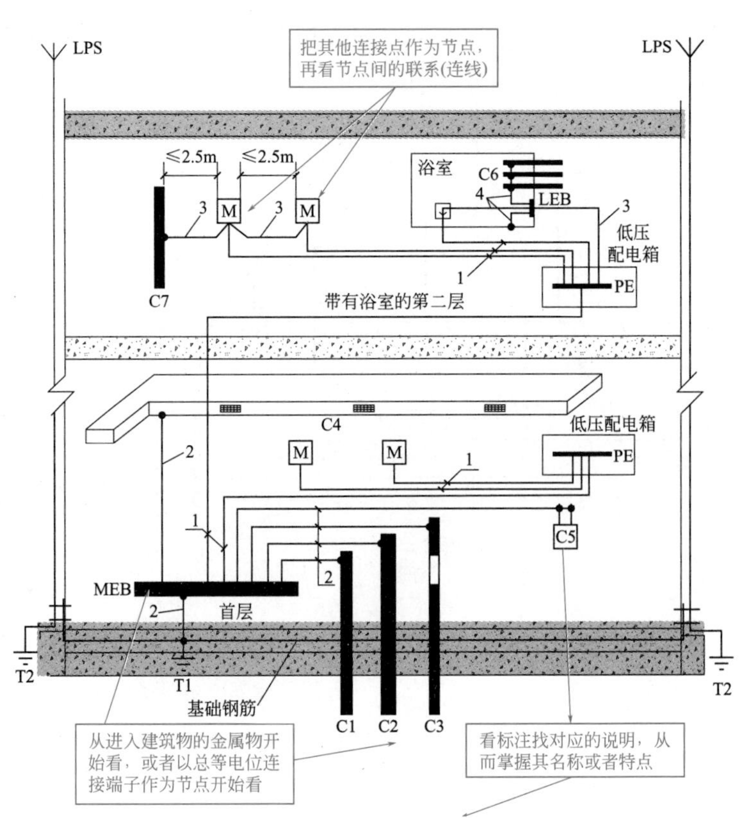

图例标注说明：

M—外露可导电部分；
C—外部可导电部分；
C1—进入建筑物的金属给水或排水管；
C2—进入建筑物的金属暖气管；
C3—进入建筑物带有绝缘段的金属燃气管；
C4—空调管；
C5—暖气片；
C6—进入浴室的金属管道；
C7—在外露可导电部分伸臂范围内的装置外可导电部分；
MEB—接地母排(总等电位连接端子板)；
LEB—局部等电位连接端子板；
T1—基础接地体；
T2—如果需要，为防雷或防静电所做的接地极；
1—PE线(与供电线路共管敷设)；
2—MEB连接线；
3—辅助等电位连接线；
4—局部等电位连接线；
5—防雷引下线

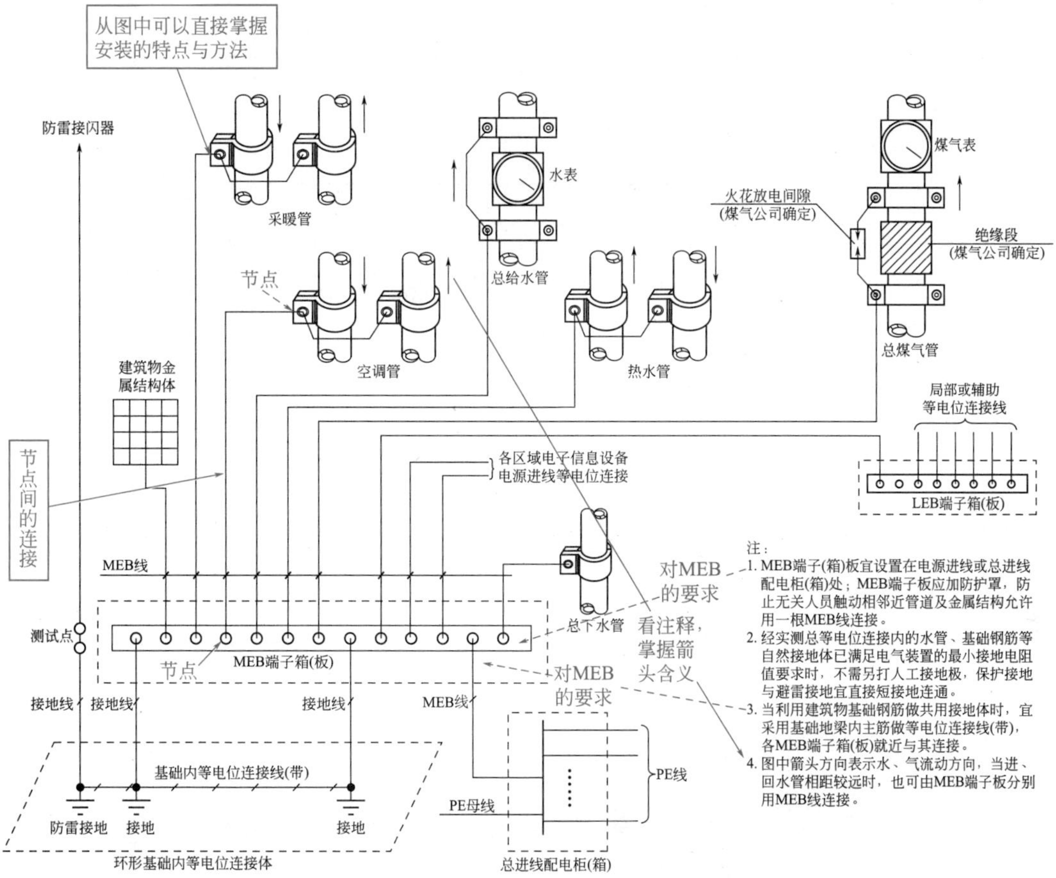

从图中可以直接掌握安装的特点与方法

防雷接闪器
采暖管
水表
总给水管
煤气表
火花放电间隙(煤气公司确定)
绝缘段(煤气公司确定)
总煤气管
节点
空调管
热水管
建筑物金属结构体
局部或辅助等电位连接线
节点间的连接
各区域电子信息设备电源进线等电位连接
LEB端子箱(板)
MEB线
对MEB的要求
总下水管
看注释，掌握箭头含义
测试点
节点
MEB端子箱(板)
对MEB的要求
接地线　接地线　接地线　MEB线
基础内等电位连接线(带)
PE线
PE母线
防雷接地　接地　接地
环形基础内等电位连接体
总进线配电柜(箱)

注：
1. MEB端子(箱)板宜设置在电源进线或总进线配电柜(箱)处；MEB端子板应加防护罩，防止无关人员触动相邻近管道及金属结构允许用一根MEB线连接。
2. 经实测总等电位连接内的水管、基础钢筋等自然接地体已满足电气装置的最小接地电阻值要求时，不需另打人工接地极，保护接地与避雷接地宜直接短接地连通。
3. 当利用建筑物基础钢筋做共用接地体时，宜采用基础地梁内主筋做等电位连接线(带)，各MEB端子箱(板)就近与其连接。
4. 图中箭头方向表示水、气流动方向，当进、回水管相距较远时，也可由MEB端子板分别用MEB线连接。

图 7-34　等电位连接系统图识读图解

等电位连接平面图的识读技巧，可以采用首先确定节点，然后掌握节点间的连线，再对整体连线连接情况做出一定的分析、归纳、对比等。等电位连接平面图的识读技巧图解如图 7-35 所示。

等电位连接
平面图

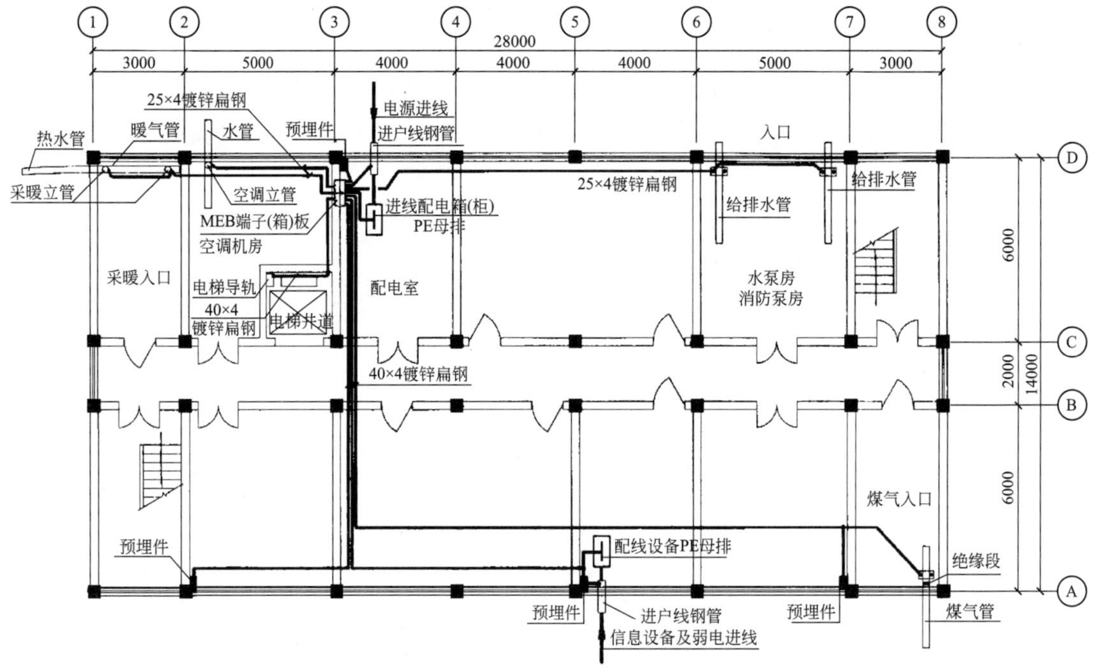

1
2
3
4
5
6
7
8
28000
3000
5000
4000
4000
4000
5000
3000
25×4镀锌扁钢
电源进线
进户线钢管
热水管
暖气管
水管
预埋件
入口
采暖立管
空调立管
MEB端子(箱)板
空调机房
进线配电箱(柜)
PE母排
25×4镀锌扁钢
给排水管
给排水管
采暖入口
电梯导轨
40×4
镀锌扁钢
电梯井道
配电室
水泵房
消防泵房
40×4镀锌扁钢
6000
2000
14000
6000
煤气入口
预埋件
配线设备PE母排
绝缘段
预埋件
进户线钢管
信息设备及弱电进线
预埋件
煤气管
D
C
B
A

(a) 原图

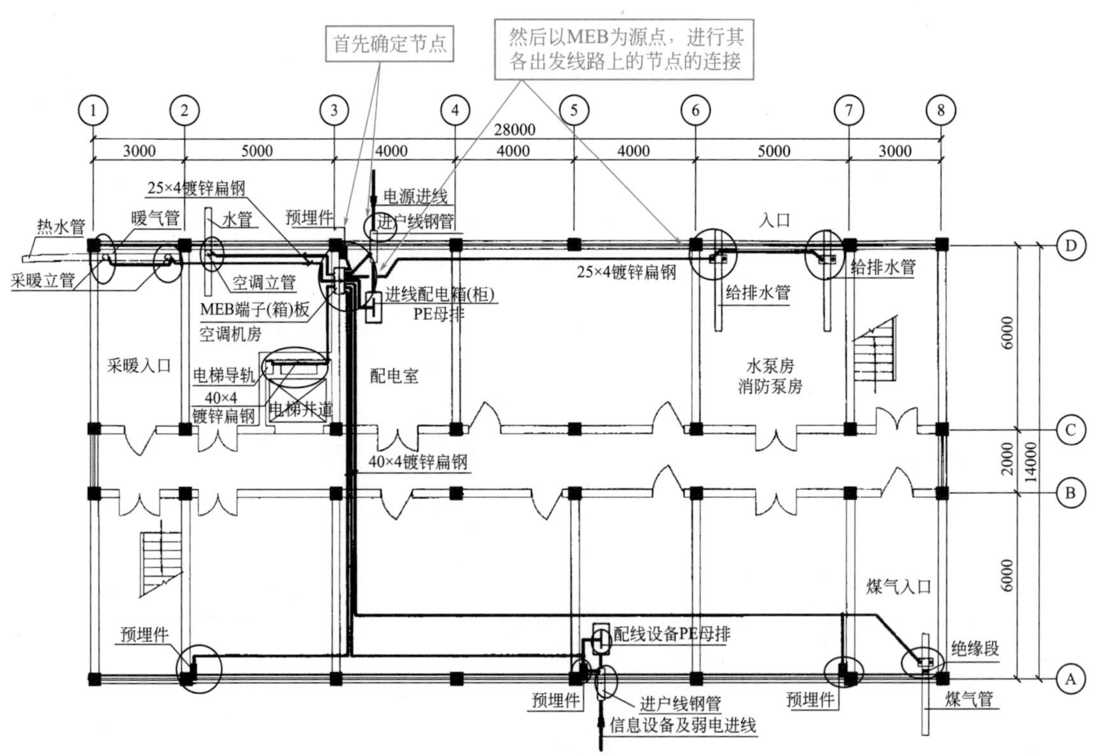

首先确定节点
然后以MEB为源点，进行其
各出发线路上的节点的连接
1
2
3
4
5
6
7
8
28000
3000
5000
4000
4000
4000
5000
3000
25×4镀锌扁钢
电源进线
进户线钢管
热水管
暖气管
水管
预埋件
入口
采暖立管
空调立管
MEB端子(箱)板
空调机房
进线配电箱(柜)
PE母排
25×4镀锌扁钢
给排水管
给排水管
采暖入口
电梯导轨
40×4
镀锌扁钢
电梯井道
配电室
水泵房
消防泵房
40×4镀锌扁钢
6000
2000
14000
6000
煤气入口
预埋件
配线设备PE母排
绝缘段
预埋件
进户线钢管
信息设备及弱电进线
预埋件
煤气管
D
C
B
A

(b) 确定节点

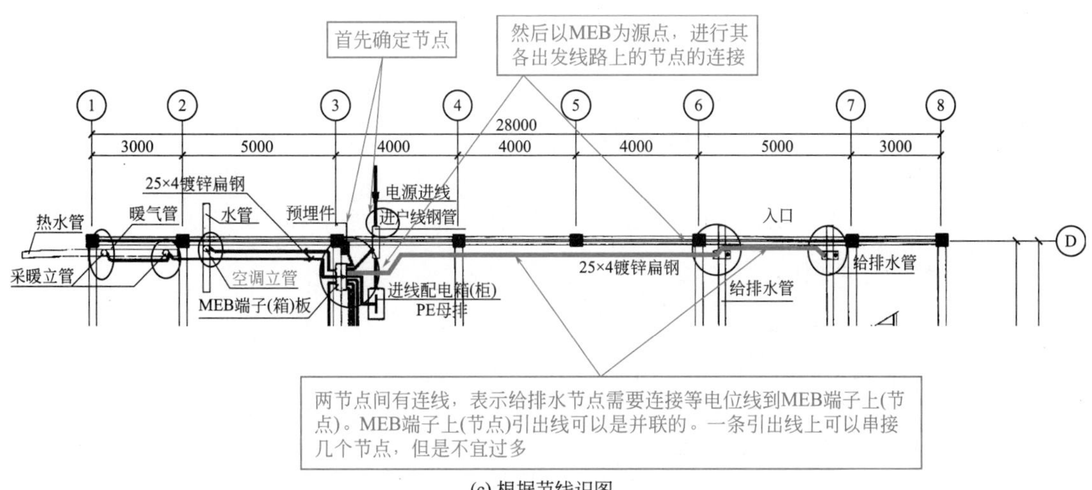

(c) 根据节线识图

图 7-35　等电位连接平面图的识读技巧图解

7.6 电力载波自动抄收系统

7.6.1 电力载波自动抄收系统有关术语解说

电力载波通信是指利用现有电力线，通过载波方式将模拟或数字信号进行高速传输的技术。

电力载波通信最大特点是不需要重新架设网络，只要有电线，就能够进行数据传递。

为了识图时能够读懂图上直接呈现的信息，以及能够掌握图上“背后”隐含的或者遵循的支持信息，需要掌握电力载波自动抄收系统有关知识与技能。电力载波自动抄收系统有关术语解释是其最基础的知识，具体有关术语解说如图 7-36 所示。

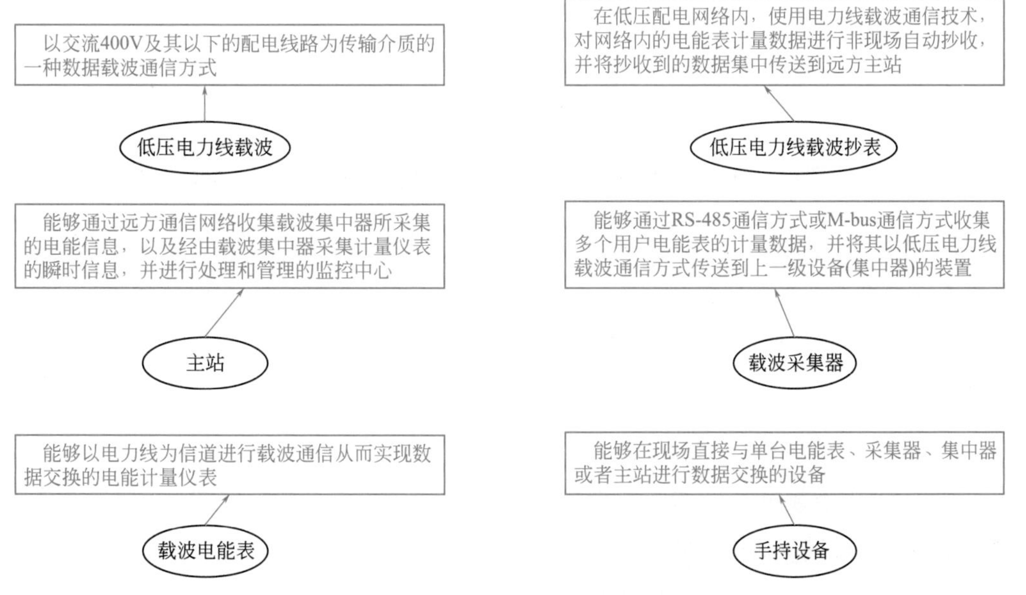

图 7-36　电力载波自动抄收系统有关术语解说

7.6.2 电力载波自动抄收系统接线图的识读

为了能够读懂具体的电力载波自动抄收系统接线图，应掌握载波自动抄收系统基本逻辑图（图 7-37）：将计量仪器的有关数据通过通信网络，实现与主机的数据交换，以及进行计量仪表管理服务。

主机、集中器、手持设备、计量仪表构成电力载波自动抄收系统中的节点，节点间通过相关网络实现连接、联系。

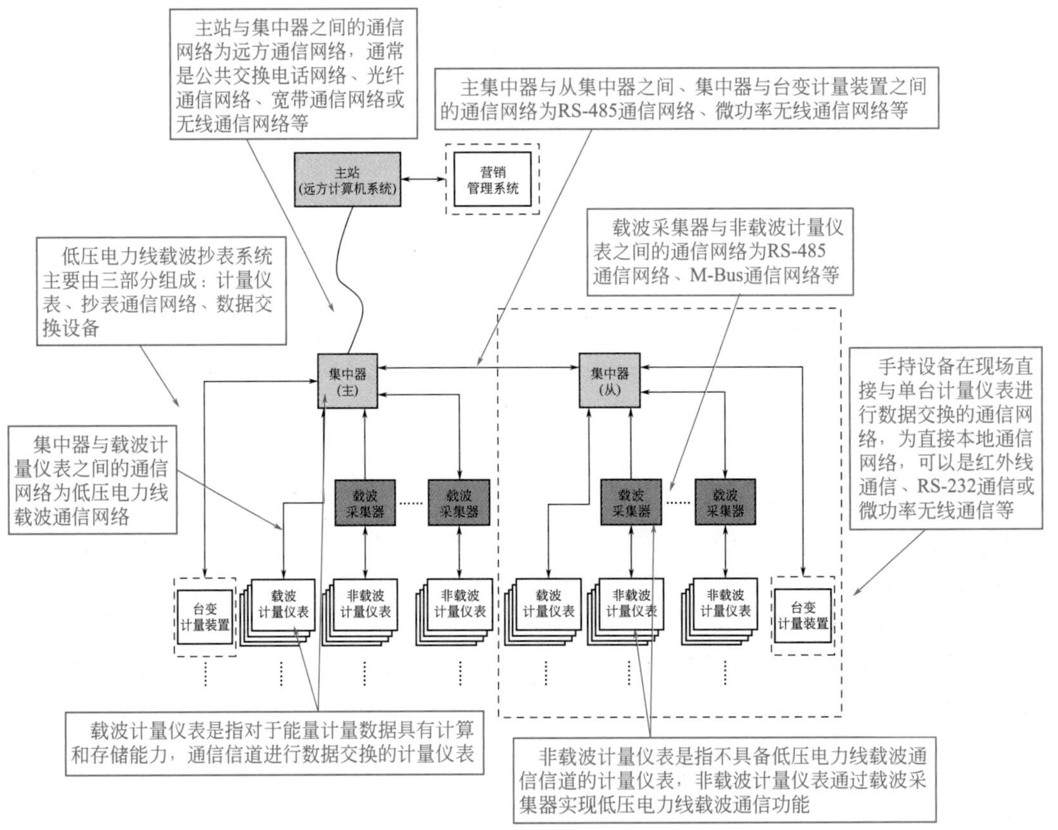

图 7-37 载波自动抄收系统基本逻辑图

电力载波自动抄收系统接线图图例如图 7-38 所示。识读该图时，注意中心节点是智能抄表节点。

掌握进端节点联系：

① 电源线节点—智能抄表节点；

② 数据通信线节点—智能抄表节点。

掌握出端节点联系：

智能抄表节点—耗能表节点。

掌握不同层间的联系与整体特点：

① n–1 层智能抄表节点—n 层智能抄表节点。

② 节点间通过数据通信线联系。

节点联系简化图图解如图 7-39 所示。

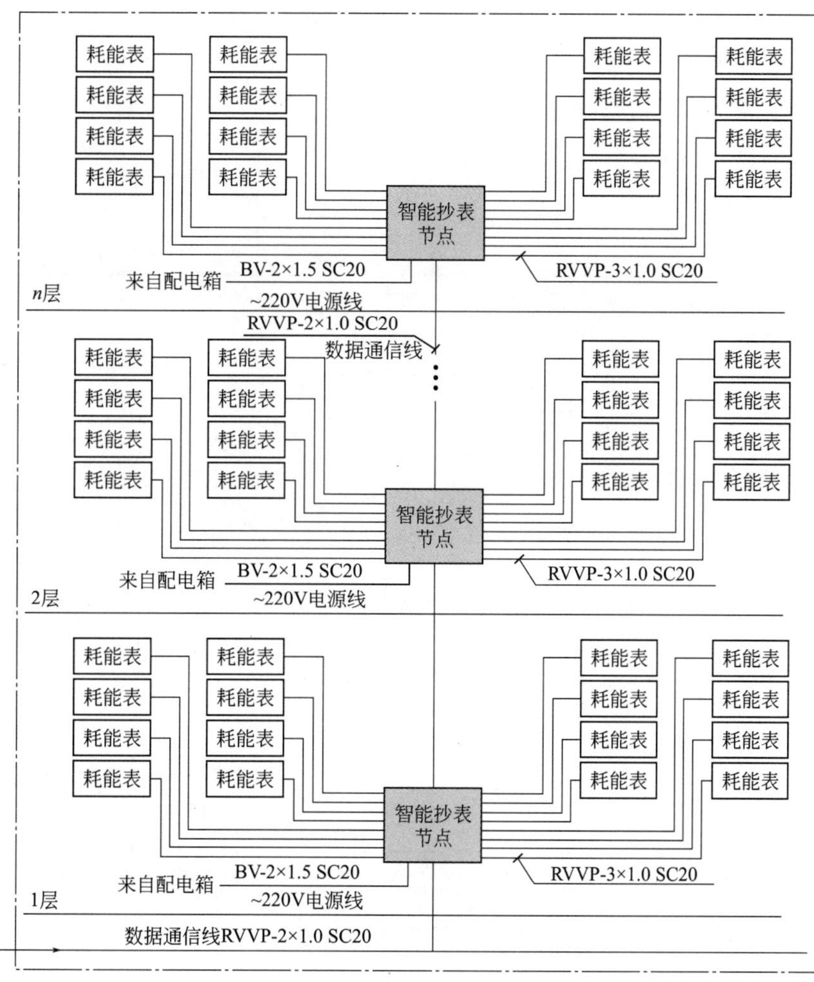

图 7-38　电力载波自动抄收系统接线图图例

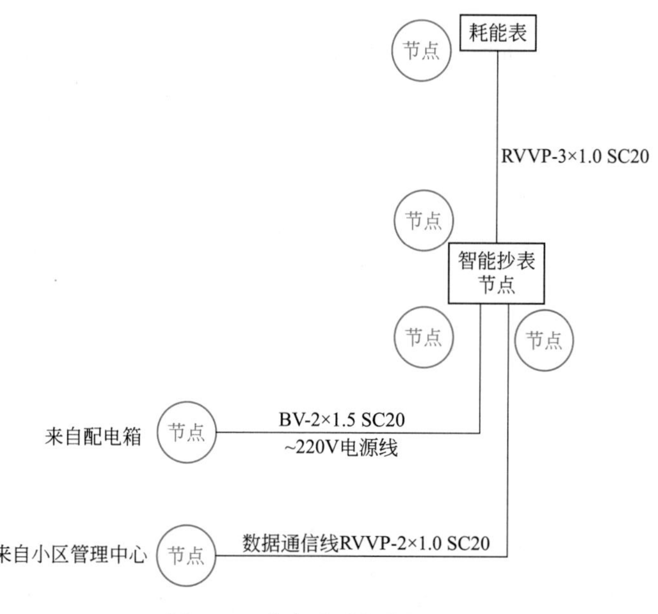

图 7-39　节点联系简化图图解

有的电力载波自动抄收系统还采用了采集器，如图 7-40 所示。识读该图时，注意中心节点是总线接线盒。掌握进端节点联系、出端节点联系、相关节点联系。

其他类型的电力载波自动抄收系统也可以采用节点法来变通识读。

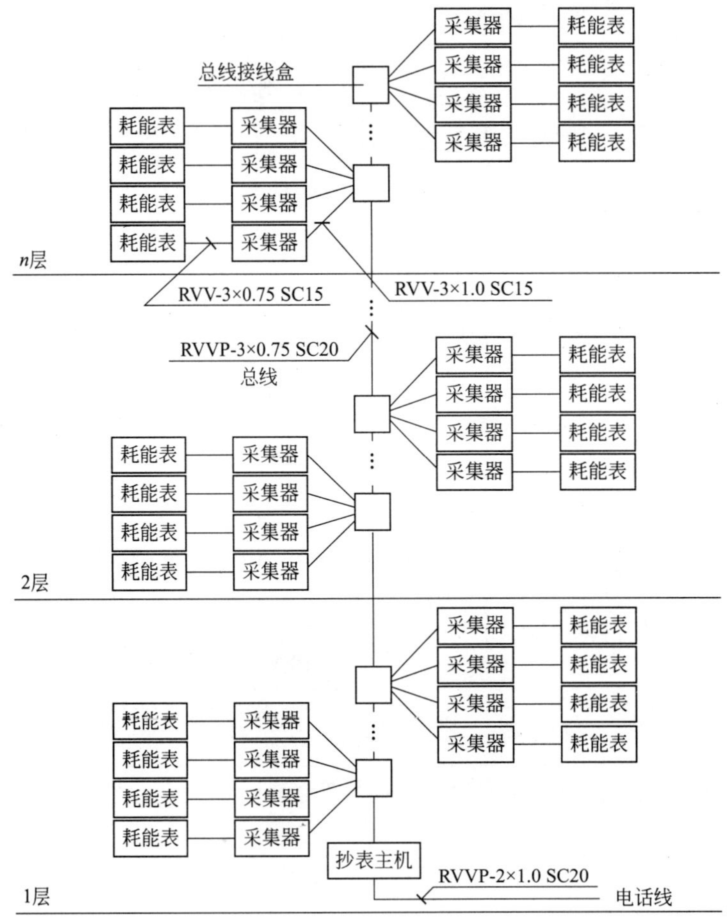

图 7-40　采用了采集器的电力载波自动抄收系统

参考文献

[1] 阳鸿钧，等．零基础学建筑识图 [M]. 北京：化学工业出版社，2019.
[2] 阳鸿钧，等．全彩突破装修水电识图 [M]. 北京：机械工业出版社，2019.
[3] 阳鸿钧，等．全彩支招装修弱电技能全能通 [M]. 北京：机械工业出版社，2018.
[4] DBJT19-07—2012 12YD11. 火灾报警与控制 .
[5] DBJT19-07—2012 12YD14. 安全防范工程 .
[6] GB/T 34043—2017. 物联网智能家居　图形符号 .
[7] GJBT-679.7 03X602 智能家居控制系统设计施工图集 .
[8] GJBT-509.7 99X601 住宅智能化电气设计施工图集 .
[9] GJBT-1045 08X101-3 综合布线系统工程设计与施工 .

随书附赠视频汇总表

图上直接呈现的信息	图上隐含的信息	配电线路的标注格式	图物互转互联
节点法	节线法	建筑有线电视系统图的识读	消防设备实物
消防设备配线图的识读	楼宇可视对讲平面图的识读	广播三线制接线图的识读	光缆设备实物
屋顶防雷平面图图例图解	某屋顶防雷安装图图解	等电位连接系统图识读图解	等电位连接平面图